建设工程施工图识读系列丛书

# 安装工程施工图识读

叶梁梁　编



中国建材工业出版社

**图书在版编目(CIP)数据**

安装工程施工图识读/叶梁梁编．—北京：中国建材工业出版社，2015.10

(建设工程施工图识读系列丛书)

ISB N978-7-5160-1249-9

Ⅰ.①安… Ⅱ.①叶… Ⅲ.①建筑安装-建筑制图-识别 Ⅳ.①TU204

中国版本图书馆 CIP 数据核字(2015)第 143718 号

## 内 容 简 介

本书包括七章，包括电气工程施工图识读、建筑智能化工程施工图识读、管道工程施工图识读、给水排水工程施工图识读、采暖工程施工图识读、通风空调工程施工图识读、某住宅楼电气工程施工图实例。

本书可供建筑设备安装从业人员学习参考，也可作为大、中专院校相关专业师生的参考书。

**安装工程施工图识读**

叶梁梁　编

出版发行：中国建材工业出版社

地　　址：北京市海淀区三里河路 1 号

邮　　编：100044

经　　销：全国各地新华书店

印　　刷：北京鑫正大印刷有限公司

开　　本：787mm×1092mm　1/16

印　　张：13.25

字　　数：330 千字

版　　次：2015 年 10 月第 1 版

印　　次：2015 年 10 月第 1 次

**定　　价：39.00 元**

**本社网址：www.jccbs.com.cn　　微信公众号：zgjcgycbs**

**本书如出现印装质量问题，由我社市场营销部负责调换。联系电话：(010)88386906**

# 前　言

施工图识读是建设工程设计、施工的基础，在技术交底以及整个施工过程中，应科学准确地理解施工图的内容。施工图也是科学表达工程性质与功能的通用工程语言。它不仅关系到设计构思是否能够准确实现，同时关系到工程的质量，因此无论是设计人员、施工人员还是工程管理人员，都必须掌握识读工程图的基本技能。

为了帮助广大建设工程设计、施工和工程管理人员系统地学习并掌握建筑施工图识图的基本知识，我们编写了《建筑工程施工图识读》、《市政工程施工图识读》、《装饰装修工程施工图识读》和《安装工程施工图识读》这一系列识图丛书。编写这套丛书的目的一是培养读者的空间想象能力；二是培养读者依照国家标准，正确阅读建筑工程图的基本能力。在编写过程中，融入了编者多年的工作经验并配有大量识读实例，具有内容简明实用、重点突出、与实际结合性强等特点。

本书由叶梁梁编写。第一章主要介绍了电气工程施工图识读方法、变配电施工图识读实例、动力及照明施工图识读实例、送电线路施工图识读实例、防雷接地施工图识读、电气设备控制电路图识读；第二章主要介绍了电视广播与通信系统施工图识读、安全防范系统施工图识读、综合布线系统施工图识读；第三章主要介绍了管道施工图识读内容、管道附件安装施工图识读、管道补偿器施工图识读、管道敷设施工图识读、室内管道安装图识读、管道防腐及保温施工图识读；第四章主要介绍了建筑内部给水施工图识读、建筑内部排水施工图识读、建筑内部给水排水施工图识读实例；第五章主要介绍了采暖施工图识读内容、采暖施工图识读实例、采暖设备施工图识读实例；第六章主要介绍了通风空调工程识读内容、通风空调工程施工图识读实例；第七章主要介绍了某住宅楼电气工程施工图实例。

丛书在编写过程中，参考了大量的文献资料，吸收引用了该科目目前研究的最新成果，特别是援引借鉴改编了大量案例，为了行文方便，对于所引成果及材料未能在书中一一注明，谨在此向原作者表示诚挚的敬意和谢意。

由于编者的水平有限，疏漏之处在所难免，恳请广大同仁及读者不吝赐教。

编者

2015.10

中国建材工业出版社
China Building Materials Press

# 目　录

# 第一章

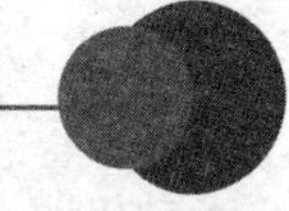

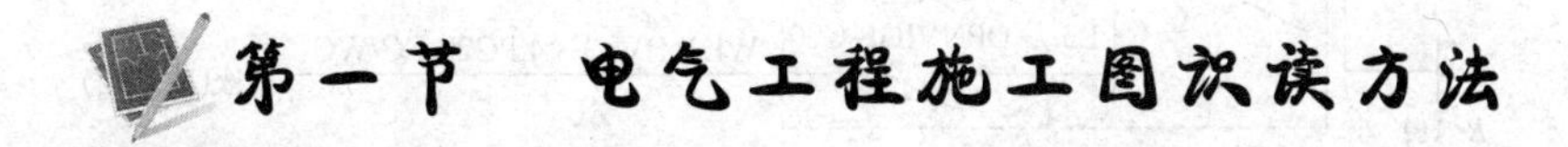

# 电气工程施工图识读

## 第一节 电气工程施工图识读方法

### 一、建筑电气施工图的组成

建筑电气施工图是进行电气工程施工的指导性文件，它用图形符号、文字标注、文字说明相结合的形式，将建筑中电气设备规格、型号、安装位置、配管配线方式以及设备相互间的联系表示出来。根据建筑的规模和要求不同，建筑电气施工图的种类和图样数量也有所不同，常用的建筑电气工程图主要有以下几类。

**1. 说明性文件**

说明性文件包括设计说明、图样目录、图例及设备材料明细表。设计说明主要阐述工程概况、设计依据、施工要求、安装标准和方法、工程等级、工艺要求、材料选用等有关事项。图样目录包括序号、图样名称、编号和张数等。图例即图形符号，一般只列出与设计有关的图例，各照明开关、插座的安装高度。设备材料明细表列出了该项工程所需的设备和材料的名称、型号、规格和数量，供造价人员参考。

**2. 系统图**

系统图是用符号和带注释的框，概略表示系统或分系统的基本组成、相互关系及其主要特征的一种简图，是表现电气工程的供电方式、电力输送、分配、控制和设备运行情况的图样。但它只表示电气回路中各设备及元件的连接关系，不表示设备及元件的具体安装位置和具体接线方法。通过系统图可以清楚地了解整个建筑物内配电系统的情况与配电线路所用导线的型号规格（截面）、采用管径，以及总的设备容量等，了解整个工程的供电全貌和接线关系。

图 1-1 所示为楼层照明配电箱系统图。

**3. 平面图**

电气平面图是表示电气设备、装置、线路等的平面布置图，是进行电气安装的主要依据。

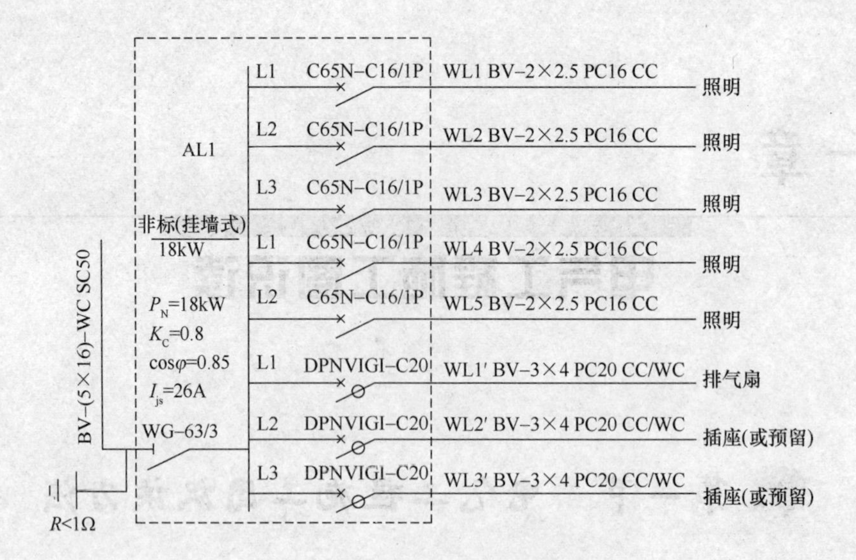


图 1-1　楼层照明配电箱系统图

电气平面图是以建筑平面图为依据，在图上详细绘出电气设备、装置的相对安装位置，并且详细绘出线路的走向、敷设方法等。并通过图例符号将某些系统图无法表现的设计意图表达出来，用以具体指导施工。图 1-2 所示为电气平面图。电气平面图按工程复杂程度每层绘制一张或多张，但高层建筑中，形制一样的多个楼层可以只绘制一张标准层电气平面图。

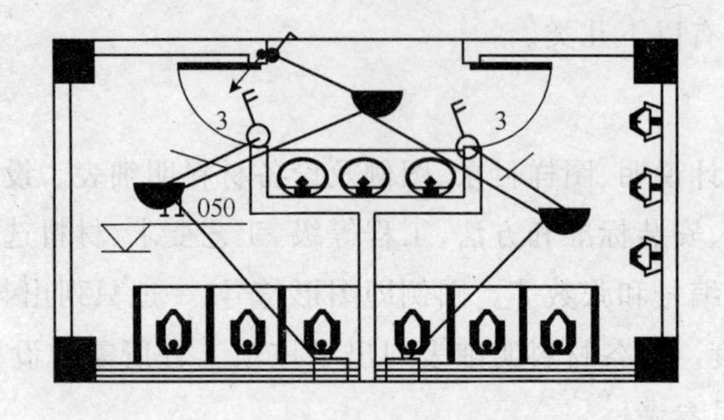


图 1-2　电气平面图

电气平面图只能反映安装位置，不能反映安装高度，安装高度可以通过说明或文字标注进行了解，另外还需详细了解建筑结构，因为导线的走向和布置与建筑结构密切相关。

**4. 电气原理图**

电气原理图是表示某一设备或系统电气工作原理的简图。它是按照各个部分的动作原理采用展开法来绘制的。通过分析原理图，可以清楚地了解设备或整个系统的控制原理。电气原理图不能表明电气设备和元件的实际安装位置和具体接线，但可以用来指导电气设备和器件的安装、接线、调试、使用与维修。主要是电气工程技术人员安装调试和运行管理需要使用的一种图。分励脱扣器受消防信号控制原理图如图 1-3 所示。

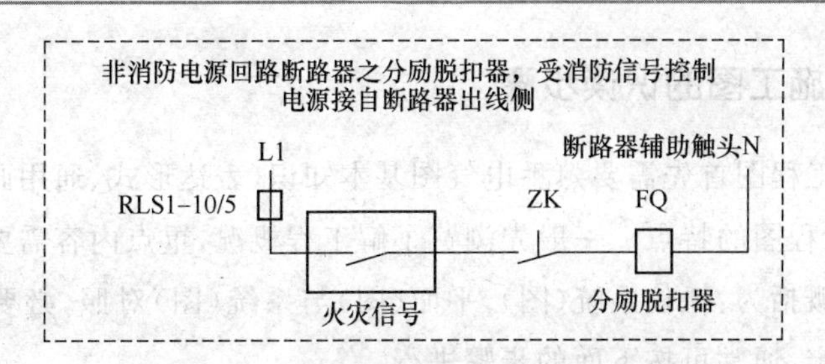


图 1-3　分励脱扣器受消防信号控制原理图

**5. 安装接线图**

安装接线图又称安装配线图，主要是指用来表示电气设备、电器元件和线路的安装位置、配线方式、接线方式、配线场所特征的图样，通常用来指导安装、接线和查线。应急照明灯具接线示意图如图 1-4 所示。

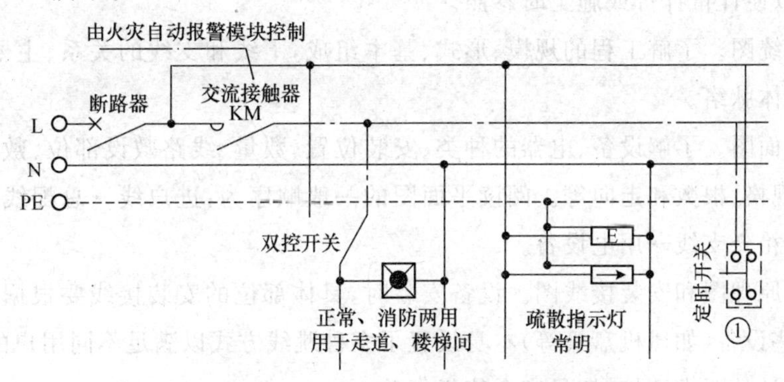


图 1-4　应急照明灯具接线示意图

**6. 详图**

详图是指表示电气工程中某一部分的具体安装要求和做法的图样。常用的设备、系统安装详图可以查阅专业安装标准图集。电缆密封保护管安装详图如图 1-5 所示。

在一般工程中，一套施工图的目录、说明、图例、设备材料明细表、系统图、平面图是必不可少的，其他类型的图样设计人员会根据工程的需要而加入。

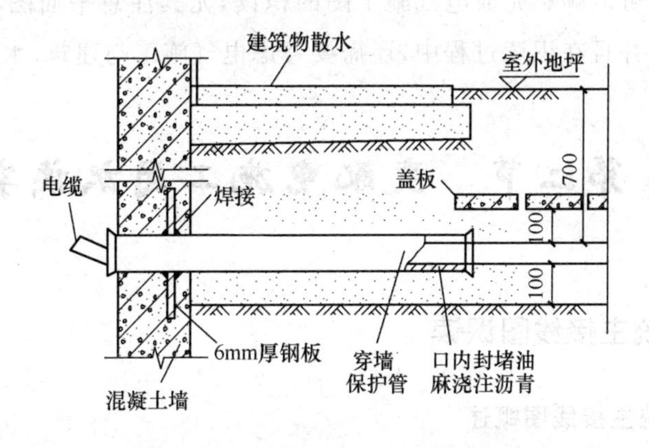


图 1-5　电缆密封保护管安装详图

## 二、建筑电气施工图的识读步骤

识读建筑电气工程图首先需要熟悉电气图基本知识(表达形式、通用画法、图形符号、文字符号)和建筑电气工程图的特点。一般先浏览了解工程概况,重点内容需要反复识读。

读图的要点可概括为:抓住系统(图),平面(图)与系统(图)对照,必要时查阅规范。识读的步骤没有统一规定,通常可按下面的步骤进行:

1)浏览标题栏和图样目录。了解工程概况、项目内容、图样数量和内容。

2)仔细阅读总说明。了解工程总体概况、设计依据和选用的标准图集,熟悉图中提供的图例符号。说明会对工程中电气部分的总体情况进行概述,如该工程的供电形式、电压等级、线路敷设方式、设备安装方法、防雷等级、接地要求都会有所介绍。说明中还会列出设计所选用的标准图集,以便计量计价或施工时参照。

3)识读系统图。了解工程的规模、形式、基本组成,干线和支线的关系、主要电气类型等,把握工程的总体脉络。

4)识读平面图。了解设备、电器的种类、安装位置、数量、线路敷设部位、敷设方法以及所用导线型号、规格、根数和走向等。阅读平面图的一般顺序为:进户线→总配线箱→干线→支干线→分配电箱→支线→用电设备。

5)看电气原理图和安装接线图。设备安装时,具体部位的安装接线要根据原理图和接线图来完成,有些设备(如风机盘管等)本身设置了多种跳线方式以满足不同用户的需要,安装时一定要根据设计的要求连接,切忌完全依靠经验。

6)查阅图集。电气工程图是对具体工程的指导性文件,但不会把全部的安装方法都罗列在施工图中,具体的施工做法可以参照通用图集。一般工程都要符合现行国家标准。此外,由于各地区气候、条件的差异,各地还有地方标准。一些重点工程,为了提升质量还会使用一些要求较高的推荐性标准。必要时,需查阅设计选用的规范和施工图集、图册以指导实际工程的实施。

通过以上的步骤可以顺利完成电气施工图的识读,尤其注意平面图和系统图的识读是一个反复对照的过程。并且在识读过程中,还需要考虑电气施工与建筑、水暖等专业的配合。

# 第二节　变配电施工图识读实例

## 一、变配电系统主接线图识读

### 1. 高压供电系统主接线图概述

变电所的主接线是指由各种开关电器、电力变压器、断路器、隔离开关、避雷器、互感器、母

线、电力电缆、移相电容器等电气设备依一定次序相连接的具有接受和分配电能的电路。

主接线的形式确定关系到变电所电气设备的选择、变电所的布置、系统的安全运行、保护控制等多方面的内容，因此主接线的选择是建筑供电中一个不可缺少的重要环节。

电气主接线图通常以单线图的形式表示。

**2. 高压供电系统线路和接线**

(1)线路

线路:变压器组接线如图 1-6 所示。

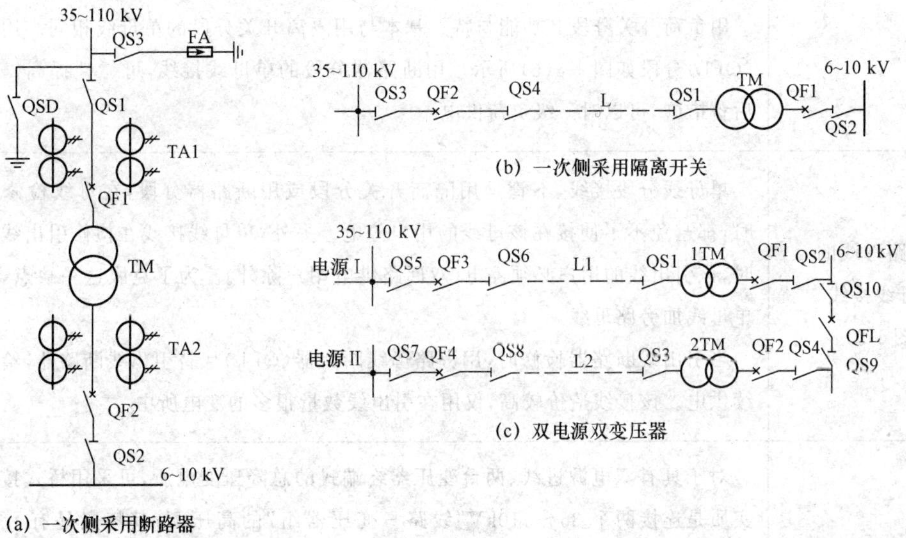

(a) 一次侧采用断路器

(b) 一次侧采用隔离开关

(c) 双电源双变压器

**图 1-6 线路**

此接线的特点是直接将电能送至负荷，无高压用电设备，若线路发生故障或检修时，停变压器;变压器故障或检修时，所有负荷全部停电。

该接线形式适用于二级、三级负荷，该接线线路是只有 1～2 台变压器的单回线路。

(2)接线

接线的方法见表 1-1。

**表 1-1 接线的方法**

| 项　目 | 内　容 |
| --- | --- |
| 单母线不分段接线<br>(图 1-7) | 每条引入线和引出线的电路中都装有断路器和隔离开关，电源的引入与引出是通过一根母线连接的。<br>该接线电路简单，使用设备少，费用低;可靠性和灵活性差;当母线、电源进线断路器(QF1)、电源侧的母线隔离开关(QS2)故障或检修时，必须断开所有出线回路的电源，而造成全部用户停电;单母线不分段接线适用于用户对供电连续性要求不高的二级、三级负荷用户 |

续表

| 项　目 | 内　容 |
| --- | --- |
| 单母线分段接线<br>(图 1-8) | 单母线分段接线是根据电源的数量和负荷计算、电网的结构情况来决定的。一般每段有一个或两个电源,使各段引出线用电负荷尽可能与电源提供的电力负荷平衡,减少各段之间的功率交换。单母线分段接线可以分段运行,也可以并列运行。<br>用隔离开关(QSL)分段的单母线接线如图 1-8(a)所示,适用于由双回路供电的、允许短时停电的具有二级负荷的用户。<br>用负荷开关分段其功能与特点基本与用隔离开关分段的单母线相同。用断路器(QFL)分段如图 1-8(b)所示。用断路器分段的单母线接线,可靠性提高。如果有后备措施,可以对一级负荷供电 |
| 带旁路母线的单母线接线<br>(图 1-9) | 单母线分段接线,不管是用隔离开关分段或用断路器分段,在母线检修或故障时,都避免不了使接在该母线的用户停电。另外,单母线接线在检修引出线断路器时,该引出线的用户必须停电(双回路供电用户除外)。为了克服这一缺点,可采用单母线加旁路母线。<br>当引出线断路器检修时,用旁路母线断路器(QFL)代替引出线断路器,给用户继续供电。该接线造价较高,仅用在引出线数量很多的变电所中 |
| 桥式接线<br>(图 1-10) | 对于具有双电源进线、两台变压器终端式的总降压变电所,可采用桥式接线。它实质是连接两个 35～110kV“线路－变压器组”的高压侧,其特点是有一条横跨“桥”。桥式接线比单母线分段结构简单,减少了断路器的数量,四回电路只采用三台断路器。根据跨接桥位置不同,分为内桥接线和外桥接线。<br>(1)内桥接线如图 1-10(a)所示,跨接桥靠近变压器侧,桥开关(QF3)装在线路开关(QF1、QF2)之内,变压器回路仅装隔离开关,不装断路器。采用内桥接线可以提高改变输电线路运行方式的灵活性。<br>(2)外桥接线如图 1-10(b)所示,跨接桥靠近线路侧,桥开关(QF3)装在变压器开关(QF1、QF2)之外,进线回路仅装隔离开关,不装断路器 |
| 双母线接线<br>(图 1-11) | 其中母线 DM1 为工作母线,母线 DM2 为备用母线。任一电源进线回路或负荷引出线都经一个断路器和两个母线隔离开关接于双母线上,两个母线通过母线断路器 QFL 及其隔离开关相连接。其工作方式可分为两种:两组母线分列运行、两组母线并列运行。<br>由于双母线两组互为备用,大大提高了供电可靠性、主接线工作的灵活性。双母线接线一般用在对供电可靠性要求很高的一级负荷,如大型工业企业总降压变电所的 35～110kV 母线系统中,或有重要高压负荷或有自备发电厂的 6～10kV 母线系统 |

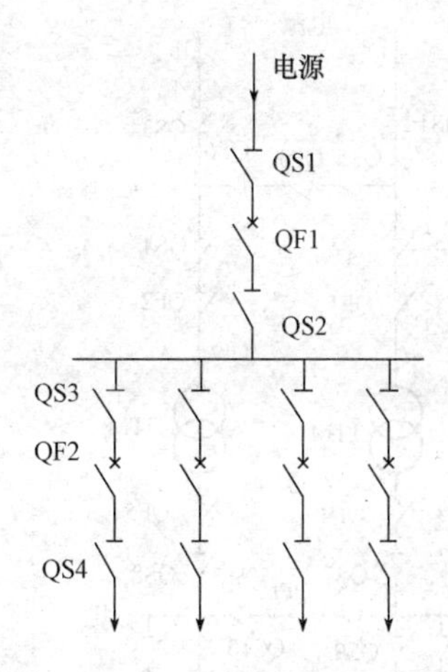


图 1-7　单母线不分段接线

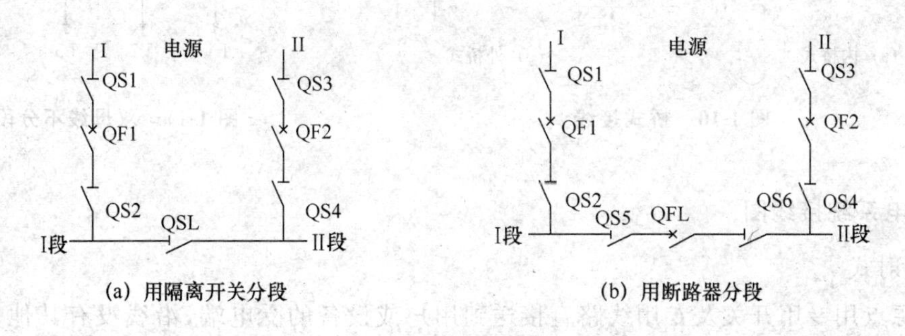


图 1-8　单母线分段接线

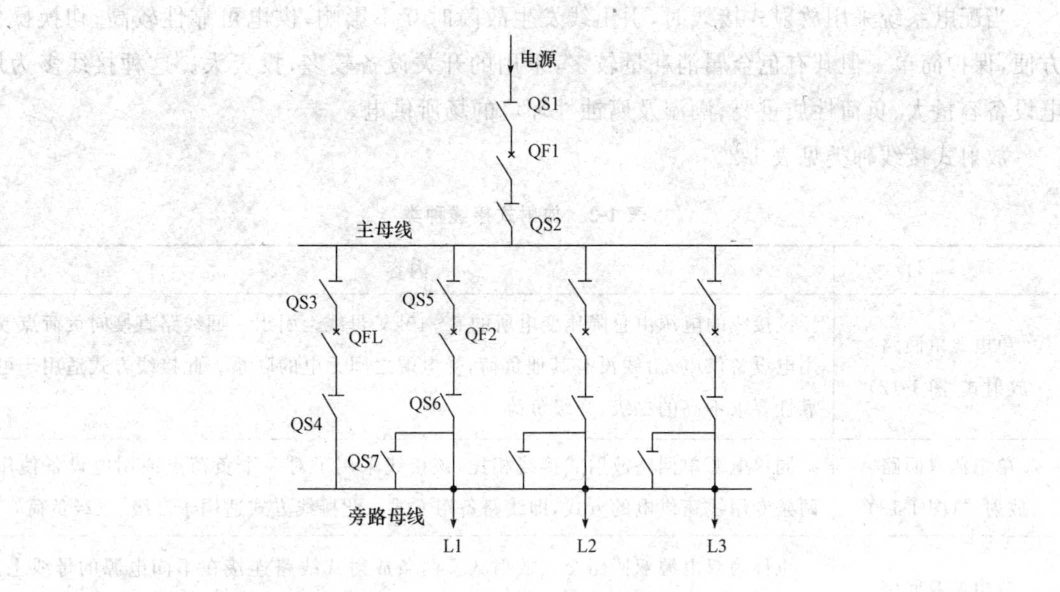


图 1-9　带旁路母线的单母线接线

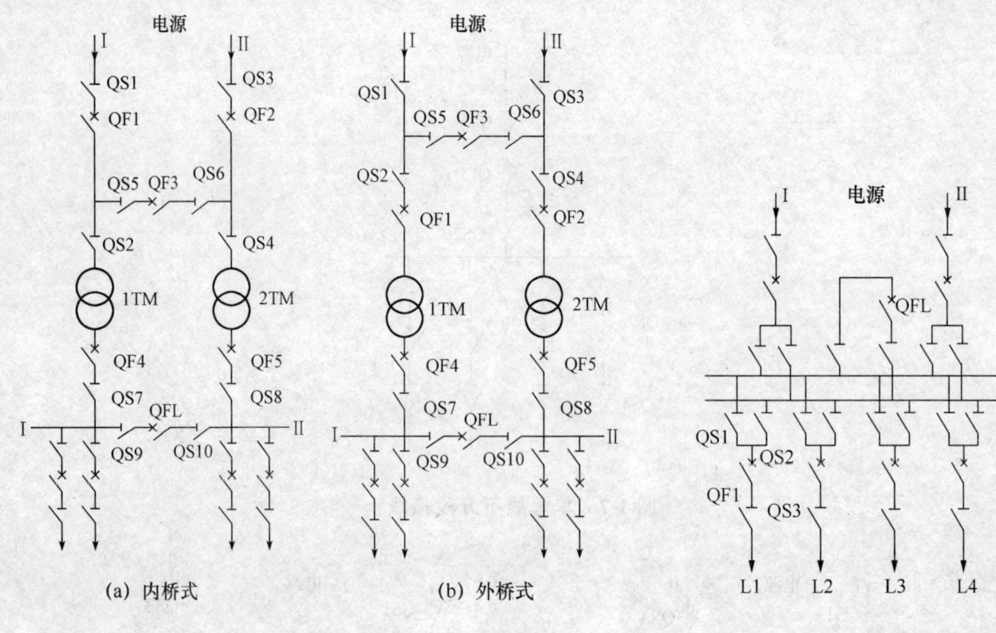


(a) 内桥式 (b) 外桥式

图 1-10 桥式接线

图 1-11 双母线不分段接线

### 3. 配电系统接线图

(1)放射式

从电源点用专用开关及专用线路直接送到用户或设备的受电端,沿线没有其他负荷分支的接线称为放射式接线,也称专用线供电。

当配电系统采用放射式接线时,引出线发生故障时互不影响,供电可靠性较高,切换操作方便,保护简单。但其有色金属消耗量较多,采用的开关设备较多,投资大。这种接线多为用电设备容量大、负荷性质重要、潮湿及腐蚀性环境的场所供电。

放射式接线种类见表 1-2。

表 1-2 放射式接线种类

| 项　　目 | 内容 |
| --- | --- |
| 单电源单回路放射式(图 1-12) | 该接线的电源由总降压变电所的 6～10kV 母线上引出一回线路直接向负荷点或用电设备供电,沿线没有其他负荷,受电端之间无电的联系。此接线方式适用于可靠性要求不高的二级、三级负荷 |
| 单电源双回路放射式(图 1-13) | 同单电源单回路放射式接线相比,该接线采用了对一个负荷点或用电设备使用两条专用线路供电的方式,即线路备用方式。此接线方式适用于二级、三级负荷 |
| 双电源双回路放射式(图 1-14) | 也称为双电源双回路交叉放射式。两条放射式线路连接在不同电源的母线上,其实质是两个单电源单回路放射的交叉组合。此接线方式适用于可靠性要求较高的一级负荷 |

续表

| 项　目 | 内容 |
| --- | --- |
| 低压联络线的放射式(图 1-15) | 该接线主要是为了提高单回路放射式接线的供电可靠性,从邻近的负荷点或用电设备取得另一路电源,用低压联络线引入 |

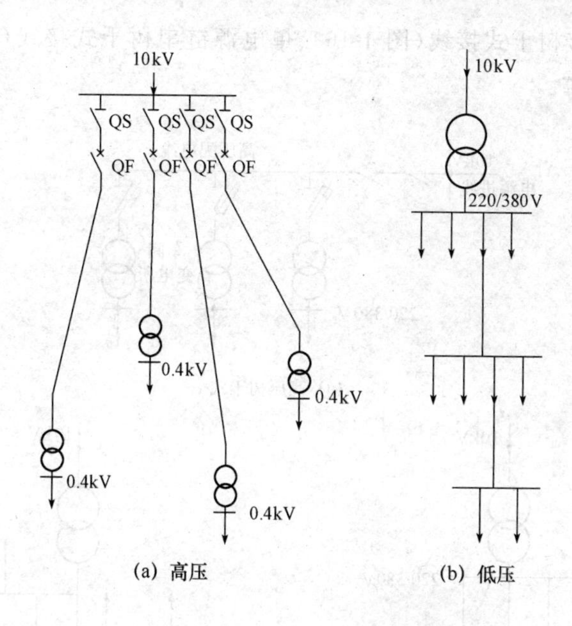


图 1-12　单电源单回路放射式

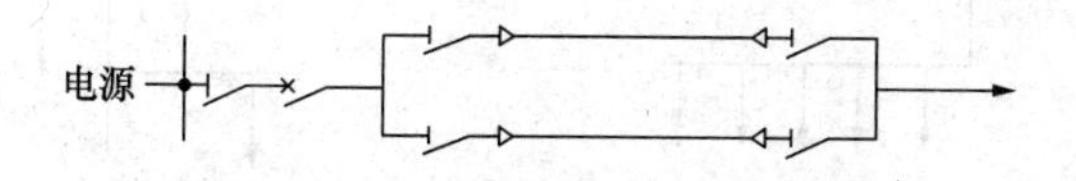


图 1-13　单电源双回路放射式

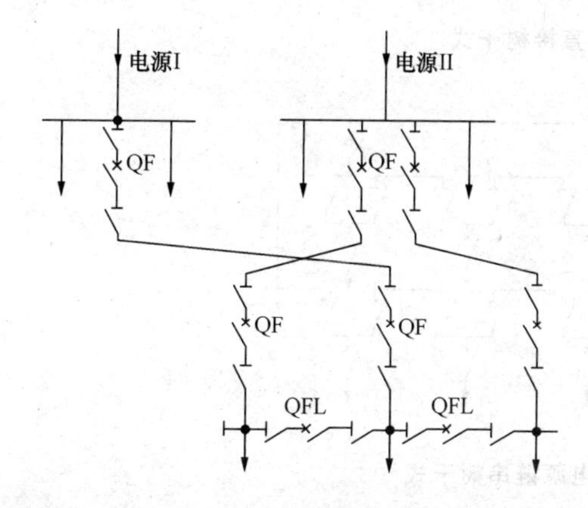


图 1-14　双电源双回路放射式

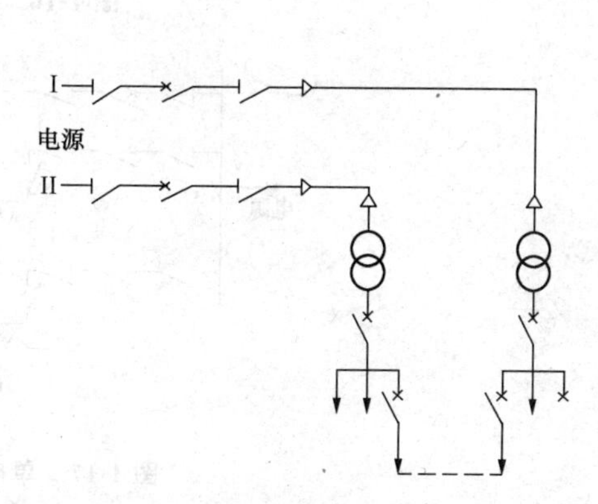


图 1-15　低压联络线的放射式

(2)树干式

树干式接线是指由高压电源母线上引出的每路出线,沿线要分别连到若干个负荷点或用电设备的接线方式。

树干式接线在一般情况下,其有色金属消耗量较少,采用的开关设备较少。其干线发生故障时,影响范围大,供电可靠性较差。这种接线多用于用电设备容量小而分布较均匀的用电设备。

树干式接线有直接树干式接线(图 1-16)、单电源链串树干式接线(图 1-17)、双电源链串树干式接线(图 1-18)等。

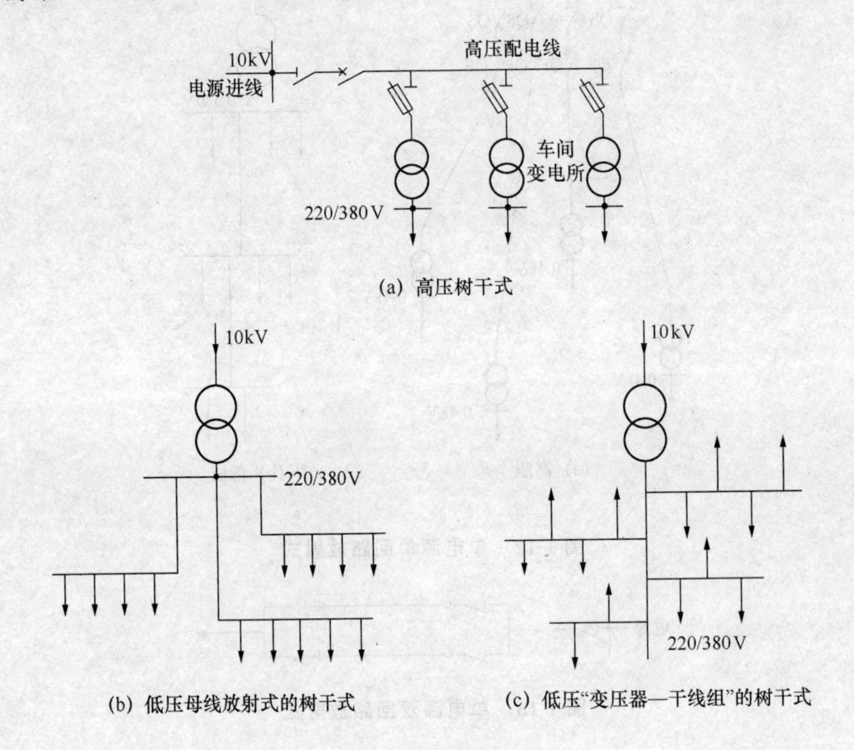


图 1-16　直接树干式

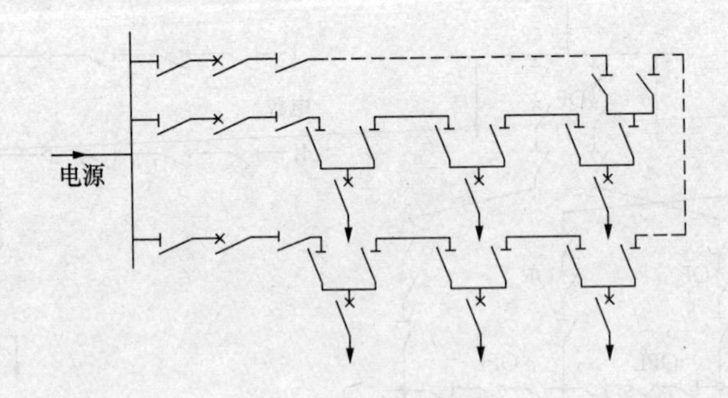


图 1-17　单电源链串树干式

1)直接树干式。在由变电所引出的配电干线上直接接出分支线供电。

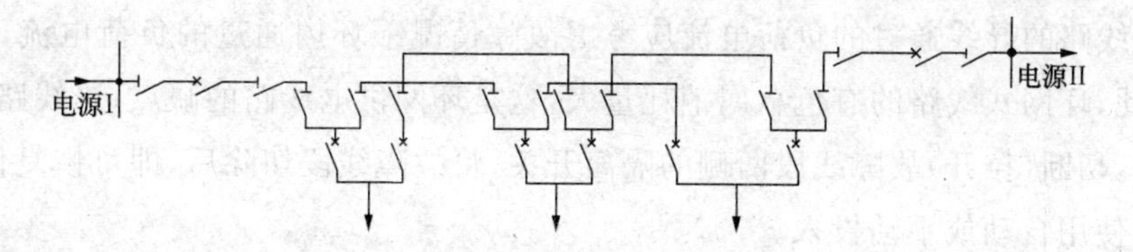

图 1-18　双电源链串树干式

2)单电源链串树干式。在由变电所引出的配电干线分别引入每个负荷点,然后再引出走向另一个负荷点,干线的进出线两侧均装设开关。

3)双电源链串树干式。在单电源链串树干式的基础上增加了一路电源。

直接树干式接线一般适用于三级负荷。单电源链串树干式接线一般适用于二级、三级负荷。双电源链串树干式接线适用于二级、三级负荷。

(3)环网式

环网式线路如图 1-19 所示。环网式接线的可靠性比较高,接入环网的电源可以是一个,也可以是两个甚至多个。

为保证某一条线路故障时各用户仍有较好的电压水平,或保证在更严重的故障(某两条或多条线路停运)时的供电可靠性,一般可采用双线环式结构。

双电源环形线路在运行时,往往是开环运行的,即在环网的某一点将开关断开。此时环网演变为双电源供电的树干式线路。

开环运行的目的:主要是考虑继电保护装置动作的选择性,缩小电网故障时的停电范围。

开环点的选择原则:开环点两侧的电压差最小,一般使两路干线负荷容量尽可能地相接近。

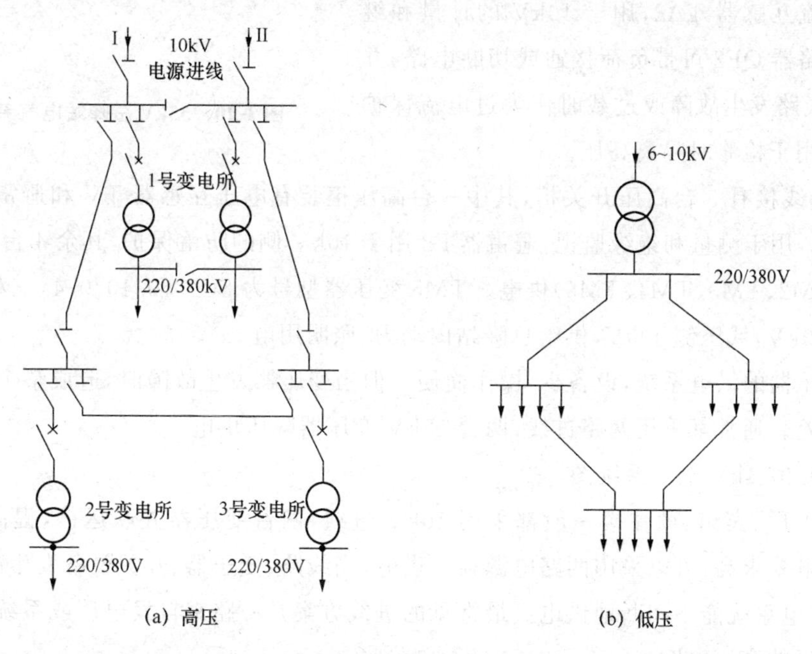

图 1-19　环网式接线图

环网内线路的导线通过的负荷电流应考虑故障情况下环内通过的负荷电流，导线截面要求相同，因此，环网式线路的有色金属消耗量大，这是环网供电线路的缺点；当线路的任一线段发生故障时，切断(拉开)故障线段两侧的隔离开关，将故障线段切除后，即可恢复供电；开环点断路器可以使用自动或手动投入。

双电源环网式供电，适用于一级、二级负荷；单电源环网式供电适用于允许停电 0.5h 以内的二级负荷。

**4. 变配电系统图**

(1)35kV/10kV 电气系统图

35kV 总降站电气系统如图 1-20 所示。图中为 35kV 总降站的主接线图，采用一路进线电源，一台主变压器 TM1，型号为 SJ－5000－35/10；三相油浸式自冷变压器，容量为 5000kV·A；高压侧电压为 35kV，低压侧电压为 10kV，Y/△联结。

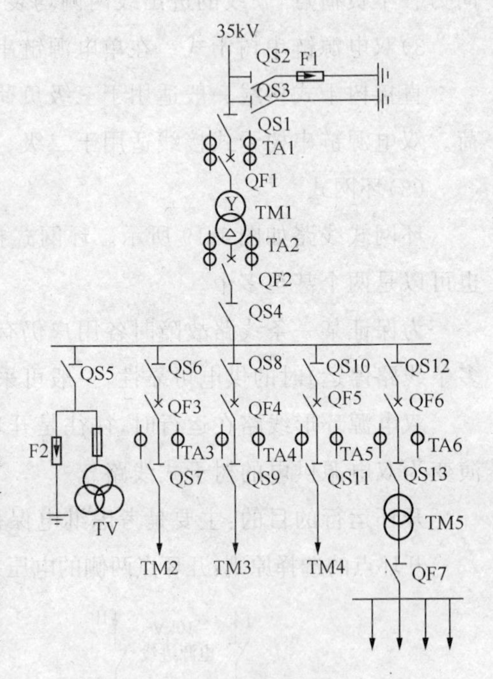


图 1-20 35kV 总降站电气系统图

TM1 的高压侧经断路器 QF1 和隔离开关 QS1 接至 35kV 进线电源。QS1 和 QF1 之间有两相两组电流互感器 TA1，用于高压计量和继电保护。进线电源经隔离开关 QS2 接有避雷器 F1，用于防雷保护。QS3 为接地开关，可在变压器检修时或 35kV 线路检修时，用于防止误送电。TM1 的低压侧接有两相两组电流互感器 TA2，用于 10kV 的计量和继电保护。断路器 QF2 可带负荷接通或切断电路，并能在 10kV 线路发生故障或过载时作为过电流保护开关。QS4 用于检修时隔离高压。

10kV 母线接有 5 台高压开关柜，其中一台高压柜装有电压互感器 TV 和避雷器 F2。电压互感器 TV 用于测量和绝缘监视，避雷器 F2 用于 10kV 侧的防雷保护，其余 4 台开关柜向 4 台变压器(TM2、TM3、TM4、TM5)供电。TM5 变压器型号为 SC－50/10/0.4，三相干式变压器，高压侧 10kV，低压侧 400V，供给总降站内动力、照明用电。

单台变压器的供电系统，设备少，操作简便。但当变压器发生故障时，造成整个系统停电，供电可靠性差。通常都采用两路进线，两台 35kV 变压器降压供电。

(2)10kV/0.4kV 电气系统图

中小型工厂、宾馆、商住楼一般都采用 10kV 进线，两台变压器并联运行，提高供电可靠性。如果供电要求高，可以采用两路电源独立供电，当线路、变压器、开关设备发生故障时能自动切换，使供电系统能不间断地供电。最常见的进线方案是一路来自发电厂或系统变电站，另一路来自邻近的高压电网。

图 1-21 是一种两路 10kV 进线的电气系统图，该系统的电力取自 10kV 电网，经变电装置将电压降至 0.4kV，供各分系统用电。(＝T1、＝T2)为变电装置，(＝WL1、＝WL2)为 0.4kV 汇流排，(＝WB1、＝WB2)为配电装置。主要功能是变电与配电。

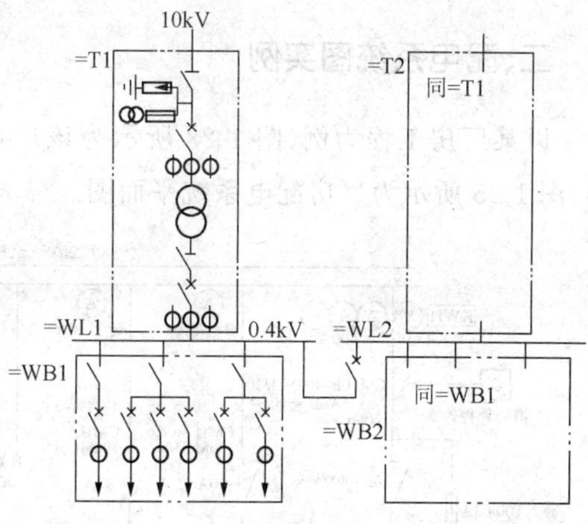


图 1-21　两路 V 进线(10kV)的电气系统图

在变电装置中，目前广泛采用三相干式变压器，高压侧电压为 10kV，低压侧电压为 0.4kV/0.23kV；10kV 电源经隔离开关、断路器引至变压器；高压侧有一组电压互感器，用于电压的测量，高压熔断器是电压互感器的短路保护，避雷器是变压器高压侧的防雷保护，一组电流互感器用于电流的测量。

变压器低压侧有一组三相电流互感器，用于三相负荷电流的测量，通过低压隔离开关和断路器与低压母线相连，两组母线之间用一断路器作为联络开关，在变压器发生故障时，能自动切换。低压配电装置中用低压刀开关起隔离作用，具有明显的断开点，空气断路器可带负荷分、合电路，并在短路或过载时起保护作用。电流互感器用于每一分路的电流测量。

(3)380V/220V 供电系统图

一般建筑如住宅、学校、商店等，只有配电装置，低压 380V/220V 进线，其供电系统图如图 1-22 所示。

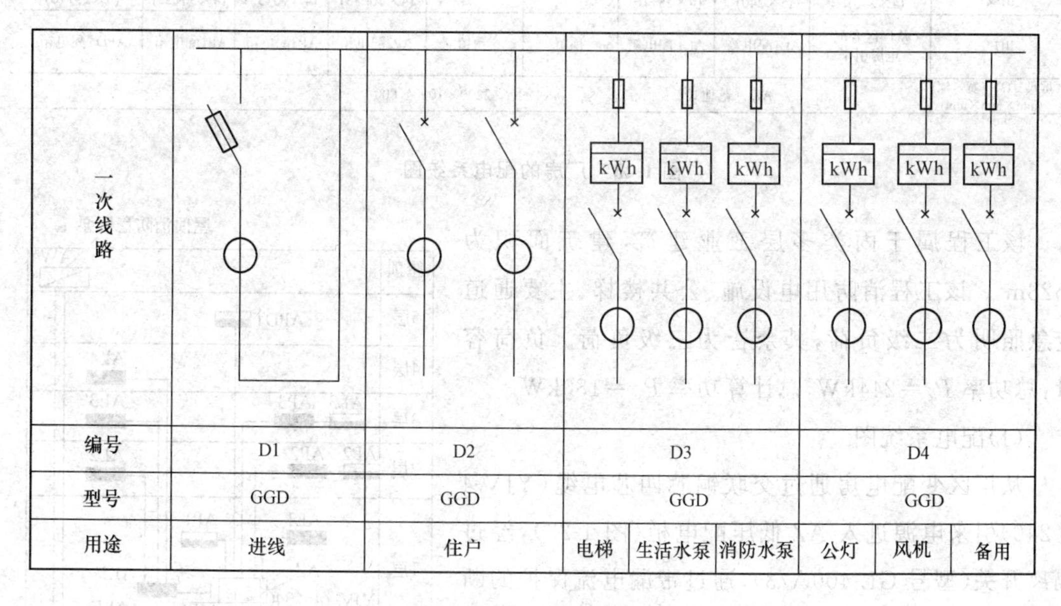


图 1-22　低压配电系统图

低压电源经空气断路器或隔离刀开关送至低压母线，用户配电由空气断路器作为带负荷分合电路和供电线路的短路及过载保护，电能表装在每用户进户点。

## 二、配电系统图实例

以某厂房工程为例，图 1-23 所示为该厂房的配电系统图，图 1-24 所示为竖向配电干线图，图 1-25 所示为厂房配电系统平面图。

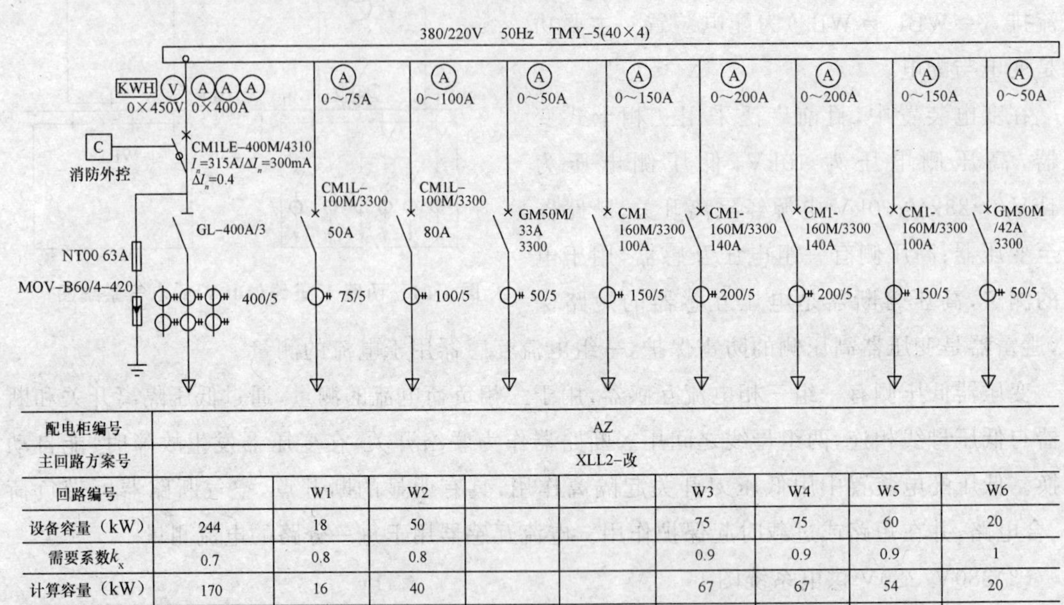


| 配电柜编号 | AZ | | | | | | | | |
|---|---|---|---|---|---|---|---|---|---|
| 主回路方案号 | XLL2-改 | | | | | | | | |
| 回路编号 | | W1 | W2 | | | W3 | W4 | W5 | W6 |
| 设备容量（kW） | 244 | 18 | 50 | | | 75 | 75 | 60 | 20 |
| 需要系数$k_x$ | 0.7 | 0.8 | 0.8 | | | 0.9 | 0.9 | 0.9 | 1 |
| 计算容量（kW） | 170 | 16 | 40 | | | 67 | 67 | 54 | 20 |
| 功率因数cos$\varphi$ | 0.85 | 0.9 | 0.9 | | | 0.80 | 0.80 | 0.80 | 0.9 |
| 计算电流（A） | 284 | 25 | 72 | | | 110 | 110 | 90 | 40 |
| 出线 | YJV-0.6/1kV (4×240) | YJV-0.6/1kV (5×240) | YJV-0.6/1kV (4×35+16) | | | YJV-0.6/1kV (4×70+35) | YJV-0.6/1kV (4×70+35) | YJV-0.6/1kV (4×50+25) | YJV-0.6/1kV (4×25+16) |
| 用户 | 从厂区变配电房引来 | AL1配电箱 | AL1′配电箱 | 预留 | 预留 | AP2配电箱 | AP3配电箱 | AP1配电箱 | APDT配电箱 |
| 屏尺寸(高×宽×深) (mm×mm×mm) | AZ 落地式 | | | 2200×1000×800 | | | | | |

**图 1-23 厂房的配电系统图**

该工程属于丙类多层工业建筑，建筑面积为 6528m²。该工程消防用电设施、公共楼梯、主要通道应急照明为二级负荷，其余皆为三级负荷。负荷容量：总功率 $P_e=244$kW，总计算功率 $P_{js}=180$kW。

(1)配电系统图

从厂区变配电房通过交联铜芯四芯电缆（YJV-4×240）引来电源进入 AZ 低压配电柜（图 1-23），经过隔离开关（型号 GL-400A/3），通过带漏电流保护的断路器（型号 CW1LE-400W/4310），用硬铜母线 TMY-5(40×4) 将低压电引至各低压配电箱 AL1、AL1′、AP1、AP2、AP3、APDT。此配电系统为低压配电

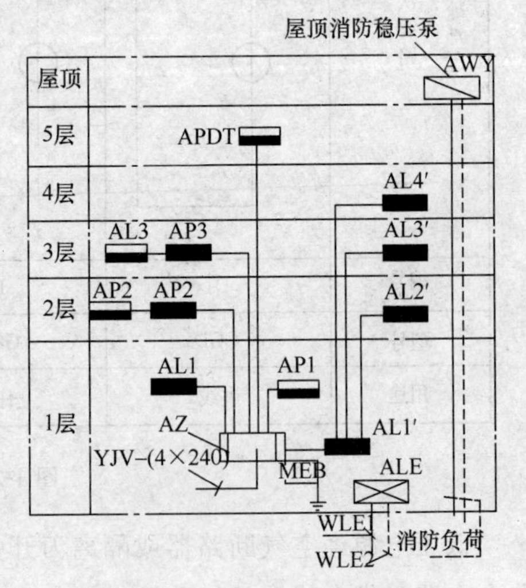


**图 1-24 竖向配电干线图**

系统。

AZ 为落地式配电柜，尺寸规格为 2200mm×1000mm×800mm，其余配电箱安装方式及尺寸规格标注在其各自的系统图中。

图 1-24 所示竖向配电干线图直观表示了低压配电柜 AZ 和各低压配电箱所处楼层及相互关系。

AZ 与 AL1、AL1′、AP1 同在厂房一层。

AP2 在二层；AP3 在三层；APDT 动力配电箱在五层。

AZ 以放射式配电方式将电能送至各配电箱，回路编号及所用线缆可在配电系统图中对应查询。如 AZ 至 AL1 为 W1 回路，采用交联铜芯五芯电缆（YJV-5×16）；AZ 至 AL1′为 W2 回路，采用交联铜芯五芯电缆（YJV-4×35＋16），W3～W6 回路以此类推。此外，AZ 还预留了两条备用回路。

屋顶有消防稳压泵的电源自动切换箱 AWY 一台，一层有事故照明配电箱 ALE 一台。由于该工程消防用电设施、公共楼梯、主要通道应急照明为二级负荷，为确保二级负荷供电可靠性，于配电室引来专用的双电源供电，当生产、生活用电被切断时，仍能保证消防及应急的用电。如果有火灾，则消防中心在启动消防设施的同时发出切除非消防负荷的指令，使相应回路开关跳闸。

AL1′之后采用放射式配电方式将电能送至 AL2′、AL3′、ALA′；AP2、AP3 之后也还有配电箱，它们的电能传输及线缆敷设需在其各自相应的系统图及平面图中查阅。

(2)配电平面图

通过系统图和竖向配电干线图明确了 AZ 及各低压配电箱之间的电能传送及相互关联，设备的具体位置及相互间线缆的敷设则需要在平面图中找到对应。图 1-25 所示为一层配电间布置平面图，AZ、AP1、ALE 均在一层电管井中，AL1 则在电管井入口墙外侧。

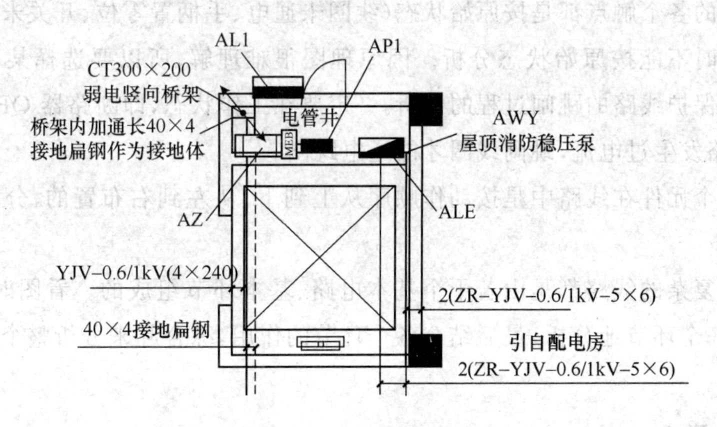


图 1-25　一层配电间布置平面图

AZ 进线为 YJV-(4×240)，AZ 到各配电箱的低压配电线路大多是在配电间完成，干线大多竖直走向，水平走向较少。ALE 为双电源 2(ZR-YJV-5×10)供电；消防稳压泵的电源自动切换箱 AWY 双电源为 2(ZR-YJV-5×6),在电管井右下角有一个上引的箭头,表示此双电源在电管井内从一层拉至屋顶 AWY 箱。

## 三、变配电系统二次电路图识读

### 1. 二次电路图表示

二次电路图是用来反映变配电系统中二次设备的继电保护、电气测量、信号报警、控制及操作等系统工作原理的图样。二次电路图的绘制方法,通常有集中表示法和展开表示法。

(1)集中表示法

绘制的原理图中,仪表、继电器、开关等电器在图中以整体绘出,各个回路(电流回路、电压回路、信号回路等)都综合地绘制在一起,使看图者对整个装置的构成有一个明确的整体概念。

(2)展开表示法

将整套装置中的各个环节(电压环节、电流环节、保护环节、信号环节等)分开表示,独立绘制,而仪表、继电器等的触点、线圈分别画在各自所属的环节中,同时在每个环节旁标注功能、特征和作用等,便于分析电气原理图。

### 2. 二次原理图的分析方法

1)首先要了解本套原理图的作用,把握住图样所表现的主题。

定时限过电流保护原理图,这个线路的作用是过电流保护和定时限跳闸。明确这两个作用后,就可很快地理解电流继电器和时间继电器的作用和动作原理。

2)要熟悉国家规定的图形符号和文字符号,了解这些符号所代表的具体意义。

可对照这些符号查对设备明细表,弄清其名称、型号、规格、性能和特点,将图纸上抽象的图形符号转化为具体的设备,有助于对电路的理解。

3)原理图中的各个触点都是按原始状态(线圈未通电、手柄置零位、开关未合闸、按钮未按下)绘出,但看图时不能按原始状态分析。因原理图很难理解,所以要选择某一状态来分析。如定时限过电流保护线路的跳闸过程的分析,一定要在工作状态,即断路器 QF 的辅助触点在闭合状态下,线路发生过电流,跳闸线圈才能通电跳闸。

4)电器的各个元件在线路中是按动作顺序从上到下、从左到右布置的,分析时,可按这一顺序进行。

5)任何一个复杂的线路都是由若干个基本电路、基本环节组成的。看图时应分成若干个环节,一个环节一个环节地分析,最后结合各个环节的作用,综合起来分析整个电路的作用,即积零为整看电路。

### 3. 原理图的形式

(1)集中式原理图(整体式)

集中式原理图中电器的各个元件都是集中绘制的,如图 1-26 为 10kV 线路的定时限过电流保护集中式原理图。

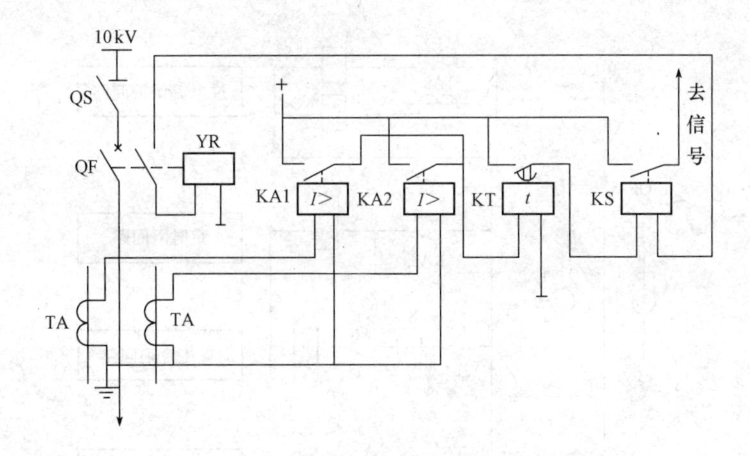


图 1-26　10kV 线路定时限过电流保护集中式原理图

集中式原理图具有以下特点：

1)集中式二次原理图是以器件、元件为中心绘制的图，图中器件、元件都以集中的形式表示，如图中的线圈与触点绘制在一起。

集中式二次原理图中设备和元件之间的连接关系比较形象直观。

2)为了更好地说明二次线路对一次线路的测量、监视和保护功能，在绘制二次线路时要将有关的一次线路、一次设备绘出。为了区别一次线路和二次线路，一般一次线路用粗实线表示，二次线路用细实线表示，使图面更加清晰、具体。

3)所有的器件和元件都用统一的图形符号表示，并标注统一的文字符号说明。所有电器的触点均以原始状态绘出，即电器均不带电、不激励、不工作状态。如继电器的线圈不通电，铁心未吸合；手动开关均处于断开位置，操作手柄置零位，无外力时的触点的状态。

4)为了突出表现二次系统的工作原理，图中没有给出二次元件的内部接线图，引出线的编号和接线端子的编号也可省略；控制电源只标出"＋、－"极性，没有具体表示从何引来，信号部分也只标出去信号，没有画出具体接线，简化电路，突出重点。

但这种图还不具备完整的使用功能，尤其不能按这样的图去接线、查线，特别是对于复杂的二次系统，设备、元件的连接线很多，用集中式表示，对绘制和阅读都比较困难。因此，在二次原理图的绘制中，较少采用集中表示法，而是用展开法来绘制。

(2)展开式原理图

将电器的各个元件按分开式方法表示，每个元件分别绘制在所属电路中，并可按回路的作用，电压性质、高低等组成各个回路(交流回路、直流回路、跳闸回路、信号回路等)，如图 1-27 所示。

展开式原理图一般按动作顺序从上到下水平布置，并在线路旁注明功能、作用，使线路清晰，易于阅读，便于了解整套装置的动作顺序和工作原理。在一些复杂的图纸中，展开式原理图的优点更为突出。展开式原理图的特点如下所述：

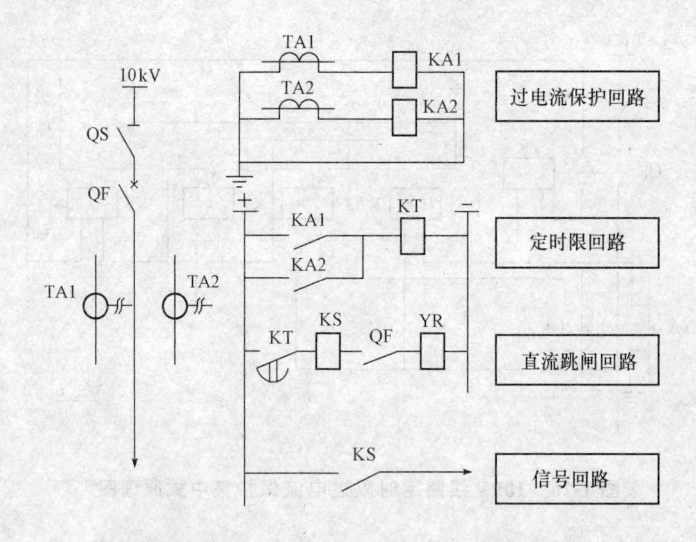


图 1-27 定时限过电流保护展开式原理图

1)展开式原理图是以回路为中心,同一电器的各个元件按作用分别绘制在不同的回路中。如电流继电器 KA 的线圈串联在电流回路中,其触点绘制在时间继电器回路中。

2)同一个电器的各个元件应标注同一个文字符号,对于同一个电器的各个触点也可用数字来区分,如 KM:1、KM:2 等。

3)展开式原理图可按不同的功能、作用、电压高低等划分为各个独立回路,并在每个回路的右侧注有简单的文字说明,分别说明各个电路及主要元件的功能、作用等。

4)线路可按动作顺序,从上到下、从左到右平行排列。线路可以编号,用数字或文字符号加数字表示,变配电系统中线路有专用的数字符号表示。

**4. 测量电路图**

为了解变配电设备的运行情况和特征,需要对电气设备进行各种测量,如电压、电流、功率、电能等的测量。

(1)电流测量线路

在 6～10kV 高压变配电线路、380/220V 低压配电线路中测量电流,一般要装接电流互感器。常用的测量方法如图 1-28 所示。

1)一相电流测量线路。当线路电流比较小时,可将电流表直接串入线路,如图 1-28(a)所示。

在电流较大时,一般在线路中安装电流互感器,电流表串接在电流互感器的二次侧,通过电流互感器测量线路电流,如图 1-28(b)所示。

2)两相 V 形联结测量线路。如图 1-28(c)所示,在两相线路中接有两个电流互感器,组成 V 形联结,在两个电流互感器的二次侧接有三个电流表(三表二元件)。两个电流表与两个电流互感器二次侧直接连接,测量这两相线路的电流,另一个电流表所测的电流是两个电流互感器二次测电流之和,正好是未接电流互感器的反相二次电流(数值)。三个电流表通过两个电流互感器测量三相电流。这种接线适用于三相平衡的线路中。

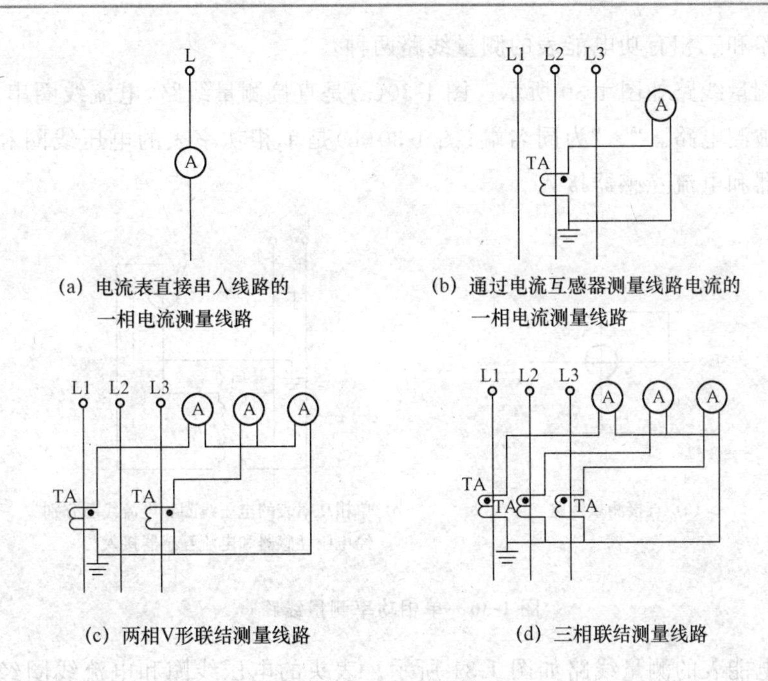


(a) 电流表直接串入线路的一相电流测量线路　(b) 通过电流互感器测量线路电流的一相电流测量线路

(c) 两相V形联结测量线路　(d) 三相联结测量线路

**图 1-28　电流测量线路**

3)三相联结测量线路。图 1-28(d)为三表三元件电流测量电路,三个电流表分别与三个电流互感器的二次侧连接,分别测量三相电流,这种接法广泛用于负荷不论平衡与否的三相电路中。

(2)电压测量线路

低压线路电压的测量,可将电压表直接并接在线路中,如图 1-29(a)所示。高压配电线路电压的测量,一般要加装电压互感器,电压表通过电压互感器来测量线路电压。

1)单相电压互感器测量线路。图 1-29(b)为单相电压测量线路,电压表接在单相电压互感器的二次侧,通过电压互感器测量线路间的电压,适用于高压线路的测量。

2)三相联结电压测量线路图。图 1-29(c)为三相联结电压测量线路,三只电压表分别与三台单相电压互感器二次侧连接,分别测量三相电压,适用于三相电路的电压测量和绝缘监视。

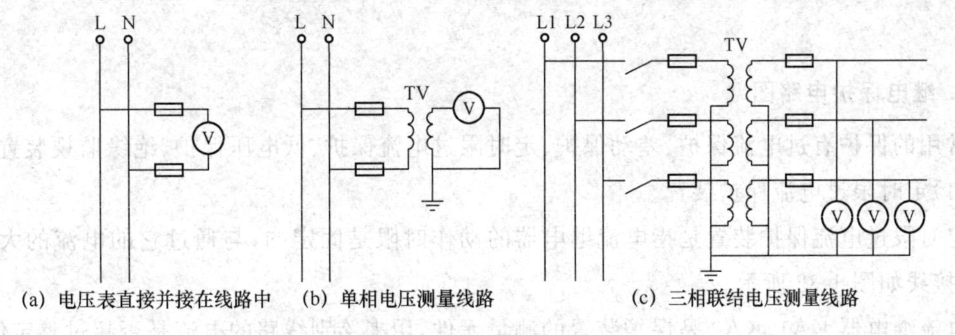


(a) 电压表直接并接在线路中　(b) 单相电压测量线路　(c) 三相联结电压测量线路

**图 1-29　电压测量线路**

(3)功率、电能测量线路

为了掌握线路的负荷情况,还要测量有功、无功功率,有功、无功电能。常用的测量线路有相功率测量线路和三相有功电能表的测量线路两种。

单相功率测量线路如图 1-30 所示。图 1-30(a)是直接测量线路，电流线圈串入被测电路，电压线圈并入被测电路。“·”为同名端；图 1-30(b)是单相功率表的电压线圈和电流线圈分别经电压互感器和电流互感器接入。

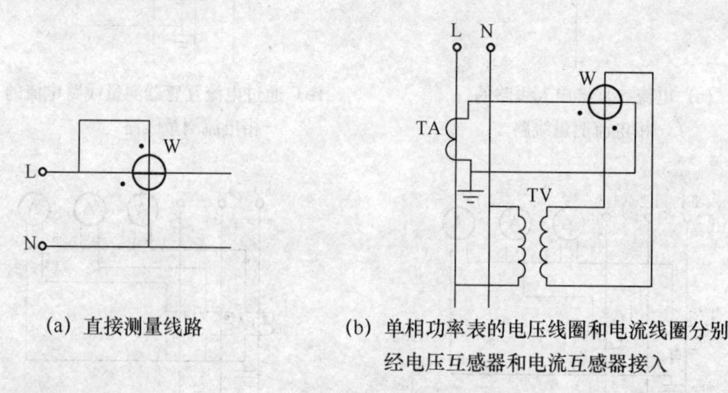


(a) 直接测量线路　(b) 单相功率表的电压线圈和电流线圈分别经电压互感器和电流互感器接入

**图 1-30　单相功率测量线路**

三相有功电能表的测量线路如图 1-31 所示。表头的电压线圈和电流线圈经电压互感器和电流互感器接入。

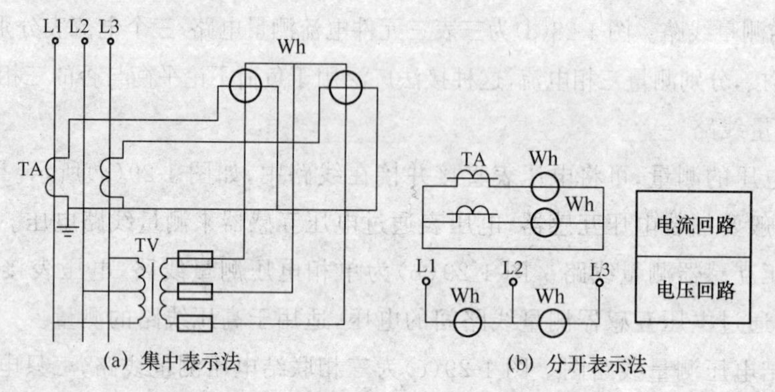


(a) 集中表示法　(b) 分开表示法

**图 1-31　三相有功电流表测量线路**

### 4. 继电保护电路图

常用的保护有过电流保护、差动保护、定时限过电流保护、低电压保护、绝缘监视装置等。

(1)定时限过电流保护装置

定时限过电流保护装置是指电流继电器的动作时限是固定的，与通过它的电流的大小无关，其接线如图 1-32 所示。

电流继电器 KA1、KA2 是保护装置的测量元件，用来鉴别线路的电流是否超过整定值；时间继电器 KT 是保护装置的延时元件，用延长的时间来保证装置的选择性，控制装置的动作；信号继电器 KS 是保护装置的显示元件，显示装置动作与否和发出报警信号；KM 中间继电器是保护装置的动作执行元件，直接驱动断路器跳闸。

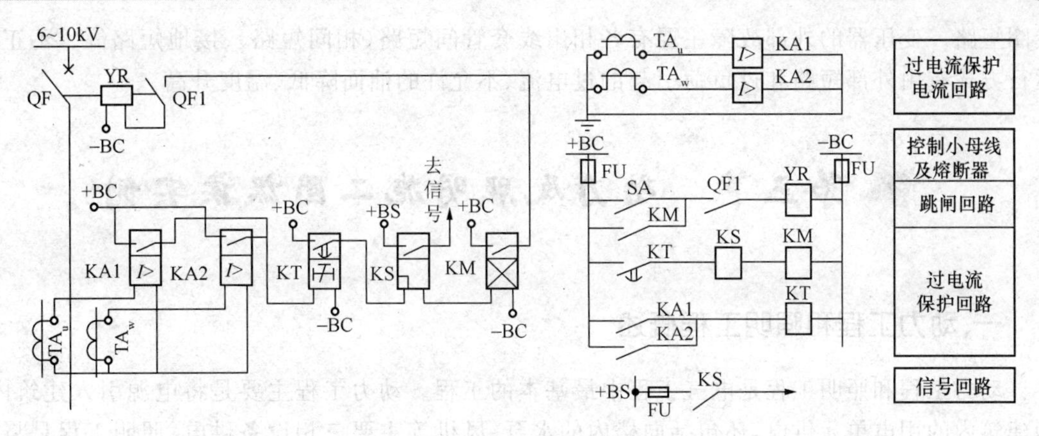


图 1-32　定时限过电流保护装置

正常运行时，过电流继电器不动作，KA1、KA2、KT、KS、KM 的触点都是断开的。断路器跳闸线圈 YR 电源断路，断路器 QF 处在合闸状态。当在保护范围内发生故障或过电流时，电流继电器 KA1、KA2 动作，触点闭合，启动时间继电器 KT，经过 KT 的预定延时后，其触点启动信号继电器 KS 和中间继电器 KM，接通 YR 电源，断路器 QF 跳闸，同时信号继电器 KS 触点闭合，发出动作和报警信号。

(2)反时限过电流保护

反时限过电流保护装置是指电流继电器的动作时限与通过它的电流的大小成反比。其接线如图 1-33 所示。

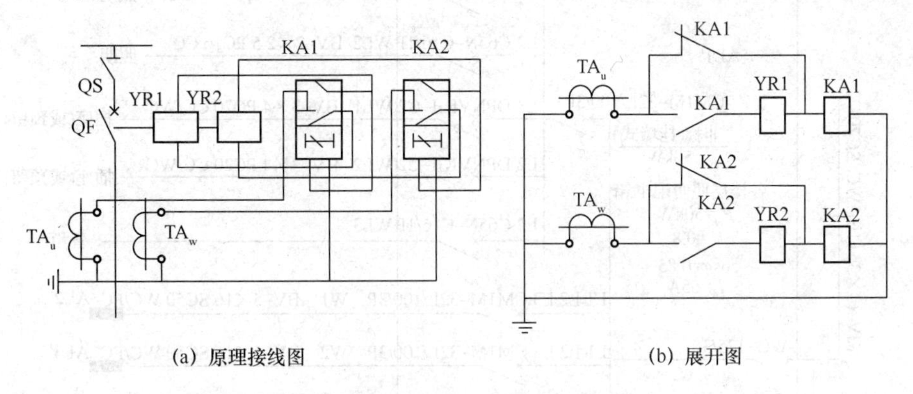


(a) 原理接线图　　(b) 展开图

图 1-33　反时限过电流保护装置

反时限过电流保护装置采用感应型继电器 KA1、KA2 就可以实现。由于 GL 型电流继电器本身具有时限、掉牌、功率大、触点数量多等特点，可以省下时间继电器、信号继电器、中间继电器。正常运行时，过电流继电器不动作，KA1、KA2 的触点都是断开的。断路器跳闸线圈 YR1、YR2 断路，断路器 QF 处在合闸状态。当在保护范围内发生故障或过电流时，电流继电器 KA1、KA2 动作，经一定时限后先动合触点闭合，后动断触点打开，跳闸线圈 YR1、YR2 的短路分流支路被动断触点断开，操作电源被动合触点接通，断路器 QF 跳闸，其信号牌自动掉落，显示继电器动作，当故障切除后，继电器返回，信号掉牌用手动复位。

(3)变压器保护

变压器的内部故障主要有线圈对铁壳绝缘击穿(接地短路)、匝间或层间短路、高低压各相线圈短路。变压器的外部故障主要有各相出线套管间短路(相间短路)、接地短路等。不正常运行方式有由外部短路和过负荷引起的过电流、不允许的油面降低、温度升高。

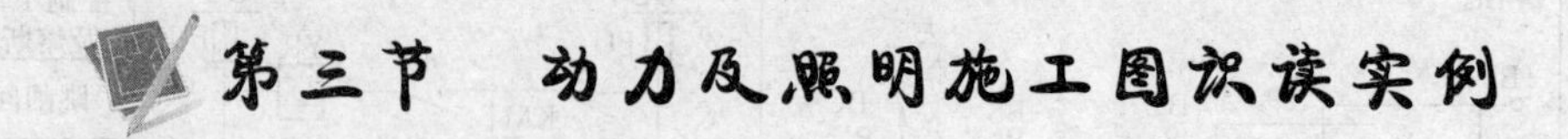


## 一、动力工程和照明工程概述

动力工程和照明工程是电气工程中最基本的工程。动力工程主要是将电源引入建筑内,为建筑内的用电单元供电,还包括向楼内的水泵、风机等主要三相设备供电;照明工程是将变配电室分配到楼内的电力通过配电箱的控制,连接到具体的末端用电设备,一般为单相用电器,如灯具、风扇等。

## 二、系统图

动力及照明电气系统图集中反映动力及照明的安装容量、计算容量、配电方式、管线规格、敷设方式、断路器和计量仪表等元件的型号、规格等。一般情况下,动力系统和照明系统应分开绘制。

图 1-34 为配电箱 AL1′配电系统图。

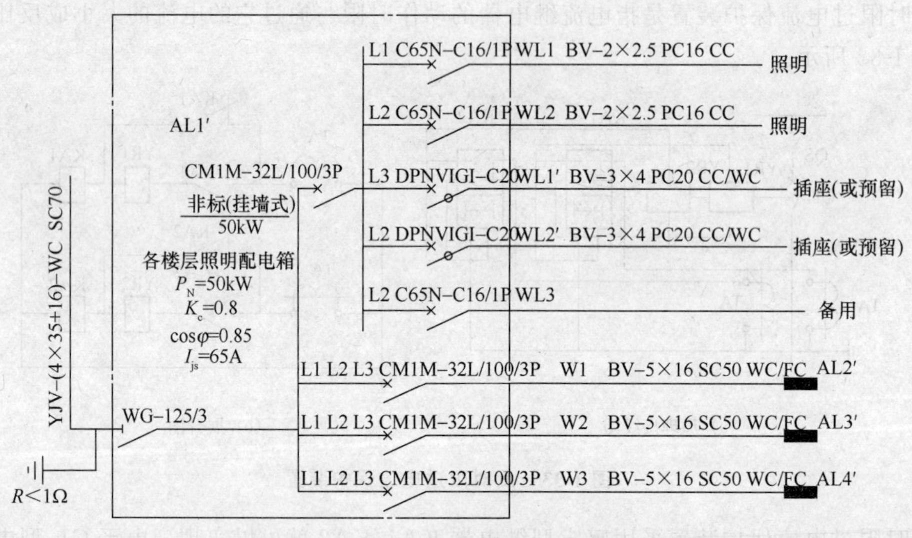


**图 1-34 配电箱 AL1′配电系统图**

AL1′是位于一层的挂墙式照明配电箱,同时也作为照明的总配电箱,通过放射式配电方式将电能送至 AL2′、AL3′、AL4′分配电箱,与图 1-24 所示竖向配电干线图相吻合。AL1′中 $P_N$(额定容量)＝50kW,$K_c$(需要系数)＝0.8,cos$\varphi$(功率因数)＝0. 85,$I_{js}$(计算电流)＝ 65A 等为配电箱的计算参数。

电源进线电缆为 YJV-(4×35＋16)-WC SC70,表示五芯铜芯交联聚乙烯绝缘聚氯乙烯护套电力电缆(其中 4 芯的单芯截面积为 $35mm^2$,1 芯的截面积为 $16mm^2$),穿直径 70mm 的钢管沿墙暗敷

设;箱内装有1个隔离开关和9个分支断路器,其中有2个是带漏电保护的分支断路器。

三相电源过隔离开关WG-125/3后,W1～W3为三相出线回路,为后续的分配电箱AL2′～AL4′提供三相电源,线路上标注为BV-5×16 SC50 WC/FC,表示5根截面积为16mm²的聚氯乙烯绝缘铜导线穿直径50mm的钢管,沿地或沿墙暗敷设。

三相电源过隔离开关CM1M-32L/100/3P后,分出4个单相出线回路,为后端照明或插座提供单相电源。WL1、WL2为单相照明出线回路,线路上标注了配线及敷设方式为BV-2×2.5 PC16 CC,表示2根截面积为2.5mm²的铜芯聚氯乙烯绝缘导线穿直径16mm的硬塑料管沿顶板暗敷设。WL1′、WL2′为插座回路(或预留),选用带漏电保护的断路器,线路上标注为BV-3×4 PC20 CC/WC,表示3根截面积为4mm²的铜芯聚氯乙烯绝缘导线穿直径20mm的硬塑料管沿顶板及墙暗敷设。WL3为备用回路并不接出线路。

AL1′在完成配电工作时,将引入箱内的三相电分配成多路电源供后端设备使用,分配原则是尽量保持三相平衡,使三相电的每一相所带负荷尽量均衡。图1-34中L1、L2、L3代表三相,每条支路的负载已经被依次分配到这三相上,以确保三相负载平衡。

## 三、平面图

动力及照明电气平面图是表示建筑物内动力设备、照明设备和配电线路平面布置的图样。主要表现动力及照明线路的敷设位置、敷设方式、管线规格,同时还标出各种用电设备(照明灯具、插座、风机、水泵等)及配电设备(配电箱、控制箱、开关)的型号、数量、安装方式和相对位置。看平面图要结合系统图,找到配电箱,再找进线和出线。图1-35所示为厂房一层照明平面图。

(1)配电箱AL1′

从图1-23所示的配电系统图和图1-24所示的竖向配电干线图可知,AL1′箱体电源由AZ引来。一层低压配电柜AZ引出的干线共有6条,其中5条在配电间,还有一条干线引至AL1′。

图1-35所示的厂房一层照明平面图画出了AZ和AL1′之间的连接线:沿Ⓑ轴方向从配电间至⑫轴、⑬轴之间楼梯口附近。再结合图1-34所示的AL1′配电系统图,确定此干线为YJV-(4×35+16)-WC SC70。

(2)支线、分配电箱

从AL1′引出2条支路WL1、WL2解决⑫轴和⑭轴之间办公室的照明,WL1还为卫生间提供用电负荷。所有回路均采用BV-2×2.5 PC16 CC,在卫生间入口处墙面还有一个上引的箭头,表示上层卫生间照明也由AL1′提供电源。在AL1′处尚有一上引箭头,结合图1-34可知,AL1′从箭头所示位置往上布设连接二、三、四层分配电箱AL2′～AL4′的线路。AL1′系统图中还有WL1′、W12′回路,在平面图中未找到对应线路,表明为预留。

(3)用电设备

图1-35中⑫轴和⑭轴办公室之间有两种灯具,两级开关4个,单级开关1个,轴流风扇2个。在看照明支路时要注意,平面图上的多根导线会在连接线上加数字标注。

(4)配电箱AL1

负责车间照明,其出线回路WL1～WL5应与AL1系统图做对照,其平面线路敷设的识读与AL1′相同。

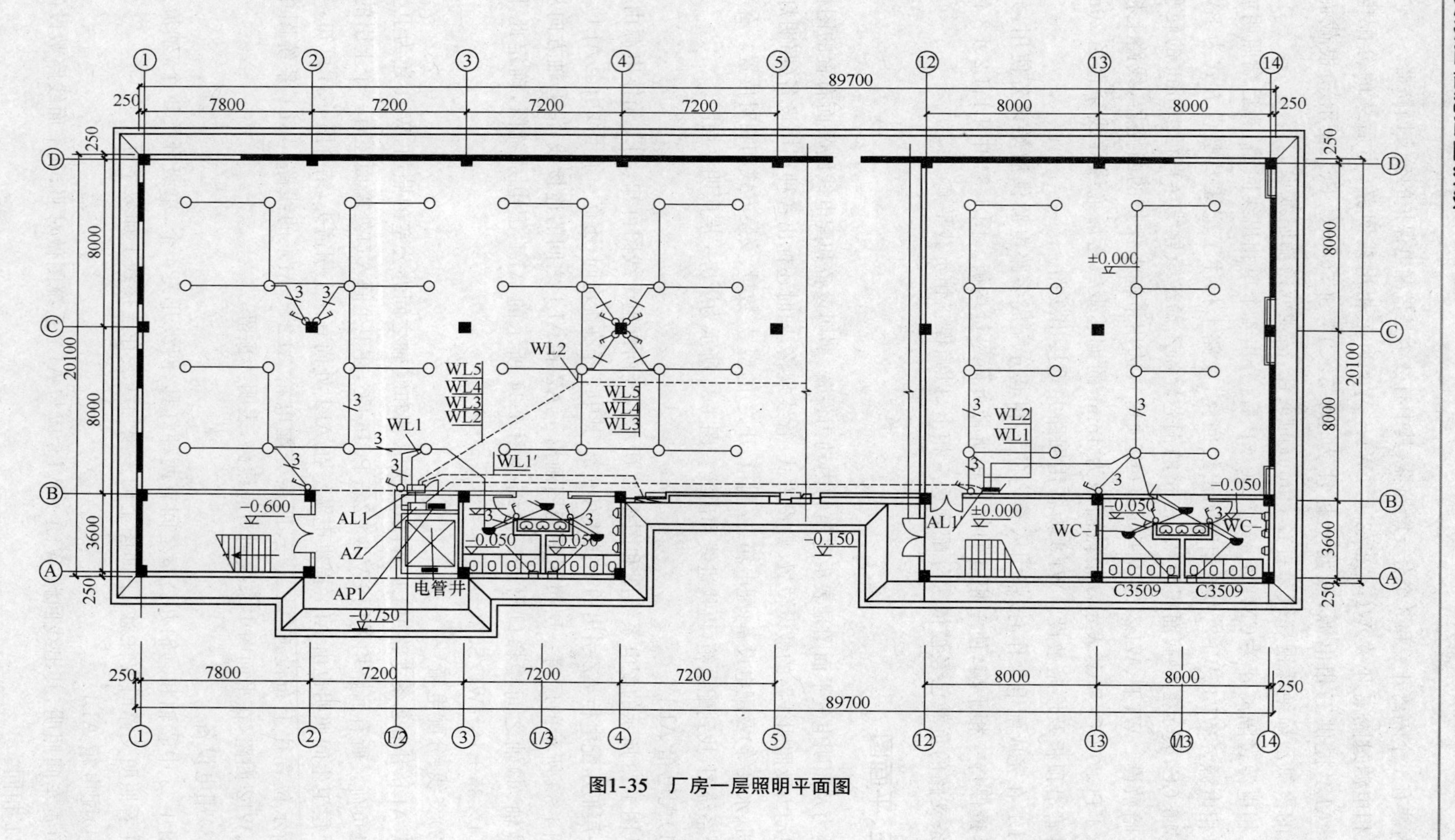


图1-35 厂房一层照明平面图

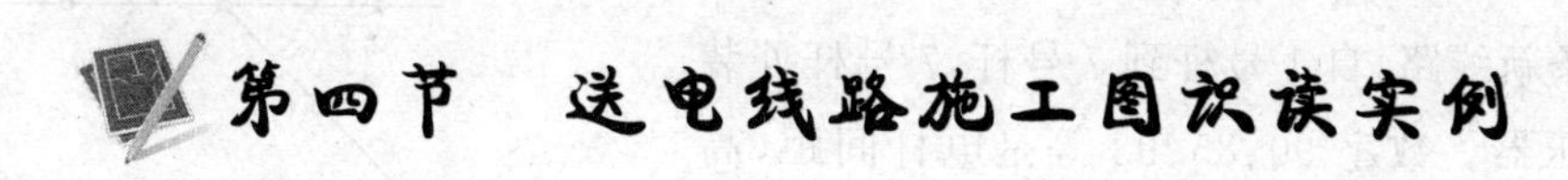

# 第四节　送电线路施工图识读实例

## 一、架空电力线路施工图识读

### 1. 架空电力线路概述

1)电力网中的线路可分为送电线路(又称输电线路)和配电线路。架设在升压变电站与降压变电站之间的线路,称为送电线路,是专门用于输送电能的。从降压变电站至各用户之间的10kV及以下线路,称为配电线路,是用于分配电能的。配电线路又分为高压配电线路和低压配电线路。1kV以下线路为低压架空线路,1～10kV为高压架空线路。

2)架空电力线路的组成主要有导线、电杆、横担、金具、绝缘子、导线、基础及接地装置等,如图1-36所示。架空电力线路的造价低、架设方便、便于检修,所以使用广泛。目前工厂、建筑工地、由公用变压器供电的居民小区的低压输电线路很多采用架空电力线路。

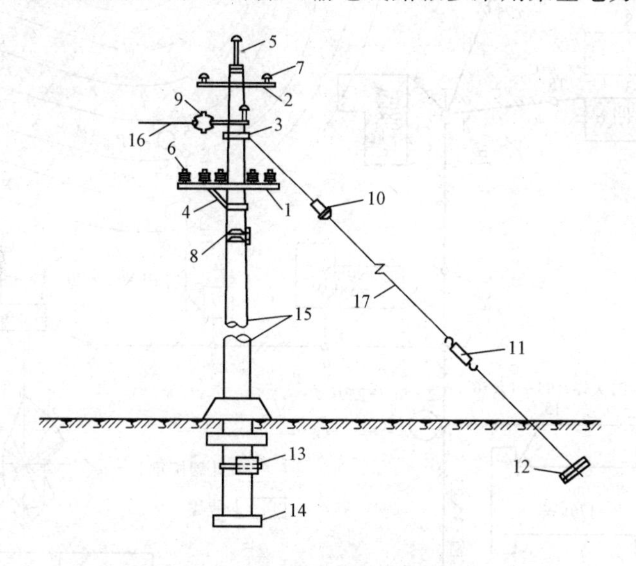


**图1-36　架空电力线路的组成**

1—低压横担;2—高压横担;3—拉线抱箍;4—横担支撑;5—高压杆头;
6—低压针式绝缘子;7—高压针式绝缘子;8—低压碟式绝缘子;
9—悬式碟式绝缘子;10—拉紧绝缘子;11—花篮螺栓;12—地锚(拉线盒);
13—卡盘;14—底盘;15—电杆;16—导线;17—拉线

### 2. 架空电力线路施工图实例

(1)高压架空电力线路工程平面图识读

图1-37为10kV高压架空电力线路工程平面图。

图中25、26、27号为原有线路电杆，从26号杆分支出一条新线路，自1号杆到7号杆，7号杆处装有一台变压器。数字90、85、93等是电杆间距，高压架空线路的杆距一般为100m左右。新线路上2、3杆之间有一条电力线路，4、5杆之间有一条公路和路边的四线电话线路，跨越公路的两根电杆为跨越杆，杆上加双向拉线加固。5号杆上安装的是高桩拉线。在分支杆26号杆、转角杆3号杆和终端杆7号杆上均装有普通拉线，其中转角杆3号杆在两边线路延长线方向装了一组拉线和一组撑杆。

(2)低压架空电力线路工程平面图识读

图1-38为380V低压架空电力线路工程平面图。

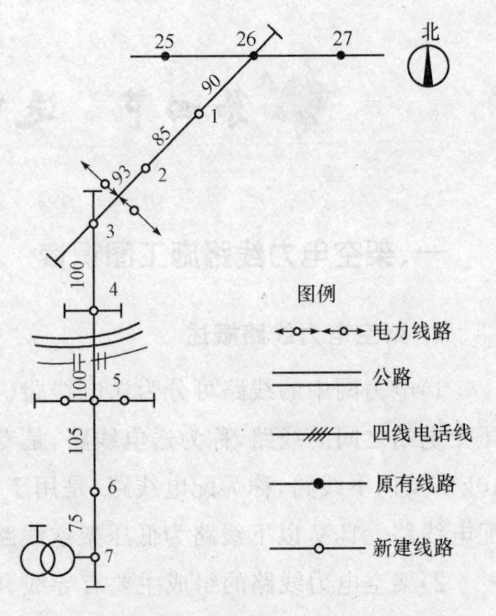


图1-37　10kV高压架空电力线路工程平面图

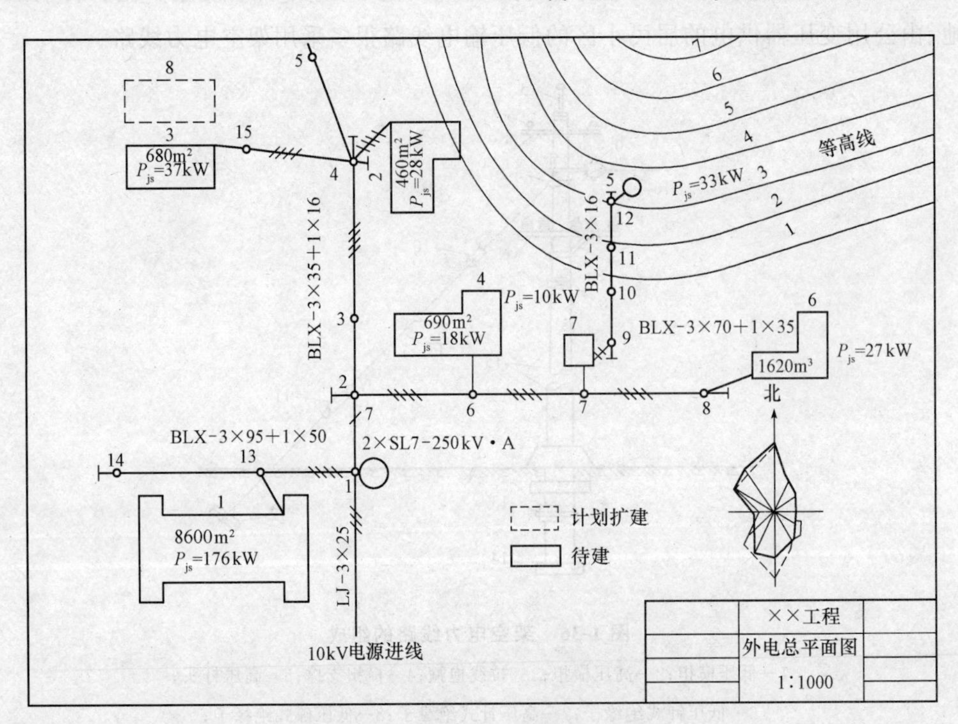


图1-38　380V低压架空电力线路工程平面图

图1-38是一个建筑工地的施工用电总平面图，它是在施工总平面图上绘制的。低压电力线路为配电线路，要把电能输送到各个不同的用电场所，各段线路的导线根数和截面积均不相同，需在图上标注清楚。

图1-38中待建建筑为工程中将要施工的建筑，计划扩建建筑是准备将来建设的建筑。每

个待建建筑上都标有建筑面积和用电量，如 1 号建筑的建筑面积为 8600m²，用电量为 176kW，$P_{js}$表示计算功率。图 1-38 右上角是一个小山坡，画有山坡的等高线。

电源进线为 10kV 架空线，从场外高压线路引来。电源进线使用铝绞线（LJ），LJ-3×25 为 3 根 25mm²导线，接至 1 号杆。在 1 号杆处为两台变压器，图中 2×SL7-250kV · A 是变压器的型号，SL7 表示 7 系列三相油浸自冷式铝绕组变压器，额定容量为 250kV · A。

从 1 号杆到 14 号杆为 4 根 BLX 型导线（BLX-3×95＋1×50），其中 BLX 表示橡胶绝缘铝导线，其中 3 根导线的截面为 95mm²，1 根导线的截面为 50mm²。14 号杆为终端杆，装一根拉线。从 13 号杆向 1 号建筑做架空接户线。

1 号杆到 2 号杆上为两层线路，一路为到 5 号杆的线路，4 根 BLX 型导线（BLX-3×35＋1×16），其中 3 根导线截面为 35mm²，1 根导线截面为 16mm²；另一路为横向到 8 号杆的线路，4 根 BLX 型导线（BLX-3×70＋1×35），其中 3 根导线截面为 70mm²，1 根导线截面为 35mm²。1 号杆到 2 号杆间线路标注为 7 根导线，这是因为在这一段线路上两层线路共用 1 根中性线，在 2 号杆处分为 2 根中性线。2 号杆为分杆，要加装二组拉线，5 号杆、8 号杆为终端杆，也要加装拉线。

线路在 4 号杆分为三路：第一路到 5 号杆；第二路到 2 号建筑物，要做 1 条接户线；最后一路经 15 号杆接入 3 号建筑物。为加强 4 号杆的稳定性，在 4 号杆上装有两组拉线。5 号杆为线路终端，同样安装了拉线。

在 2 号杆到 8 号杆的线路上，从 6 号杆、7 号杆和 8 号杆处均做接户线。从 9 号杆到 12 号杆是给 5 号设备供电的专用动力线路，电源取自 7 号建筑物。动力线路使用 3 根截面为 16mm²的 BLX 型导线（BLX-3×16）。

## 二、电力电缆线路工程图识读

### 1. 电力电缆的种类

按绝缘材料的不同，常用电力电缆有以下几类：油浸纸绝缘电缆；聚氯乙烯绝缘、聚氯乙烯护套电缆，即全塑电缆；交联聚乙烯绝缘、聚氯乙烯护套电缆；橡皮绝缘、聚氯乙烯护套电缆，即橡皮电缆；橡皮绝缘、橡皮护套电缆，即橡套软电缆。

除了电力电缆，常用电缆还有控制电缆、信号电缆、电视射频同轴电缆、电话电缆、光缆、移动式软电缆等。

### 2. 电力电缆线路工程图识读实例

图 1-39 为 10kV 电缆线路工程的平面图。

图 1-39 中标出了电缆线路的走向、敷设方法、各段线路的长度及局部处理方法。

电缆采用直接埋地敷设，电缆从××路北侧 1 号电杆引下，穿过道路沿路南侧敷设，到××大街转向南，沿街东侧敷设，终点为造纸厂，在造纸厂处穿过大街，按规范要求在穿过道路的位置要穿混凝土管保护。

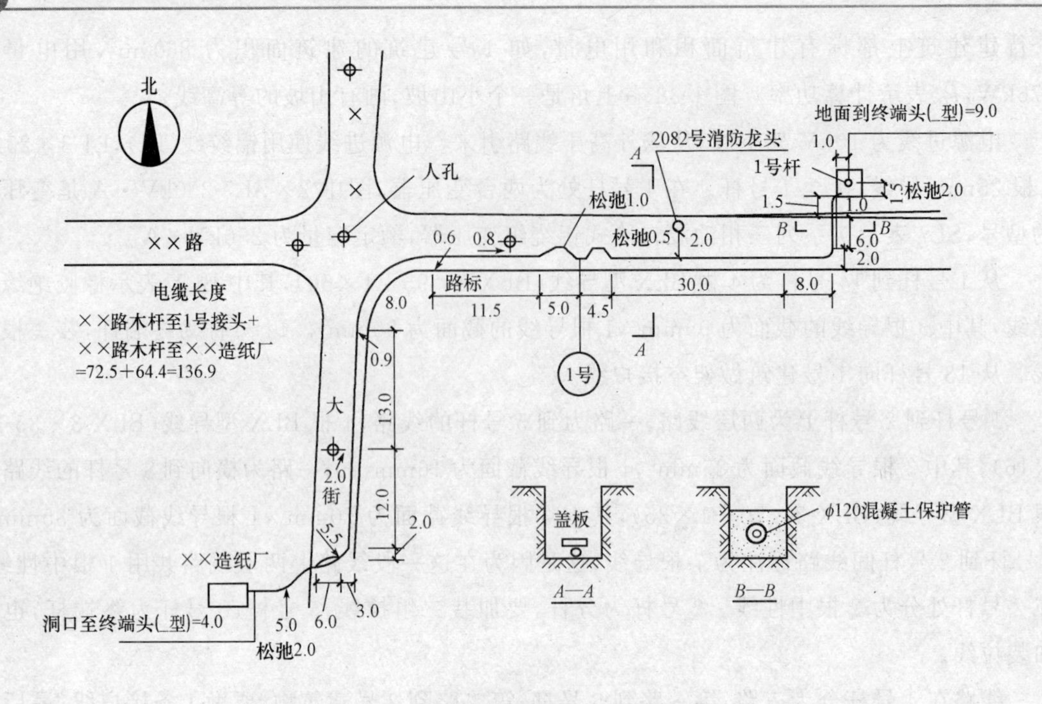


图 1-39　10kV 电缆线路工程的平面图

图 1-39 右下角为电缆敷设方法的断面图。剖面 $A—A$ 是整条电缆埋地敷设的情况，采用铺沙子盖保护板的敷设方法，剖切位置在图中 1 号位置右侧。剖面 $B—B$ 是电缆穿过道路时加保护管的情况，剖切位置在图中 1 号杆下方路面上。这里电缆横穿道路时使用的是直径 120mm 的混凝土保护管，每段管长 6m，在图右上角电缆起点处和左下角电缆终点处各有一根保护管。

电缆全长 136.9m，其中包含了在电缆两端和电缆中间接头处必须预留的松弛长度。

图 1-39 中间标有 1 号的位置为电缆中间接头位置，1 号点向右直线长度 4.5m 内做了一段弧线，这里要有松弛量 0.5m，这个松弛量是为了将来此处电缆头损坏修复时所需要的长度。向右直线段 30m+8m=38m，转向穿过公路，路宽 2m+6m=8m，电杆距路边 1.5m+1.5m=3m，这里有两段松弛量共 2m（两段弧线）。电缆终端头距地面为 9m。电缆敷设时距路边 0.6m，这段电缆总长度为 64.4m。

从 1 号位置向左 5m 内做一段弧线，松弛量为 1m。再向左经过 11.5m 直线段进入转弯向下，弯长 8m。向下直线段 13m+12m+2m=27m 后，穿过大街，街宽 9m。造纸厂距路边 5m，留有 2m 松弛量，进厂后到终端头长度为 4m。这一段电缆总长为 72.5m，电缆敷设距路边的 0.9m 与穿过道路的斜向增加长度相抵不再计算。

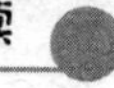

# 第五节　防雷接地施工图识读

## 一、建筑物防雷等级

建筑物应根据建筑物重要性、使用性质、发生雷电事故的可能性和后果，按防雷要求分为三类。

(1)第一类防雷建筑物

1)凡制造、使用或贮存火炸药及其制品的危险建筑物，因电火花而引起爆炸、爆轰，会造成巨大破坏和人身伤亡者。

2)具有 0 区或 20 区爆炸危险场所的建筑物。

3)具有 1 区或 21 区爆炸危险场所的建筑物，因电火花而引起爆炸，会造成巨大破坏和人身伤亡者

(2)第二类防雷建筑物

1)国家级重点文物保护的建筑物。

2)国家级的会堂、办公建筑物、大型展览和博览建筑物、大型火车站和飞机场、国宾馆、国家级档案馆、大型城市的重要给水泵房等特别重要的建筑物(飞机场不含停放飞机的露天场所和跑道)。

3)国家级计算中心、国际通信枢纽等对国民经济有重要意义的建筑物。

4)国家特级和甲级大型体育馆。

5)制造、使用或贮存火炸药及其制品的危险建筑物，且电火花不易引起爆炸或不致造成巨大破坏和人身伤亡者。

6)具有 1 区或 21 区爆炸危险场所的建筑物，且电火花不易引起爆炸或不致造成巨大破坏和人身伤亡者。

7)具有 2 区或 22 区爆炸危险场所的建筑物。

8)有爆炸危险的露天钢质封闭气罐。

9)预计雷击次数大于 0.05 次/年的部、省级办公建筑物和其他重要或人员密集的公共建筑物以及火灾危险场所。

10)预计雷击次数大于 0.5 次/年的住宅、办公楼等一般性民用建筑物或一般性工业建筑物。

(3)第三类防雷建筑物

1)省级重点文物保护的建筑物及省级档案馆。

2)预计雷击次数大于或等于 0.01 次/年，且小于或等于 0.05 次/年的部、省级办公建筑物和其他重要或人员密集的公共建筑物，以及火灾危险场所。

3)预计雷击次数大于或等于 0.05 次/年,且小于或等于 0.25 次/年的住宅、办公楼等一般性民用建筑物或一般性工业建筑物。

4)在平均雷暴日大于 15d/年的地区,高度在 15m 及以上的烟囱、水塔等孤立的高耸建筑物;在平均雷暴日小于或等于 15d/年的地区,高度在 20m 及以上的烟囱、水塔等孤立的高耸建筑物。

## 二、防雷接地设计要点

(1)防雷设计

1)防雷的等级及相应措施涉及抗御雷电灾害的安全重任,必须严格按相应规范执行。

①《建筑物防雷设计规范》(GB 50057—2010)。

②《建筑物电子信息系统防雷技术规范》(GB 50343—2012)。

③其他相应规范。由于智能大厦、智能小区的普及,计算机信息系统的广泛应用,以及电视、电信等民用电子装置深入千家万户,“电子信息系统”的含义已极为广泛,所以《建筑物电子信息系统防雷技术规范》(GB 50343—2012)的执行已更为广泛地伴随《建筑物防雷设计规范》(GB 50057—2010)而执行。

2)防雷电气工程图的种类。

①避雷器等类防侵入雷电波灾害的电气系统布置图中,间隔式、阀式及防浪涌式等避雷器的装置必须深入所针对电路方能表示,故多与系统图、电路图合并表达。此电气系统布置图主要表示防雷设备,故称为电气装置防雷电气工程图。它多针对关键、要害、易受侵入雷伤害的敏感电子设备和系统。

②建筑物防雷工程图是在建筑电气过程中最为普遍常见的。

(2)防雷接地工程图的内容

1)“设计施工说明”中的表述内容。

①防雷等级。根据自然条件、当地雷电日数、建筑物的重要程度确定防雷等级(或类别)。

②防直击雷、防电磁感应、防侧击雷、防雷电波侵入和等电位的措施。

③当用钢筋混凝土内的钢筋做接闪器、引下线和接地装置时,应说明采取的措施和要求。

④防雷接地阻值的确定,如对接地装置做特殊处理时,应说明措施、方法和达到的阻值要求。当利用共用接地装置时,应明确阻值要求。

2)初步设计阶段。

此阶段,建筑防雷工程一般不绘图,特殊工程只出顶视平面图,画出接闪器,引下线和接地装置平面布置,并注明材料规格。

3)施工图设计阶段。

此阶段需绘制出建筑与构筑物防雷顶视平面图与接地平面图。小型建筑与构筑物仅绘顶视平面图,形状复杂的大型建筑宜加绘立面图,注明标高和主要尺寸。图中需绘出避雷针、避雷带、接地线和接地极、断接卡等的平面位置、标明材料规格、相对尺寸等。而利用建筑物与构

筑物钢筋混凝土内的钢筋作防雷接闪器、引下线和接地装置时，应标出连接点、预埋件及敷设形式，特别要标出索引标准图编号、页次。

图中需说明的内容有防雷等级和采取的防雷措施（包括防雷电波侵入），以及接地装置形式、接地电阻值、接地极材料规格和埋设方法。利用桩基、钢筋混凝土基础内的钢筋作接地极时，说明应采取的措施。

## 三、防雷接地施工图实例

防雷工程图主要描述防雷装置的结构、形式、布设位置以及防雷等级。接地工程图主要描述建筑物内电气接地系统的构成、接地装置的布置及技术要求。由于防雷系统也需做接地装置，一般会将防雷系统与接地系统合并绘制在屋顶的防雷平面图中，再辅以文字说明。

一个完整的建筑防雷系统包括接闪器、引下线、接地装置。厂房屋顶防雷平面图（图 1-40）和设计说明中表述了接闪器、引下线、接地装置的布设位置、做法、材料型号。某厂房建筑物防雷接地设计说明如下，包括建筑物防雷和接地及安全两部分。

(1)建筑物防雷

1)该工程年平均雷击次数计算为 0.0873 次/年，防雷等级定为三类，建筑的防雷装置满足防直击雷、防雷电感应及雷电波的侵入，并设置总等电位联结。

2)接闪器：在屋顶采用 $\phi10$ 镀锌圆钢作避雷带，屋顶避雷连接线网络不大于 20m×20m 或 24m×18m。

3)引下线：利用建筑物钢筋混凝土柱子内 2 根 $\phi16$ 或 4 根 $\phi12$ 以上主筋通长焊接作为引下线，间距不大于 25m，引上端与避雷带焊接，下端与基础接地连接。

4)接地：利用建筑物基础接地。

5)建筑物四角的外墙引下线在距室外地坪 0.5m 处设置测试点。

6)凡突出屋面的所有金属构件，均应与屋顶避雷带可靠焊接。

7)室外接地凡焊接处均应刷沥青防腐。

(2)接地及安全

1)该工程防雷接地、电气设备的保护接地、弱电设备等的接地共用统一接地极，要求接地电阻不大于 1Ω，实测不满足要求时，增设人工接地极。

2)垂直敷设的金属管道及金属物的底端及顶端应与防雷装置连接。金属管道应可靠接地。

3)凡正常不带电，而当绝缘破坏有可能呈现电压的一切电气设备金属外壳均应可靠接地。

4)该工程采用总等电位联结，总等电位板（MEB）由纯铜板制成，应将建筑物内保护干线、设备进线总管、建筑物金属构件进行联结，总等电位连接线采用-40×4 镀锌扁钢暗敷。

5)过电压保护：电源进线处装设电涌保护器（SPD）。

6)低压系统接地形式采用 TN-C-S 接地系统。

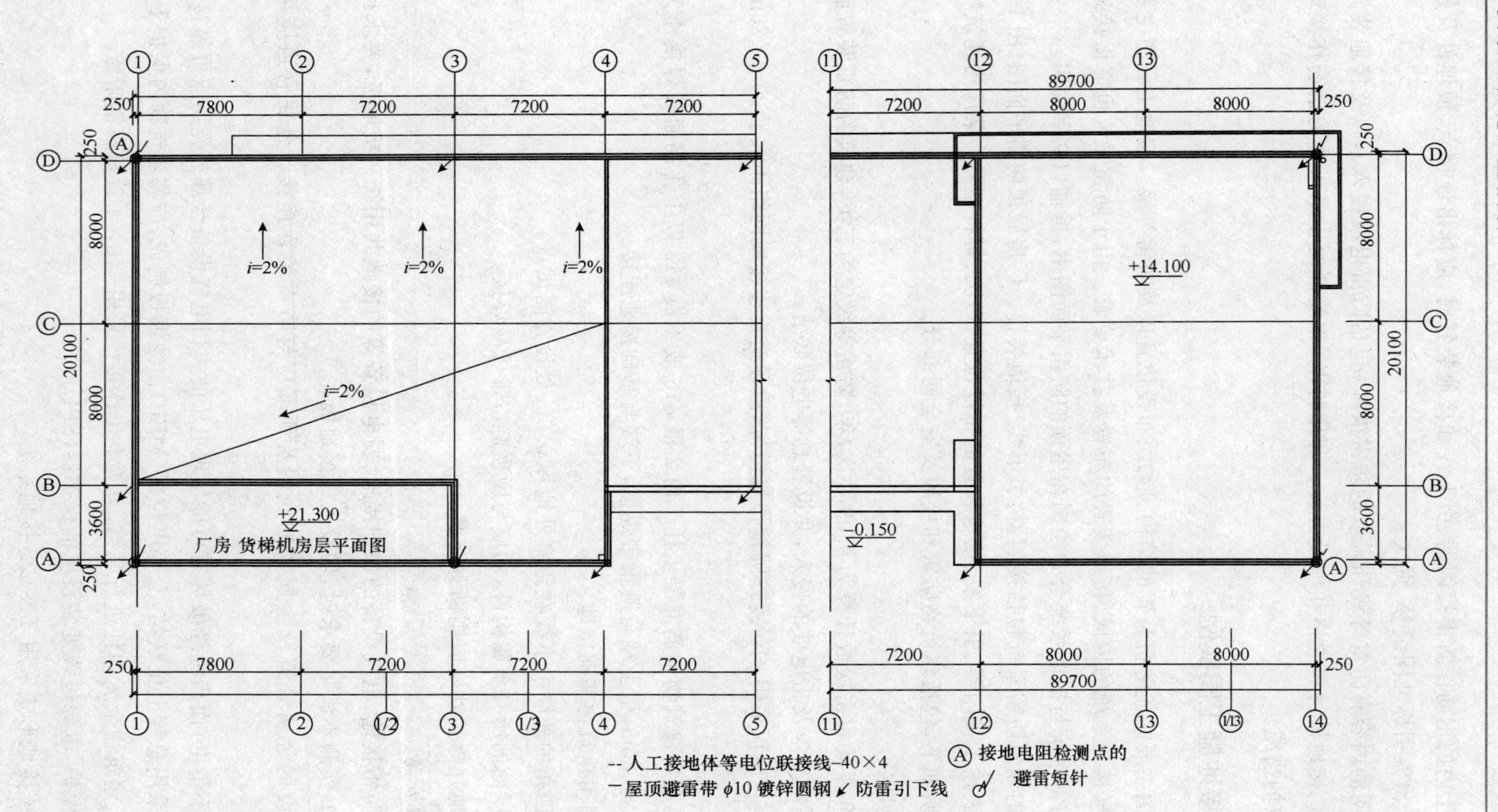


图1-40 厂房屋顶防雷平面图

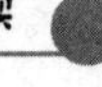

# 第六节　电气设备控制电路图识读

## 一、安装接线图识读

### 1. 互连接线图

一个电气装置或电气系统可由两三个甚至更多的电气控制箱和电气设备组成。为了便于施工，工程中必须绘制各电气设备之间连接关系的互连接线图。

互连接线图中，各电气单元（控制设备）用点划线或实线围框表示，各单元之间的连接线都必须通过接线端子，围框内要画出各单元的外接端子，并提供端子上所连导线的去向，而各单元内部导线的连接关系可不必绘出。

互连接线图中导线连接的表示方法有 3 种：多线图表示法，如图 1-41 所示；单线图表示法，如图 1-42 所示；相对编号法，如图 1-43 所示。

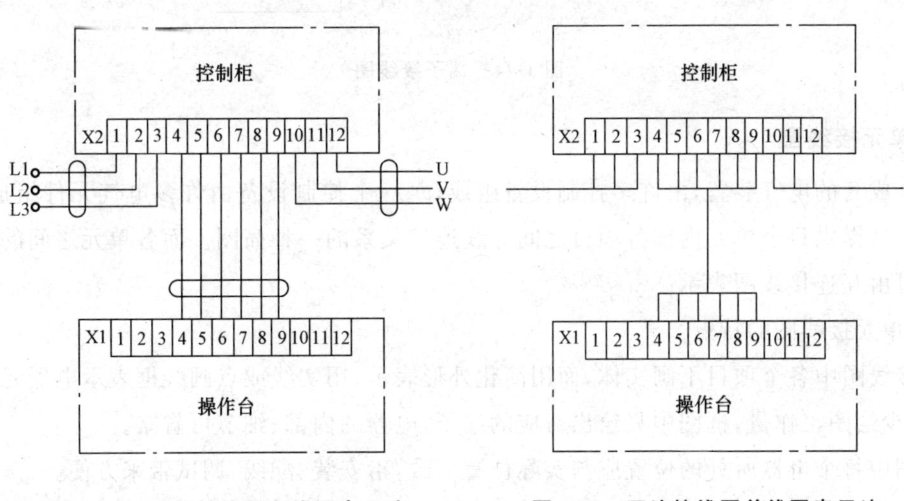


图 1-41　互连接线图多线图表示法　　图 1-42　互连接线图单线图表示法

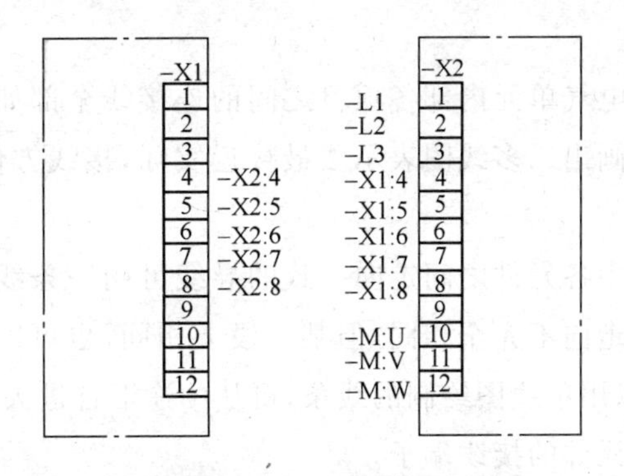


图 1-43　互连接线图相对编号法

**2. 端子接线图**

在工程设计和施工中，为了减少绘图工作量，便于安装接线，一般都绘制端子接线图来代替互连接线图。端子接线图中端子的位置一般与实际位置相对应，并且各单元的端子排按纵向绘制，如图 1-44 所示。这样安排给施工、读图带来方便。

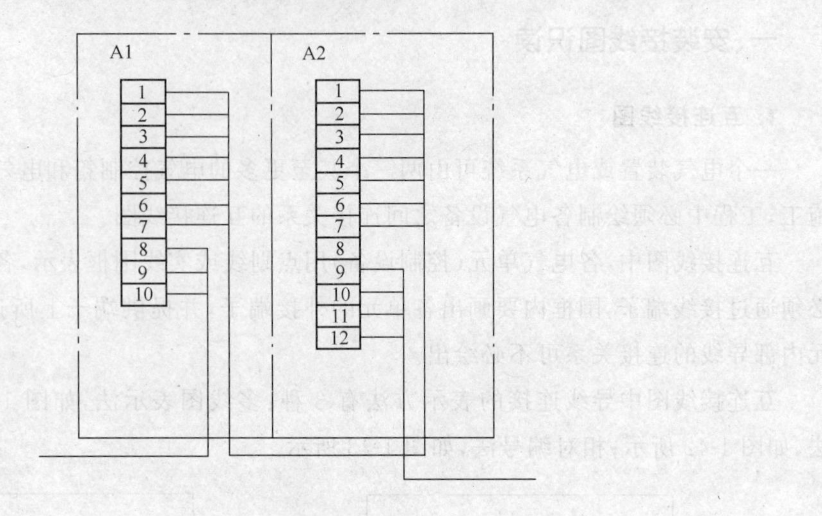


**图 1-44　端子接线图**

**3. 单元接线图**

一个成套的电气装置，由许多控制设备组成，每一个控制设备由许多电气元件组成，单元接线图就是提供每个单元内部各项目之间导线连接关系的一种简图。而各单元之间的外部连接关系可由互连接线图表示。

(1)单元接线图的特点

1)接线图中各个项目不画实体，而用简化外形表示，用实线或点画线框表示电器元件的外形，为减少绘图工作量，框图中只绘出对应的端子，电器的内部、细节可省略。

2)图中每个电器所处的位置应与实际位置一致，给安装、配线、调试带来方便。

3)接线图中标注的文字符号、项目代号、导线标记等内容，应与电路图上的标注一致。

(2)导线连接表示方法

1)多线图表示法。将电气单元内部各项目之间的连接线全部如实画出来，即按照导线的实际走向一根一根地分别画出。多线图表示法最接近实际，接线方便，但元件太多时，线条多而乱，不容易分辨清楚。

2)单线图表示法。图中各元件之间走向一致的导线可用一条线表示，即图上的一根线实际代表一束线。某些导线走向不完全相同，但某一段上相同，也可以合并成一根线，在走向变化时，再逐条分出去。所以用单线图绘制的线条，可从中途汇合进去，也可从中途分出去，最后到达各自的终点——相连元件的接线端子。

单线法绘制的图中，容易在单线旁边标注导线的型号、根数、截面积、敷设方法、穿管管径

等，图面清晰，给施工准备材料带来方便，阅读方便。但施工技术人员如果水平不太高，在看接线图时会有一定困难，要对照原理图，才能接线。

3)相对编号法。元件之间的连接不用线条表示，采用相对编号的方法表示出元件的连接关系。

相对编号法绘制的单元接线图减少了绘图工作量，但增加了文字标注工作量。相对编号法在施工中给接线、查线带来方便，但不直观，对线路的走向没有明确表示，给敷设导线带来困难。

## 二、电气控制电路图识读

### 1. 电气控制电路图的特点

电路图分主电路和辅助电路两大部分，主电路是电动机拖动部分，是电气电路中强电流通过的部分。

图 1-45 为 C630 车床电气控制电路图。

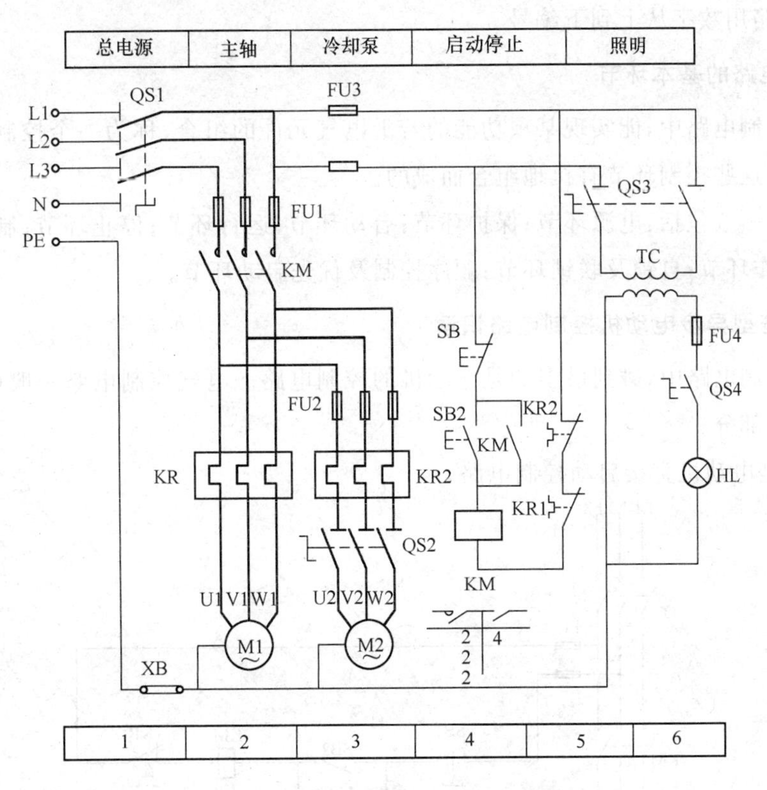


图 1-45　C630 车床电气控制电路图

图 1-45 中主电路就是三相电源(L1、L2、L3)经刀开关 QS1、接触器 KM 主触点到电动机 M1、电动机 M2 通过 QS2 控制。主电路用粗实线画出。辅助电路有控制电路、保护电路、照明电路，由按钮、接触器线圈、接触器动合触点、热继电器动断触点、照明变压器、照明灯、开关等元件组成。辅助电路一般用细实线画出。

电气控制电路图的特点包括以下内容：

1)电器的各个元件和部件在控制电路图中的位置,根据便于阅读的原则来安排。同一电器的各个部件可以不画在一起,并且只画出控制电路图中所需要的元件和部件。图 1-45 中,接触器 KM 的线圈、主触点、辅助动合触点按展开绘制,接触器 KM 辅助动合、动断触点有 4 对,图中只画出 1 对。

2)图 1-45 中的每个电器元件和部件都用规定图形符号来表示,并在图形符号旁边标注文字符号或项目代号,说明电器元件所在的层次、位置和种类。

3)图 1-45 中所有电器触点都按没有通电和没有外力作用时的开闭状态画出,即继电器、接触器的吸引线圈没有通电,控制器手柄处于零位,按钮、行程开关不受外力时的状态。

4)线路应平行、垂直排列,各分支线路按动作顺序从左到右、从上到下排列;两根以上导线的电气连接处用圆黑点或圆圈标明。

5)为了便于安装、接线、调试和检修,电器元件和连接线均可用标记编号,主回路用字母加数字,控制回路用数字从上到下编号。

**2. 控制电路的基本环节**

在一个控制电路中,能实现某项功能的若干电气元件的组合,称为一个控制环节,整个控制电路就是由这些控制环节有机地组合而成的。

控制电路一般包括:电源环节;保护环节;启动环节;运行环节;停止环节;制动环节;信号环节;手动工作环节;自锁及联锁环节;顺序控制及优先启动环节。

**3. 三相笼型异步电动机控制电路识读**

在电气控制电路中,碰到最多的是电动机的控制电路。电气控制电路一般可分为电气原理部分和保护部分。

图 1-46 是电动机直接启动控制电路。

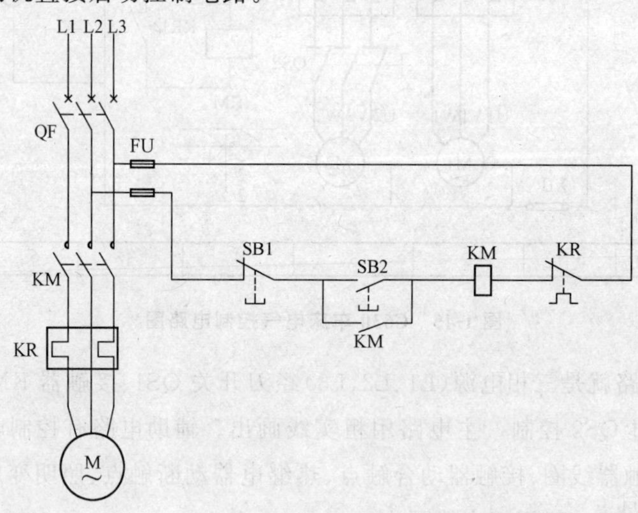


**图 1-46 电动机直接启动控制电路**

工作时,合上电源开关 QF,按下启动按钮 SB2,接触器线圈 KM 通电,接触器主触点闭合,接通主电路,电动机启动运转。此时并联在启动按钮 SB2 两端的接触器辅助动合触点闭合,保证 SB2 松开后,电流可以通过 KM 的辅助触点继续给 KM 的线圈供电,保持电动机运转。故这对并联在 SB2 两端的动合触点称为自锁触点(或自保持触点),这个环节称为自锁环节。

电路中的保护环节有:短路保护、过载保护、零电压保护。短路保护有带短路保护的断路器 QF 和 FU 熔断器,主电路发生短路时,QF 动作,断开电路,起到保护作用。FU 为控制电路的短路保护。热继电器 KR 是电动机的过载保护。电动机的零电压保护是由接触器 KM 的线圈和 KM 的自锁触点组成,KM 线圈的电流是通过自锁触点供电的,当线圈失去电压后,自锁触点断开,主触点断开,电动机停止转动。当恢复供电压,此时 KM 自锁触点不通,电动机不会自行启动(避免了电动机突然启动造成人身事故和设备损坏)。这种保护称为零电压保护(也叫欠电压保护或失电压保护)。若要电动机运行,必须重新按下 SB2 才能实现。

**4. 三相绕线转子异步电动机控制电路识读**

(1)时间继电器控制绕线转子电动机启动电路

三相绕线转子异步电动机启动时,常采用转子串接分段电阻来减小启动电流,启动过程中逐级切除电阻,待全部切除后,启动结束。

图 1-47 是利用 3 个时间继电器依次自动切除转子电路中的三级电阻启动控制电路。

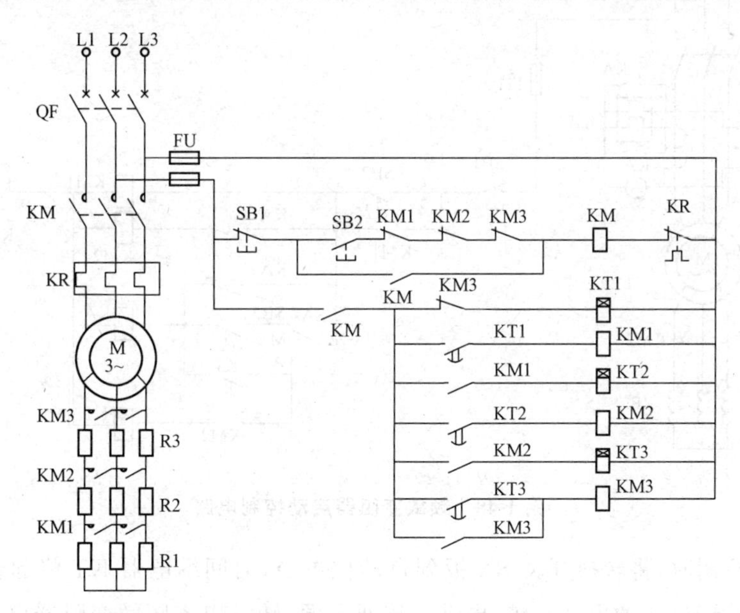


**图 1-47　时间继电器控制绕线转子异步电动机启动电路**

电动机启动时,合上电源开关 QF,按下启动按钮 SB2,接触器 KM 通电并自锁,同时,时间继电器 KT1 通电,在其延时闭合的动合触点动作前,电动机转子绕组串入全部电阻启动。当 KT1 延时终了,其延时闭合的动合触点闭合,接触器 KM1 线圈通电动作,切除一段启动电阻 R1,同时接通时间继电器 KT2 线圈,经过整定的延时后,KT2 的延时闭合的动合触点闭合,接触器 KM2 通电,短接第二段启动电阻 R2,同时使时间继电器 KT3 通电,经过整定的延时后,KT3 的延时闭合的动合触点闭合,接触器 KM3 通电动作,切除第三段转子启动电阻 R3,同时另一对 KM3 动合触点闭合自锁,另一对 KM3 动断触点切断时间继电器 KT1 线圈电路,KT1 延时闭合动合触点瞬时还原,使 KM1、KT2、KM2、KT3 依次断电释放。唯独 KM3 保持工作状态,电动机的启动过程全部结束。

接触器 KM1、KM2、KM3 动断触点串接在 KM 线圈电路中,其目的是为保证电动机在转子启动电阻全部接入情况下进行启动。如果接触器 KM1、KM2、KM3 中任何一个触点因焊住或机械故障而没有释放,此时启动电阻就没有全部接入,若这样启动,启动电流将超过整定值,但由于在启动电路中设置了 KM1、KM2、KM3 的动断触点,只要其中任意一个接触器的主触点闭合,电动机就不能启动。

(2)转子绕组串频敏变阻器启动电路

频敏变阻器启动控制电路,如图 1-48 所示,此电路可手动控制或自动控制。

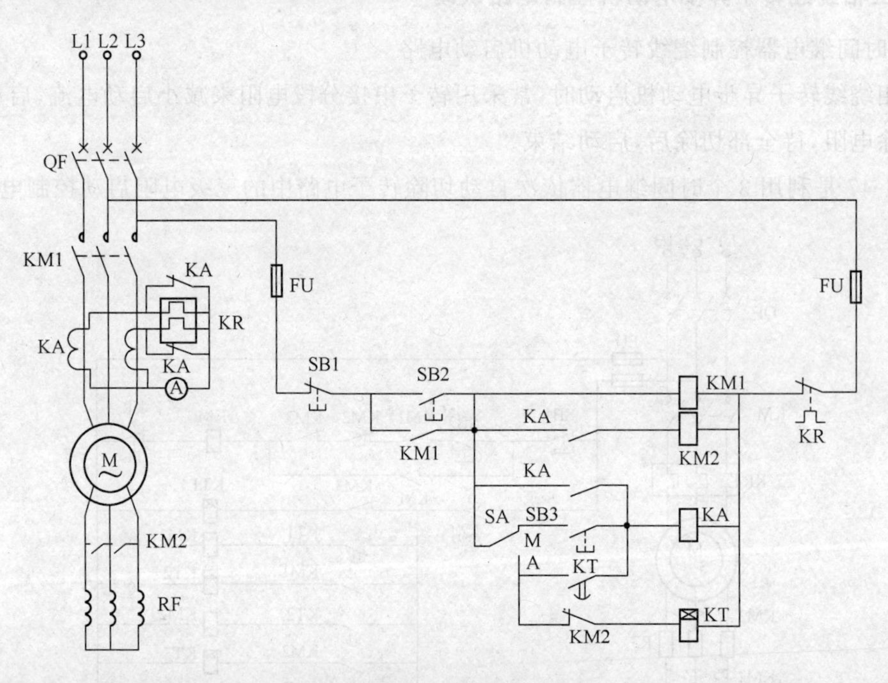


**图 1-48　频敏变阻器启动控制电路**

采用自动控制时,将转换开关 SA 扳到自动位置 A,时间继电器 KT 将起作用,按下启动按钮 SB2,接触器 KM1 通电并自锁,电动机接通电源,转子串入频敏变阻器启动。同时,时间继电器 KT 通电,经过整定的时间后,KT 延时闭合的动合触点闭合,中间继电器 KA 线圈通电并自锁,使接触器 KM2 线圈通电,铁心吸合,主触点闭合,将频敏变阻器短接,RF 短接,启动完毕。在启动过程中(KT 整定延时时间),中间继电器 KA 的两对动断触点将主电路中热继电器 KR 的发热元件短接,防止启动过长时热继电器误动作。在运行时,KA 动断触点断

开，热继电器的热元件才接入主电路，起过载保护。

采用手动控制时，将转换开关扳到手动位置(M)，此时KT不起作用，用按钮SB3控制中间继电器KA和接触器KM2的动作。其启动时间由按下SB2和按下SB3的时间间隔的长短来决定。

## 三、电气设备电路图识读

### 1. 双电源自动切换电路识读

图1-49为双电源自动切换电路，一路电源来自变压器，通过QF1断路器、KM1接触器。QF3断路器向负载供电，当变压器供电发生故障时，通过自动切换控制电路使KM1主触点断开，KM2主触点闭合，将备用的发电机接入，保持供电。

供电时，合上QF1、QF2，然后合上S1、S2，因变压器供电回路接有KM继电器，保证了首先接通变压器供电回路，KM1线圈通电，铁心吸合，KM1主触点闭合，KM、KM1联锁触点断开，使KM2、KT不能通电。

当变压器供电发生故障时，KM、KM1线圈失电，触点还原。使KT时间继电器线圈通电，经延时后KT动合触点延时闭合，KM2线圈通电自锁，KM2主触点闭合，备用发电机供电。

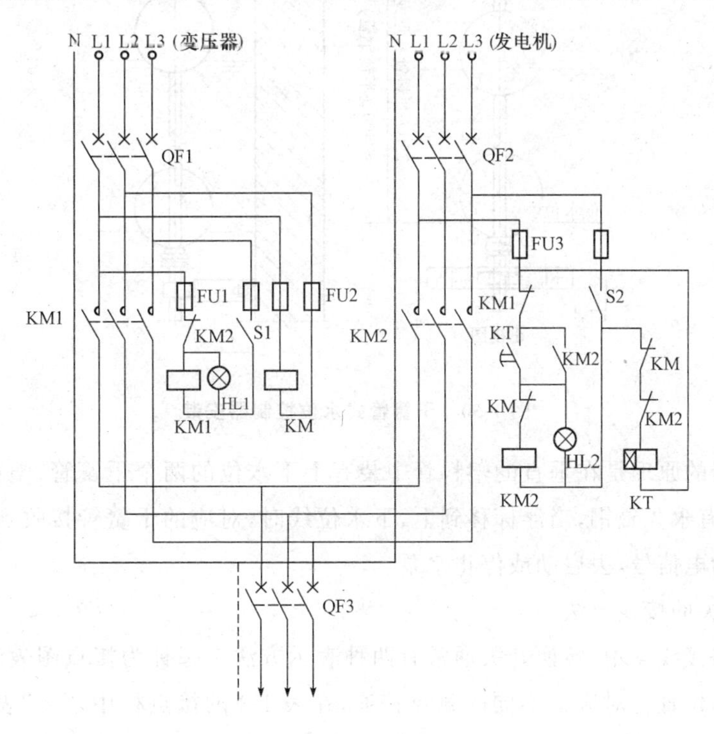


图1-49　双电源自动切换电路

### 2. 给水泵控制电路识读

(1)水位控制器

水位控制器有干簧管式、水银开关式、电极式等多种类型。

图 1-50 中水位控制是采用干簧管式水位控制器。干簧管式水位控制器是由干簧管、永久磁钢、浮标和塑料管等组成。干簧管是用两片弹性好的坡莫合金放置在密封的玻璃管内组成，当永久磁钢套在干簧管上时，两个干簧片被磁化相互吸引或排斥，使其干簧触点接通或断开；当永久磁钢离开后，干簧管中的两个干簧片利用弹性恢复原状。干簧管有常开和常闭两种形式。

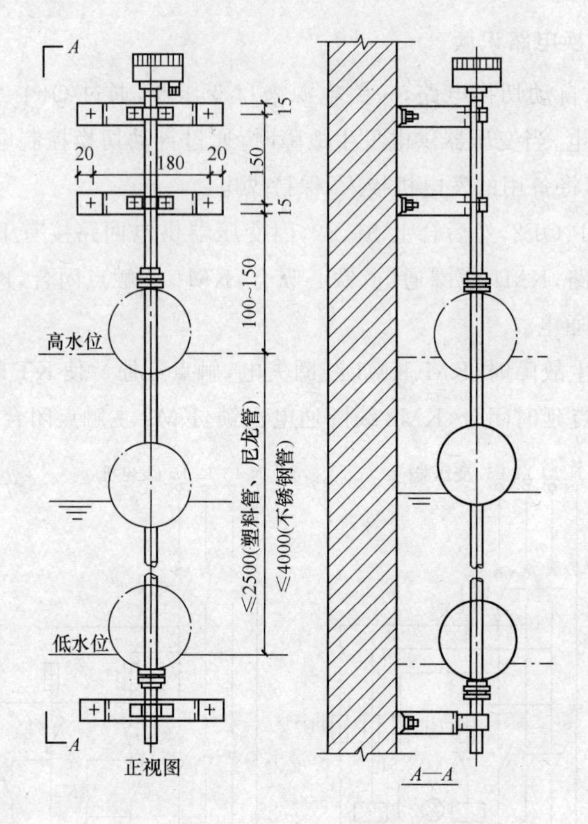


图 1-50　干簧管式水位控制器安装

水位控制器的原理是在垂直的塑料管中装有上下水位的两个干簧管，塑料管外套有一个浮标，浮标中装有永久磁钢，当浮标移到上、下水位线时，对应的干簧管接收到磁信号而动作，发出水位状态的电信号，去启动或停止水泵。

(2)转换开关的接线方法

在控制回路接线图中，转换开关通常有两种表示方法。一种为接点图表法，见表 1-3。转换开关在不同的位置上对应于不同的触点接通，在表 1-3 的接点栏中，“×”表示接通，“—”表示断开。表格一般附在图纸的某一位置上。另一种采用图形符号法，如图 1-51 所示，每对触点与相关回路相连，“0°”表示手柄的中间位置，有的图上标注手柄的转动角度，或各位置控制操作状态的文字符号，如“自动”、“手动”、“1 号”设备、“2 号”设备、“启动”、“停止”等。虚线表示手柄操作时接点开闭位置线，虚线上的实心圆点表示手柄在此位置时接通，此回路因此而接通。没有实心圆点表示接点断开。

**表 1-3　转换开关接点图表法**

| 图　形 | LW5-□ | 45° | 0° | 45° |
|---|---|---|---|---|
| ⊥⊥⊥ | 1—2 | — | × | — |
| ⊥⊥⊥ | 3—4 | × | — | — |
| ⊥⊥⊥ | 5—6 | — | — | × |

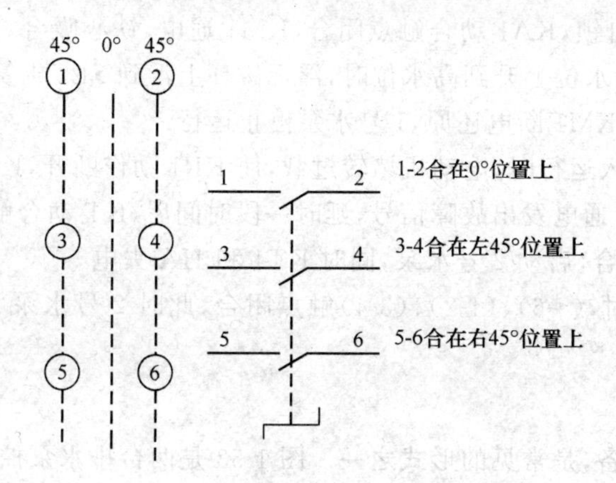


**图 1-51　转换开关图形符号表示法**

(3)给水泵控制电路

给水泵控制电路如图 1-52 所示。

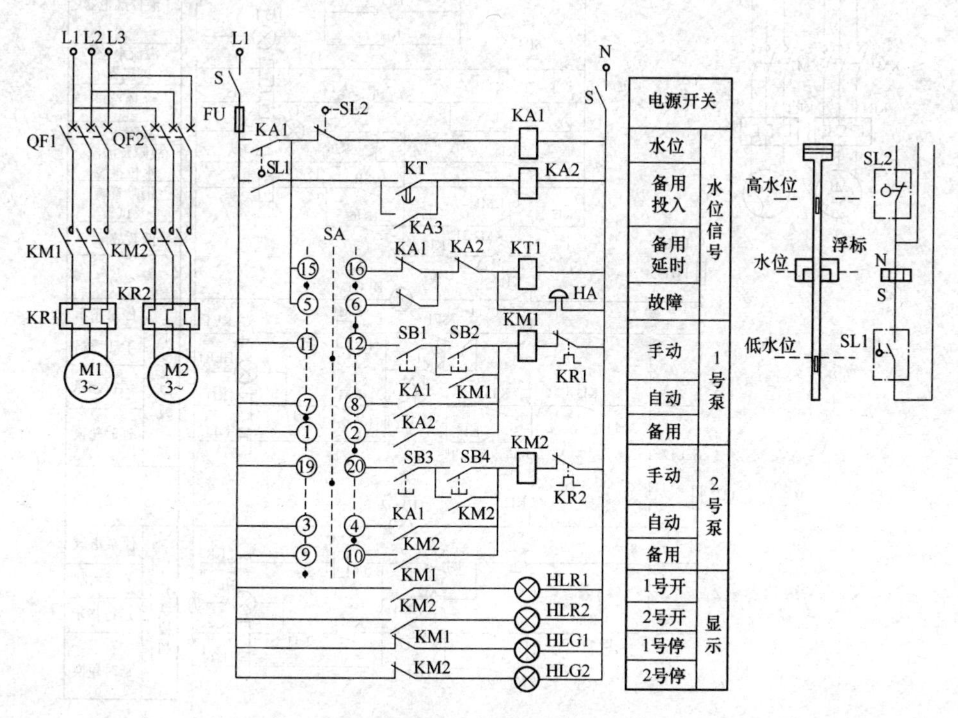


**图 1-52　给水泵控制电路图**

水泵准备运行时，电源开关 QF1、QF2、S 均合上，SA 为转换开关，其手柄旋转位置有三挡，共 8 对触点。

当手柄在中间位置时，(11-12)、(19-20)两对触点接通，水泵为手动控制，用启动按钮(SB2、SB4)和停止按钮(SB1、SB3)来控制两台水泵的运行和停止，两台水泵不受水位控制器控制。

当 SA 手柄扳向左时，(15-16)、(7-8)、(9-10)三对触点闭合，1 号水泵为常用泵，2 号水泵为备用泵，电路受水位控制器控制。当水位下降到低水位时，浮标磁环降到 SL1 处，使 SL1 动合触点闭合，KA1 通电自锁，KA1 动合触点闭合，KM1 通电，铁心吸合，主触点闭合，1 号水泵启动，运行送水。当水箱水位上升到高水位时，浮标磁环上浮到 SL2 干簧管处，使 SL2 动断触点断开，KA1 失电复原，KM1 断电还原，1 号水泵停止运行。

如果 1 号水泵在投入运行时，电动机堵转过载，使 KR1 动作断开，KM1 失电还原，时间继电器 KT 通电，警铃 HA 通电发出故障信号，延时一段时间后，KT 动合触点延时闭合，KA2 通电吸合，使 KM2 通电闭合，启动 2 号水泵，同时 KT1 和 HA 失电。

当 SA 手柄扳向右时，(5-6)、(1-2)、(3-4)触点闭合，此时 2 号水泵为常用，1 号水泵为备用，控制原理同上。

**3. 排水泵控制电路**

两台排水泵一用一备，是常见的形式之一。图 1-53 是两台排水泵控制电路图。

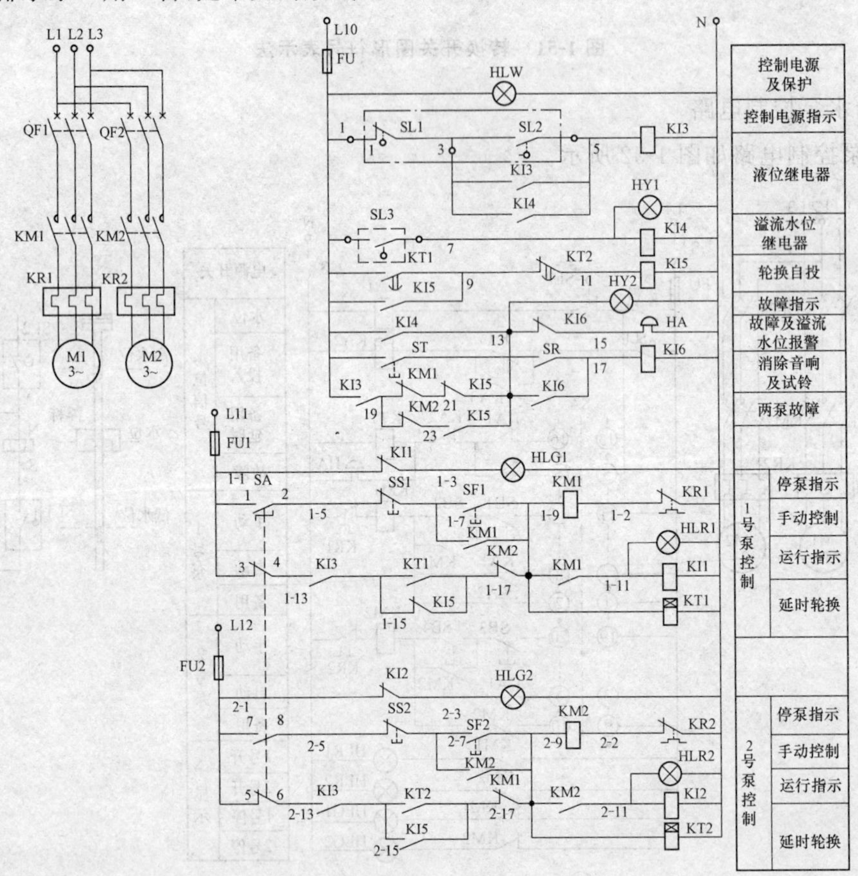


图 1-53　两台排水泵控制电路图

(1)自动时

将 SA 置于“自动”位置，当集水池水位达到整定高水位时，SL2 闭合→KI3 通电吸合→KI5 动断触点仍为常闭状态→KM1 通电吸合→1 号泵启动运转。1 号泵启动后，待 KI5 吸合并自保持，下次再需排水时，就是 2 号泵启动运转。这种两台泵互为备用，自动轮换工作的控制方式，使两台泵磨损均匀，水泵运行寿命长。

(2)手动时

手动时不受液位控制器控制，1 号、2 号泵可以单独启停。该线路可以对溢流水位报警并启动水泵(若水位达到整定高水位，液位控制器故障，泵应该启动而没有启动时)。其报警回路设计为一台泵故障时，为短时报警，一旦备用水泵自投成功后，就停止报警；两台泵同时故障时，长时间报警，直到人为解除音响。

**4. 消防泵控制电路**

图 1-54 为消防泵启动电路，消防水泵一般都设置两台水泵，互为备用，如 1 号水泵为自动，2 号水泵为备用；或 2 号水泵为自动，1 号水泵为备用。

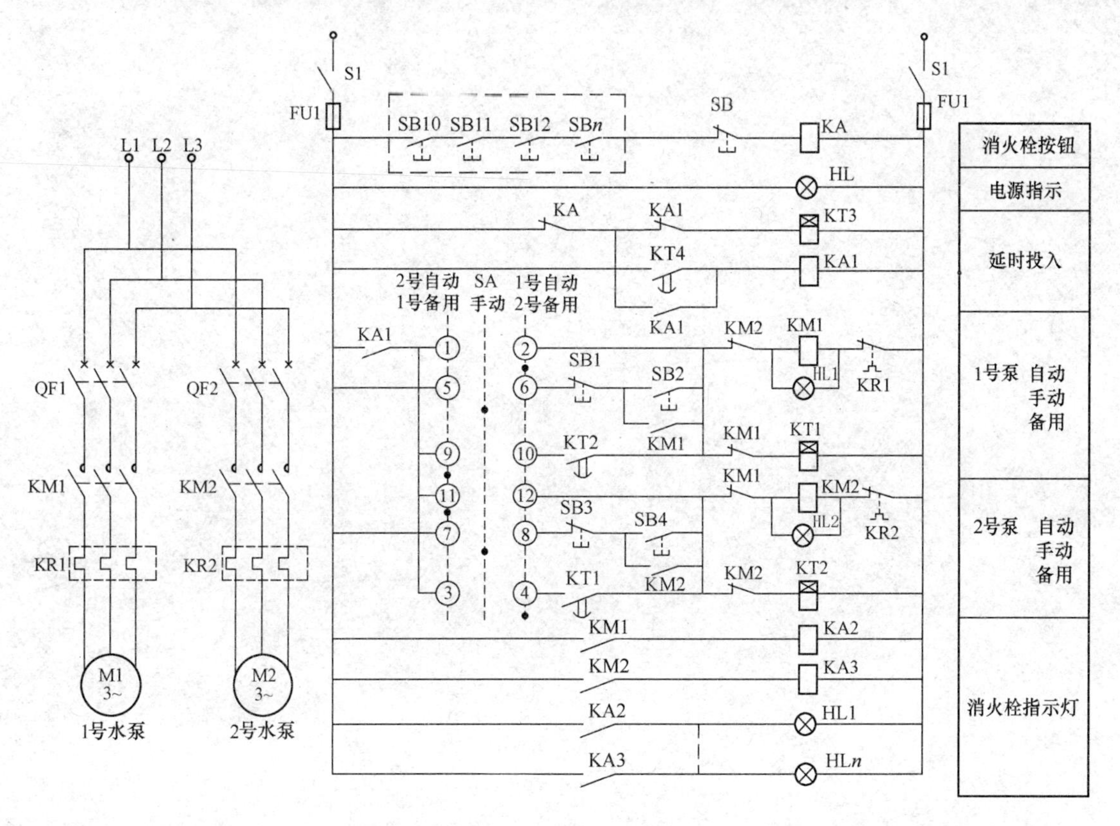


**图 1-54　消防泵启动电路**

在准备投入状态时，QF1、QF2、S1 都合上，SA 开关置于 1 号自动，2 号备用。因消火栓内按钮被玻璃压下，其动合触点处于闭合状态，继电器 KA 线圈通电吸合，KA 动断触点断开，使水泵处于准备状态。

当有火灾时，只要敲碎消火栓内的按钮玻璃，使按钮弹出，KA 线圈失电，KA 动断触点还原，时间继电器 KT3 线圈通电，铁心吸合，动合触点 KT3 延时闭合，继电器 KA1 通电自锁，KM1 接触器通电自锁，KM1 主触点闭合，启动 1 号水泵。如果 1 号水泵堵转，经过一定时间，热继电器 KR1 断开，KM1 失电还原，KT1 通电，KT1 动合触点延时闭合，使接触器 KM2 通电自锁，KM2 主触点闭合，启动 2 号水泵。

SA 为手动和自动选择开关。SB10～SB*n* 为消火栓按钮，采用串联接法（正常时被玻璃压下），实现断路启动，SB 可放置消防中心，作为消防泵启动按钮。SB1～SB4 为手动状态时的启动停止按钮。HL1、HL2 分别为 1 号、2 号水泵启动指示灯。HL1～HL*n* 为消火栓内指示灯，由 KA2 和 KA3 触点控制。

# 第二章

# 建筑智能化工程施工图识读

## 第一节 电视广播与通信系统施工图识读

### 一、共用天线电视系统

#### 1. 共用天线电视系统概念

共用天线电视系统:共用一组天线接收电视台电视信号,并通过同轴电缆传输、分配给许多电视机用户的系统,简称为CATV系统。

共用天线电视系统是在一栋建筑物或一个建筑群中,挑选一个最佳的天线安装位置,根据所接收的电视信号的具体情况,选用一组共用的天线,然后将接收到的电视信号进行混合放大,并通过传输和分配网络送至各个用户电视接收机。

#### 2. 共用天线电视系统组成

共用天线电视系统一般由前端、干线传输系统和用户分配系统3个部分组成。前端部分主要包括电视接收天线、频道放大器、频率变换器、自播节目设备、卫星电视接收设备、导频信号发生器、调制器、混合器以及连接线缆等部件。干线传输系统是把前端接收处理、混合后的电视信号,传输给用户分配系统的一系列传输设备。对于单幢大楼或小型CATV系统,可以只包括干线部分,主要是干线、干线放大器、均衡器等。用户分配系统是共用天线电视系统的最后部分,主要包括放大器、分配器、分支器、系统输出端以及电缆线路等,如图2-1所示。

1)接收天线是接收空间电视信号无线电波的设备,它能接收电磁波能量,增加接收电视信号的距离,可提高接收电视信号的质量。因此,接收天线的类型、架设高度、方位等,对电视信号的质量起着至关重要的作用。

2)前端设备主要包括放大器、混合器、调制器、频道转换器、分配器等元件。前端设备质量的好坏,将影响整个系统的图像质量。

天线放大器主要是用来放大接收天线收到的微弱的电视信号,它的输入电平较低,通常为

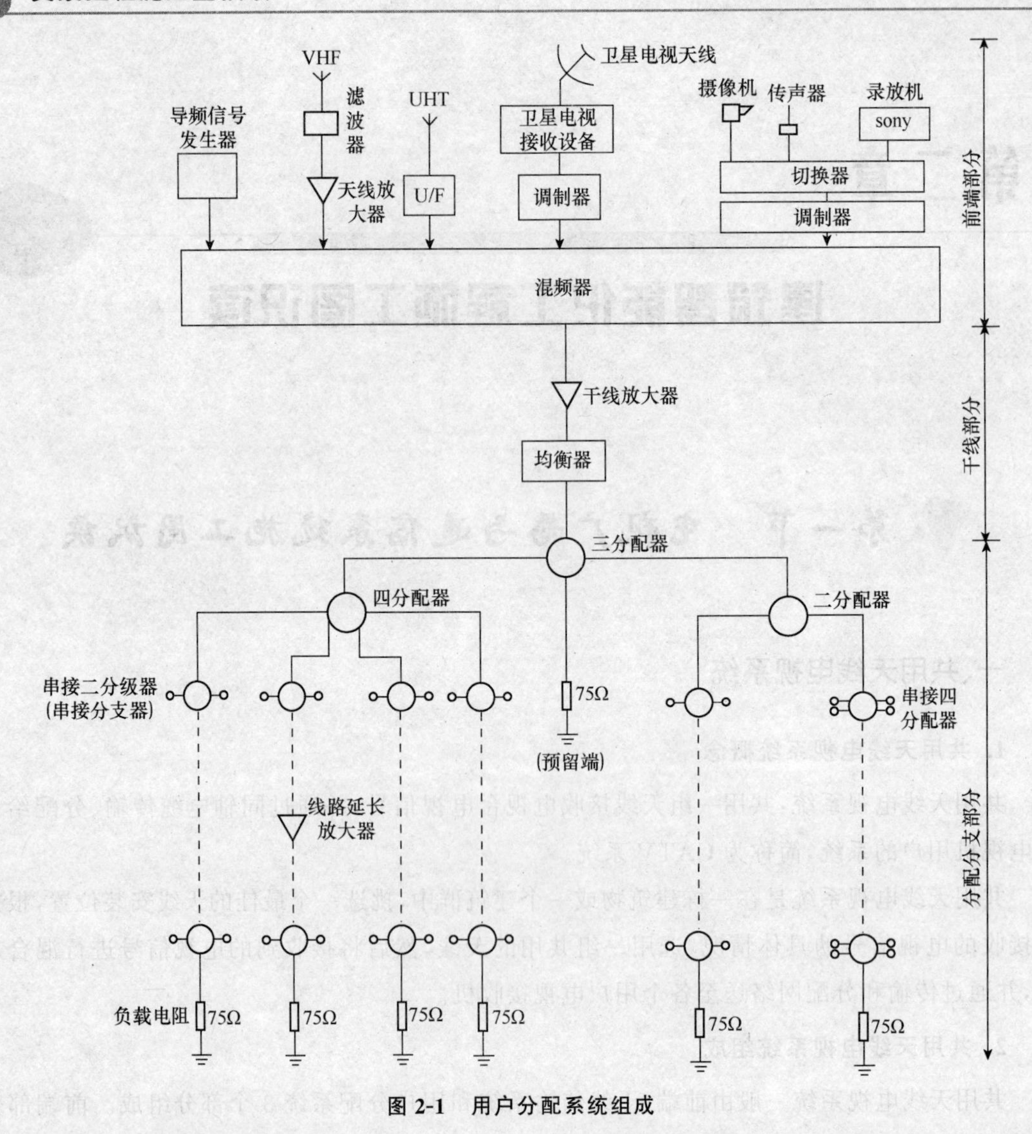


图 2-1 用户分配系统组成

50～60dBμV。因而，天线放大器又称为低电平放大器或前置放大器。一般要求噪声系数很低，为 3～6dBμV。

频道放大器即单频道放大器，它的作用是将电视接收天线接收来的高低不同的各频道信号的电平调整至大体相同的范围。因此要求频道放大器有较高的增益。频道放大器的最大输出电平可达到 110dBμV 以上。

调制器、录像机、摄影机等自办节目设备及卫星电视接收设备，通常输出的是视频图像和伴音信号。需要用调制器将它们调制到某一频道的高频载波上，才能进入电视系统进行传输。

混合器是将多路电视信号混合为一路信号进行传输的元件。若不用混合器，直接将不同频道的信号用同轴电缆与输出电缆并接，由于系统内部信号的反射，会产生重影，还由于天线回路的相互影响，会导致图像失真，而混合器中的带通滤波电路会消除这些干扰。因此，当共用电视天线系统的前端采用组合天线时，必须将天线接收的信号用混合器混合以后才能进入

传输干线。

3)传输干线。传输干线主要包括干线放大器、分配放大器、线路延长放大器、分配器、分支器、传输线缆元件。

4)用户终端。用户终端指用户接线盒及电视接收机的连接,通常用户接线盒均有两个插孔。一个提供电视信号,一个提供调频广播信号。

## 二、广播音响系统

### 1. 广播音响系统概念

广播音响系统是指现代化智能大厦、机场、车站、综合大厦等公共设施设置的广播系统,各个构成单元以及各种安装件均采用模块化结构,可根据实际使用要求而灵活地进行组合,扩展较为方便。

### 2. 广播音响系统组成

一个完整的广播音响系统由音源输入设备、前级处理设备、功率放大设备、信号传输线路及终端设备(喇叭、音箱、音柱)5 部分构成。不同应用系统其核心部分亦有区别。

1)背景音乐音源。音源由循环放音卡座、激光唱机、调频调幅接收机等组成。

2)前置放大部分。前置放大部分由辅助放大模块、线性放大模块组成。辅助放大模块具有半固定音量控制、输出电平调整、静噪等功能;线性放大模块具有输出电平控制、高低音调整及发光二极管输出电平指示。

3)功率放大部分。功率放大部分是将信号进行功率(电压、电流)放大,其放大功率(W)分级为 5、15、25、50、100、150、500、1000。放大器要有可靠性高、频带宽、失真小等一系列特点,并且能保证系统 24h 满功率的工作。放大器一般可在交流 220V 及直流 24V 两种供电方式下进行正常的工作。

4)放音部分。放音部分采用的是吸顶扬声器和壁挂式扬声器、音箱等。

## 三、通信网络系统图识读实例

某学校建筑面积为 2930.23$m^2$,地上 4 层为教学楼,檐口高度 15.3m。建筑类别为二类,建筑耐火等级为二级,结构类型为砖混结构。

其中弱电通信网络系统设计包括 4 个部分:网络、电话、有线电视、广播的系统图及平面图设计。

图纸包括弱电系统图、首层弱电平面图、二层弱电平面图、三层弱电平面图、四层弱电平面图。

由于一至四层的弱电平面布置基本一致,仅有局部改动,故仅以弱电系统图和首层、二层弱电平面图作为实例进行分析。其中图 2-2 为弱电系统图,图 2-3 为首层弱电平面图,图 2-4 为二层弱电平面图。

(1)由图 2-2 可知

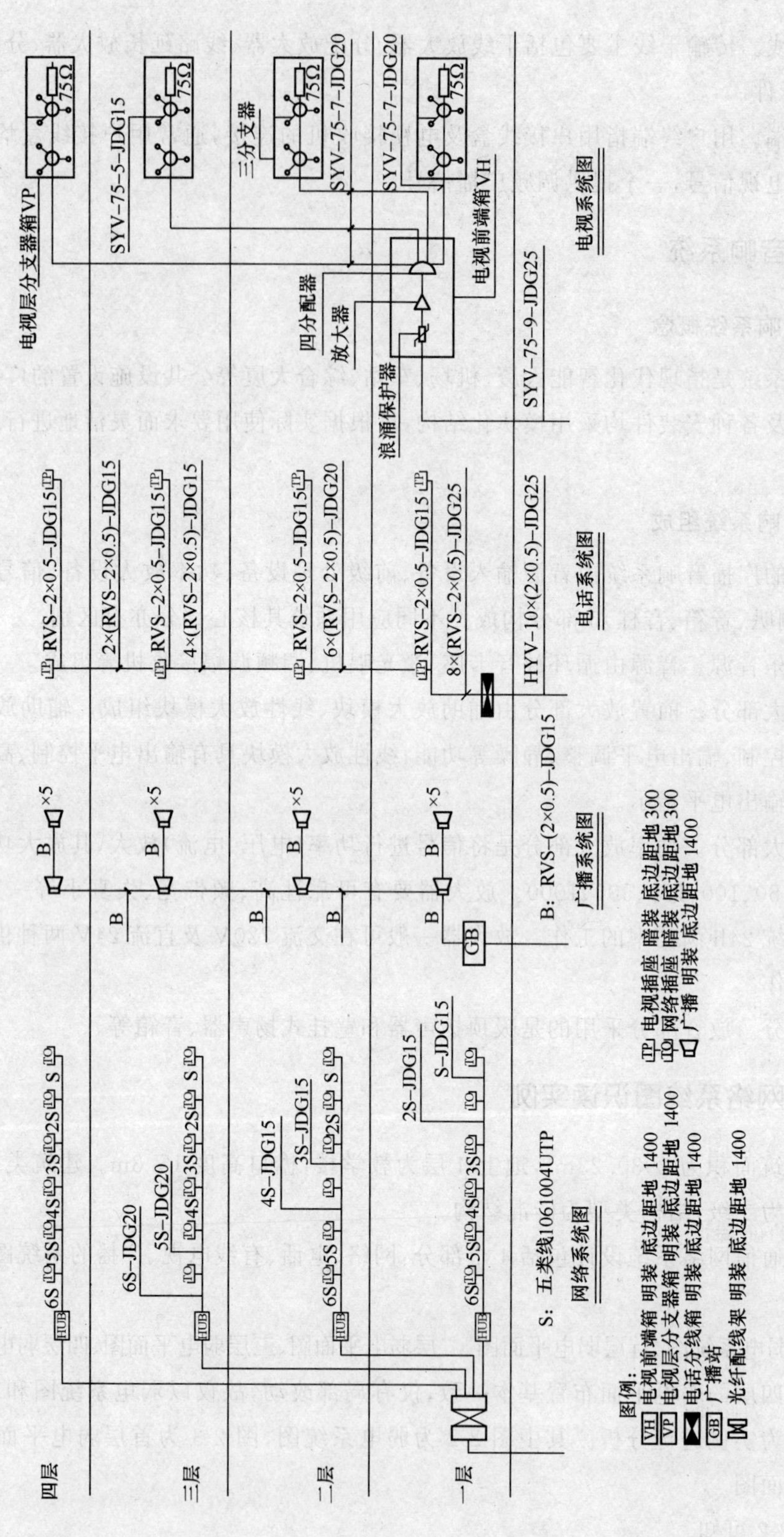
电视层分支器箱VP
SYV-75-5-JDG15
三分支器
SYV-75-7-JDG20
SYV-75-7-JDG20
75Ω
电视前端箱VH
四分配器
放大器
浪涌保护器
SYV-75-9-JDG25
电视系统图
RVS-2×0.5-JDG15
2×(RVS-2×0.5)-JDG15
RVS-2×0.5-JDG15
4×(RVS-2×0.5)-JDG15
RVS-2×0.5-JDG15
6×(RVS-2×0.5)-JDG20
RVS-2×0.5-JDG15
8×(RVS-2×0.5)-JDG25
HYV-10×(2×0.5)-JDG25
电话系统图
B: RVS-(2×0.5)-JDG15
广播系统图
S: 五类线1061004UTP
网络系统图
四层
三层
二层
一层
HUB
GB
图例:
VH 电视前端箱 明装 底边距地 1400
VP 电视层分支器箱 明装 底边距地 1400
电话分线箱 明装 底边距地 1400
GB 广播站
光纤配线架 明装 底边距地 1400
电视插座 暗装 底边距地 300
网络插座 暗装 底边距地 300
广播 明装 底边距地 1400
图 2-2 弱电系统图

1)网络系统。

一根光纤由室外穿墙引入建筑物一层的光纤配线架,经过配线后,以放射式分成4路穿管引向每层的集线器(HUB),总配线架与楼层集线器一次交接连接。每层的集线器引出6对5类非屏蔽双绞线(UTP),分别穿不同管径的薄壁紧定钢管(JDG)串接入6个网络终端插座(TO)。

其中6对和5对的5类非屏蔽双绞线穿管径为20mm的JDG管,4对及以下5类非屏蔽双绞线穿管径为15mm的JDG管。每层设有1个明装底边距地1.4m的集线器,6个暗装底边距地0.3m的网络插座,一至四层共计有4个集线器、24个网络插座。

2)电话系统。

由室外穿墙进户引来10对HVY型电话线缆,接入设在建筑物一层的总电话分线箱,穿管径为25mm的薄壁紧定钢管(JDG25)。从分线箱引出8对RVS-2×0.5型塑料绝缘双绞线,分别穿不同管径的JDG管,单独式引向每层的各个用户终端——电话插座(TP)。

其中8对RVS双绞线穿管径为25mm的JDG管,6对RVS双绞线穿管径为20mm的JDG管,4对及以下RVS双绞线穿管径为15mm的JDG管。每层设有2个暗装底边距地0.3m的电话插座,一至四层共计8个电话插座。

3)电视系统。

由室外穿墙引来一根SYV-75-9型聚乙烯绝缘特性阻抗为75Ω的同轴电缆,接入建筑物首层的电视前端箱(VH),穿管径为25mm的薄壁紧定钢管(JDG25)。经过放大器放大后,采用分配一分支方式,首先把前端信号用四分配器平均分成4路,每一路分别引入电视层分支器箱(VP),再由分支器箱内串接的两个三分支器平均分配到6个输出端——电视插座(TV),共有24个输出端。

系统干线选用SYV-75-7型同轴电缆,穿管径为20mm的薄壁紧定钢管(JDG20)。分支线选用SYV-75-5型同轴电缆,穿管径为15mm的薄壁紧定钢管(JDG15)。

4)广播系统。

采用单声道扩音系统作为公共广播。由室外穿墙引来一根RVS-2×0.5型塑料绝缘双绞线,接入建筑物首层的广播站,穿管径为15mm的薄壁紧定钢管(JDG15)。之后分别串联复接到每层的5个终端放音音箱上,一至四层总计24个音箱。

(2)由图2-3和图2-4可知

1)弱电系统。

弱电系统的前端设备都安装在建筑物首层的管理室内,包括:1个明装底边距地1.4m的光纤配线架,1个10对的明装底边距地1.4m的电话分线箱,1个明装底边距地1.4m的电视前端箱,1个明装的广播站。

由图2-4还可以知道,在每一层的②、③轴线与Ⓒ、Ⓓ轴线交叉的相同位置的房间内,还都设有1个明装底边距地1.4m的集线器和1个明装底边距地1.4m的电视层分支器箱。

2)网络系统。

光纤配线架出线,分4路穿JDG管沿墙内暗敷由一层分别垂直引上至二、三、四层的集线器。之后,再由每层的集线器引出6对5类UTP,穿JDG管暗敷于每层顶板内,串接至各个网络插座。

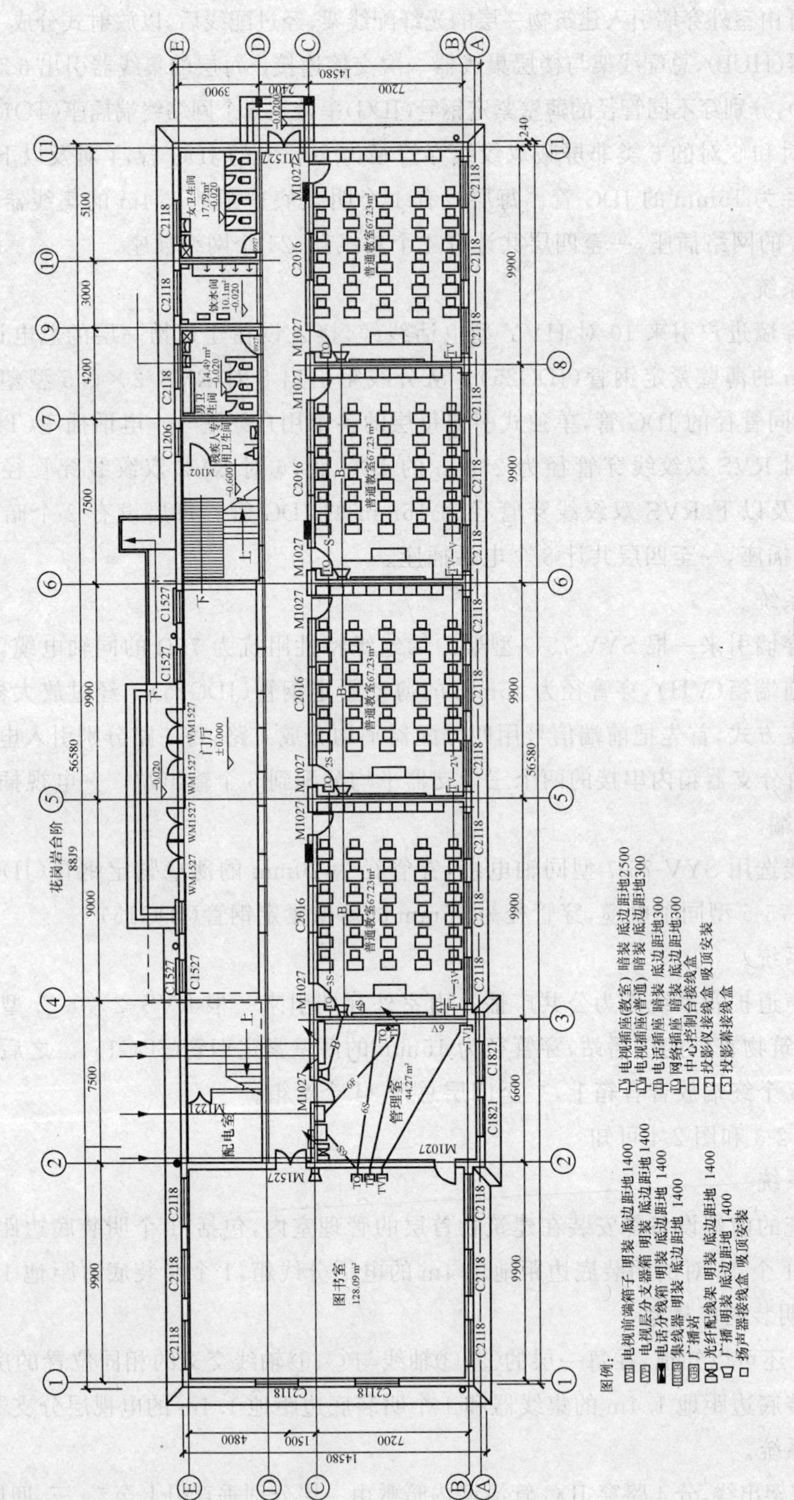
图例:
电视前端箱子 明装 底边距地1400
电视层分支器箱 明装 底边距地1400
电话分线箱 明装 底边距地 1400
集线器 明装 底边距地 1400
广播站
光纤配线架 明装 底边距地 1400
广播 明装 底边距地 1400
扬声器接线盒 吸顶安装
电视插座(教室) 暗装 底边距地2500
电视插座(普通) 暗装 底边距地300
电话插座 暗装 底边距地300
网络插座 暗装 底边距地300
中心控制台接线盒
投影仪接线盒 吸顶安装
投影幕接线盒
普通教室67.23m²
图书室 128.09m²
管理室 44.27m²
配电室
门厅 ±0.000
花岗岩台阶
女卫生间 17.79m²
饮水间 10.1m²
男卫生间 14.49m²
残疾人专用卫生间
56580
14580

图 2-3 首层弱电平面图

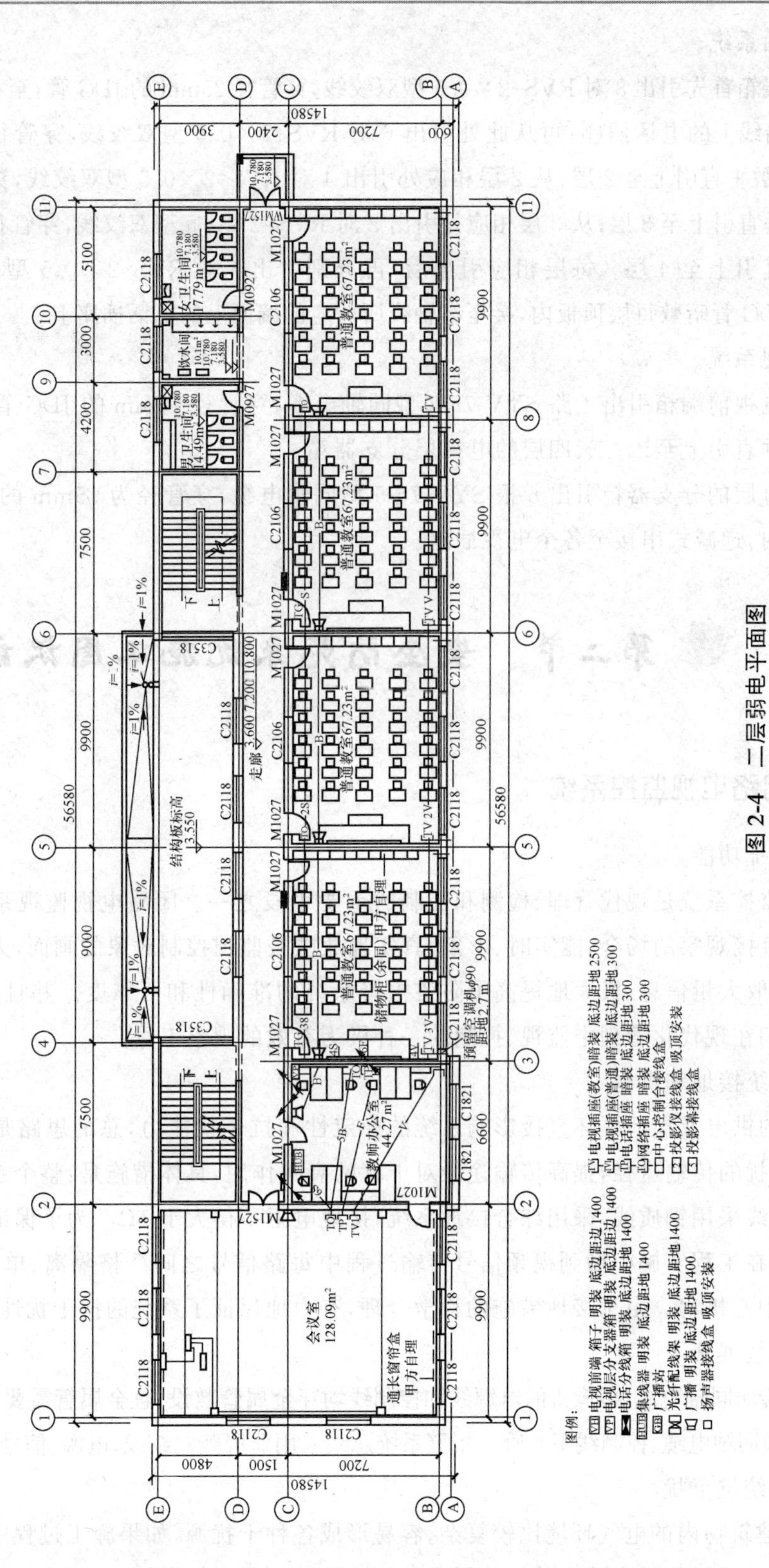

图例:
电视前端 箱子 明装 底边距地1400
电视层分支器箱 明装 底边距地1400
电话分线箱 明装 底边距地1400
集线器 明装 底边距地1400
广播站
光纤配线架 明装 底边距地1400
广播 明装 底边距地1400
扬声器接线盒 吸顶安装
电视插座(教室)暗装 底边距地2500
电视插座(普通)暗装 底边距地300
电话插座 暗装 底边距地300
网络插座 暗装 底边距地300
中心控制台接线盒
投影仪接线盒 吸顶安装
投影幕接线盒
会议室
128.09m²
教师办公室
44.27m²
普通教室67.23m²
储物柜(余同)甲方自理
预留空调机位
距地2.7 m
走廊
结构板标高
13.550
男卫生间
14.49m²
女卫生间
17.79m²
饮水间
通长窗帘盒
甲方自理
56580
14580


图 2-4 二层弱电平面图

3)电话系统。

由接线箱首先引出8对RVS-2×0.5型双绞线,穿管径25mm的JDG管,至首层管理室③轴线所对应墙线上的电话插座;再从此处引出6对RVS-2×0.5型双绞线,穿管径20mm的JDG管,墙内暗敷垂直引上至2层;从2层相应处引出4对RVS-2×0.5型双绞线,穿管径15mm的JDG暗敷垂直引上至3层;从3层相应处引出2对RVS-2×0.5型双绞线,穿管径15mm的JDG管暗敷垂直引上至4层。每层相应引出后,再分别引出1对RVS-2×0.5型双绞线,穿管径15mm的JDG管暗敷每层顶板内,接至②轴线所对应的墙面上的电话插座上。

4)电视系统。

先由电视前端箱引出4路SYV-75-7型同轴电缆,穿管径20mm的JDG管沿墙内暗敷由一层分别垂直引上至二、三、四层的电视层分支器箱。

再由每层的分支器箱引出6根SYV-75-5型同轴电缆,穿管径为15mm的JDG管暗敷于每层顶板内,递减式串接至各个电视插座。

## 第二节　安全防范系统施工图识读

### 一、闭路电视监控系统

(1)系统功能

电视监控系统是现代管理、检测和控制的重要手段之一。闭路电视监视系统在人们无法或不可能直接观察的场合,能实时、形象、真实地放映被监视控制对象的画面,人们利用这一特点,及时获取大量信息,极大地提高了防盗报警系统的准确性和可靠度。并且,电视监控系统已成为人们在现代化管理中监视、控制的一种极为有效的观察工具。

(2)系统接地和供电

系统的供电及接地好坏直接影响系统的稳定性和抗干扰能力,总的思路是消除或减弱干扰,切断干扰的传输途径,提高传输途径对干扰的衰减作用,具体措施是:整个系统采用单点接地,接地母线采用铜质线,采用综合接地系统,接地电阻不得大于1Ω。为了保证整个系统采用单点接地,在工程实施中做到视频信号传输过程中每路信号之间严格隔离、单独供电,信号共地集中在中心机房。由于接地措施的科学合理,有力地保证了系统的抗干扰性能。

(3)系统屏蔽

视频传输同轴电缆、摄像机的电源线和控制线均穿金属管敷设,且金属管需要良好地接地。电源线与视频同轴电缆、控制线不共管。报警系统总线采用非屏蔽双绞线,电源、信号可共管。

(4)系统抗干扰

由于建筑物内的电气环境比较复杂,容易形成各种干扰源,如果施工过程中未采取恰当的防范措施,各种干扰就会通过传输线缆进入综合安防系统,造成视频图像质量下降、系统控制

失灵、运行不稳定等现象。因此研究安防系统干扰源的性质、了解其对安防系统的影响方式，以便采取措施解决干扰问题对提高综合安防系统工程质量，确保系统的稳定运行非常有益。

(5)安全方法系统图识读实例

图 2-5 为某工厂的监控系统图。

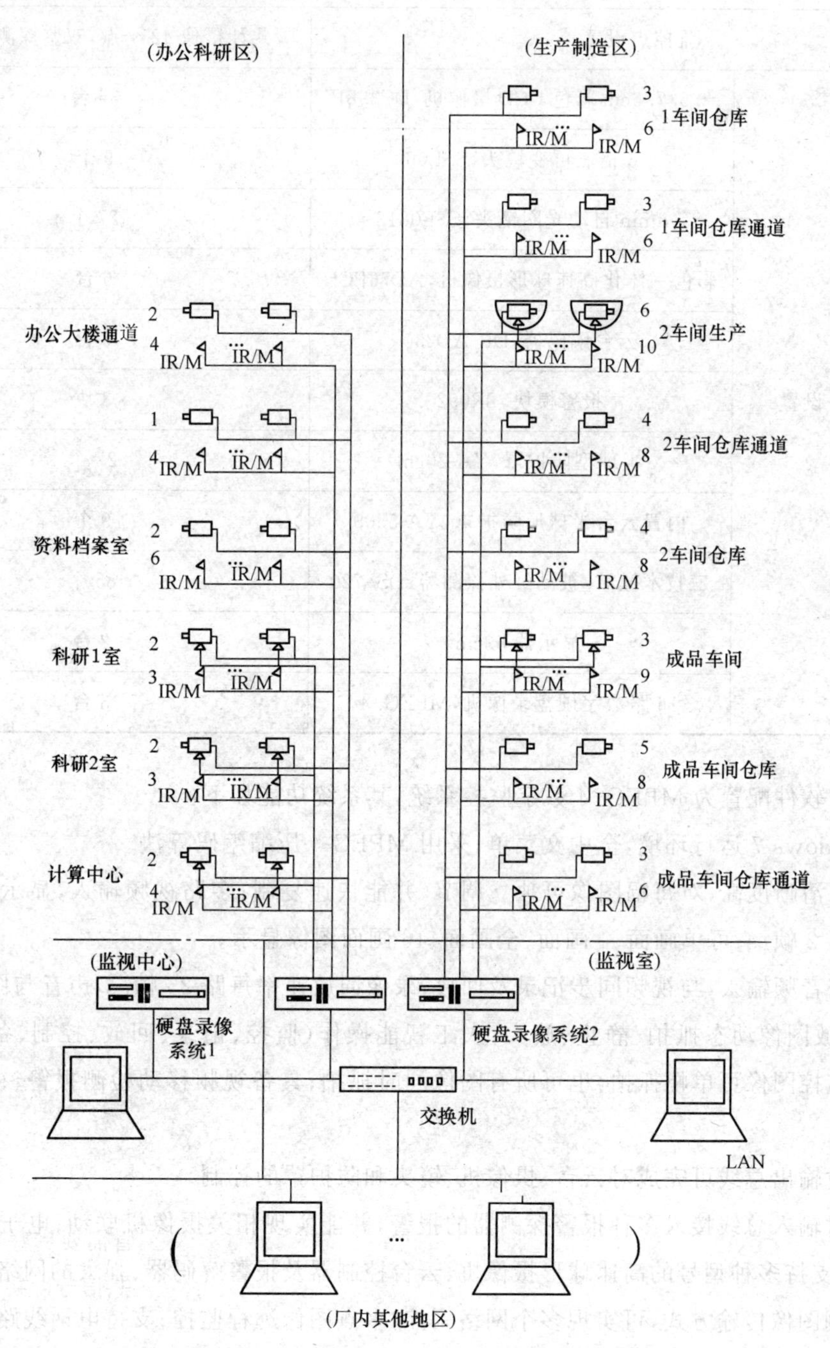


图 2-5　监控系统图

1)图中设备设置见表2-1。

表2-1 设备设置

| 项　　目 | | 内　　容 |
|---|---|---|
| 监控点设置 | | 共计摄像42个点,双鉴探测85个点 |
| 系统设备设置 | 2.5/7.6cm彩色CCD摄像机,DC398P | 36台 |
| | 6倍三可变镜头,SSL06 | 9个 |
| | 8mm自动光圈镜头,SSE0812 | 27个 |
| | 彩色一体化高速球形摄像机,AD76PCL | 6台 |
| | 云台解码器,DR-AD230 | 6台 |
| | 报警模块,SR092 | 3块 |
| | 半球型防护罩,YA-20cm | 27个 |
| | 内置云台半球形防护罩,YA-5509 | 9个 |
| | 三技术微波/被动红外探测器,DS-720 | 85个 |
| | 显示器53cm | 2台 |
| | 16路数字硬盘录像机,MPEG-4 | 3台 |

2)系统软件配置为MPEG-4数字监控系统,其系统功能如下:

①Windows 7运行环境,全中文菜单;采用MPEG-4压缩编码算法。

②图像清晰度高,对每幅图像可独立调节,并能快速复制;多路视频输入,显示、记录的速率均为每路2帧/s;可单画面、4画面、全画面、16画面图像显示。

③多路音频输入,与视频同步记录及回放;录像回放速率每路25帧/s,声音与图像同步播放,实现回放图像动态抓拍、静止、放大;人工智能操作(监控、记录、回放、控制、备份同时进行);实时监控图像可单幅抓拍,也可所有图像同时抓拍;具备视频移动检测报警、视频丢失报警功能。

④通过输出总线可完成对云台、摄像机、镜头和防护罩的控制。

⑤通过输入总线接入多种报警探测器的报警,并能实现相关摄像机联动;电子地图管理,直观清晰;支持多种型号的高速球形摄像机、云台控制器及报警解码器;强大的网络传输功能,支持局域网图像传输方式,可实现多个网络副控,多点图像远程监控;支持电话线路传输。

⑥可分别设置每个摄像机存储位置、空间大小及录像资料保留时间;全自动操作,系统可对每台摄像机制定每周内所有时段的录像计划,并按计划进行录像;系统可对每个报警探头制

定每周内所有时段的布防计划，并按计划进行报警探头布防；系统可对每台摄像机制定每周内所有时段的移动侦测计划，并按计划进行移动侦测布防；所有操作动作均记录在值班操作日志里，便于系统维护和检查工作；交接班、值班情况及值班操作过程全部由计算机直接进行管理，方便查询。资料备份可直接在界面操作，转存于移动硬盘或光盘等存储设备，保证主要资料不被破坏。

3)系统的运作配合。

①3 台 16 路输入的 MPEG-4 数字录像机(16 路硬盘录像机)，完成对 42 台摄像机的监控，实现 85 个双鉴探测器与电视监控系统的联动。

②3 台 16 路硬盘录像机共带 48 路报警输入接口，每台硬盘录像机通过 RS-485 接口各连接 1 块 16 路报警模块扩展接口。

③前端摄像机送来的图像信号经数字压缩后，再控制、存储或重放。数字监控通过计算机完成对图像信号选择、切换、多画面处理、实时显示和记录等功能，完成现场报警信号与监控系统的联动。

④2 台 16 路输入的数字录像机设在一个监控室，另一台设在另一个监控室，通过交换机与厂区局域网相连，厂区局域网中的任意一台计算机，经授权就能调看系统中的图像。

## 二、防盗报警系统

(1)系统概述

防盗报警系统，是采用红外、微波等技术的信号探测器，在一些无人值守的部位，根据不同部位的重要程度和风险等级要求以及现场条件进行布防。高灵敏度的探测器获得侵入物的信号后传送到中控室，使值班人员能及时获得发生事故的信息，是大楼安防的重要技术措施。

一个有效的电子防盗报警系统是由各种类型的探测器、区域控制器、报警控制中心和报警验证等几部分组成。整个系统分为三个层次。最底层是探测和执行设备，它们负责探测人员的非法入侵，有异常时向区域控制器发送信息；区域控制器负责下层设备的管理，同时向控制中心传送自己所负责区域内的报警情况。一个区域控制器和一些探测器等设备就可以组成一个简单的报警系统。

(2)防盗报警系统图识读实例

某办公楼防盗报警系统图如图 2-6 所示。

1)信号输入点共 52 点。

①IR/M 探测器为被动红外/微波双鉴式探测器，共 20 点：1 层 2 个出入口(内侧左右各 1 个)，2 个出入口共 4 个；2～9 层走廊两头各装 1 个，共 16 个。

②紧急按钮 2～9 层每层 4 个，共 32 个。

2)扩展器“4208”，为 8 地址(仅用 4/6 区)，每层 1 个。

3)配线为总线制，施工中敷线注意隐蔽。

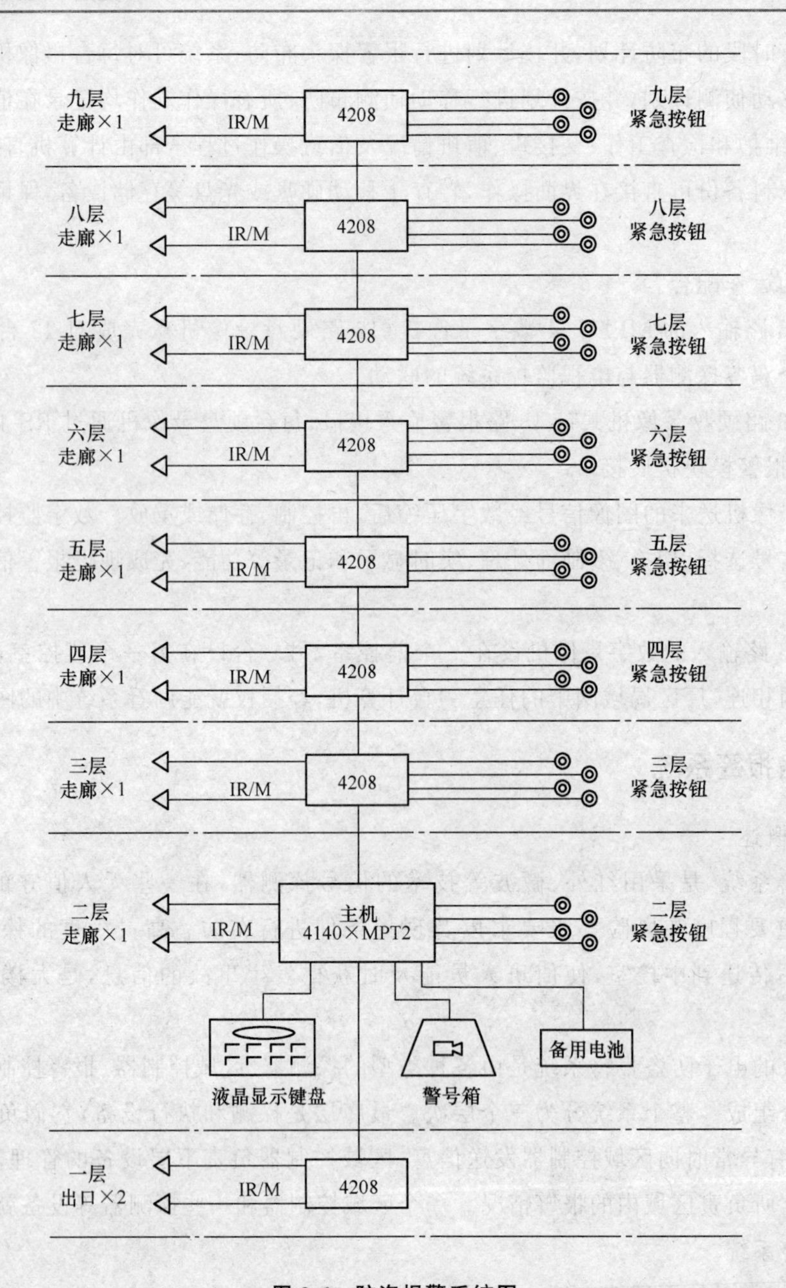


**图 2-6 防盗报警系统图**

4)主机 4140×MPT2 为 ADEMCO(美)大型多功能主机。该主机有 9 个基本接线防区，总线式结构，扩充防区十分方便，可扩充多达 87 个防区，并具有多重密码、布防时间设定、自动拨号以及“黑匣子”记录功能。

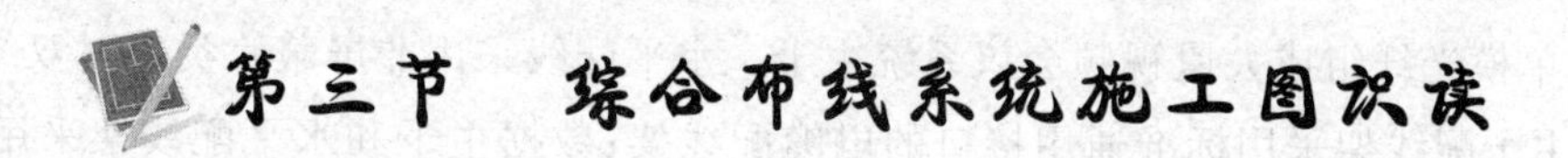

# 第三节　综合布线系统施工图识读

## 一、综合布线系统识读基础

1)看图的说明。通过阅读图纸说明,了解工程概况、设计需求和设计依据。

2)识读综合布线系统图。

①通过阅读综合布线系统图,首先了解该工程的总体方案,主要包括:通信网络总体结构、各个布线子系统的组成、系统工作的主要技术指标、通信设备器材和布线部件的选型和配置等。

②了解系统的传输介质(双绞线、同轴电缆、光纤)规格、型号、数量及敷设方式;介质的连接设备,如信息插座、适配器等的规格、型号、参数、总体数量及连接关系。

③了解各种交接部件的功能、型号、数量、规格等。

④了解系统的传输电子设备和电气保护设备的规格、型号、数量及敷设位置。

⑤掌握该工程的综合布线系统的总体配线情况和组成概况。

3)识读综合布线平面图。

①通过仔细反复阅读各综合布线平面图,进一步明确综合布线各子系统中各种缆线和设备的规格、容量、结构、路由、具体安装位置和长度以及连接方式,如互连接的工作站间的关系。

②布线系统的各种设备间要拥有的空间及具体布置方案。

③计算机终端以及电话线的插座数量和型号等。

④此外,还有缆线的敷设方法和保护措施以及其他要求。

## 二、综合布线系统图识读实例

某现代化智能建筑总建筑面积超过 20 万 $m^2$,由 A、B、C、D 四座组成,地上十八层,地下四层。

根据用户要求,该大厦的布线系统是一个模块化、高度灵活的智能型布线网络,通过每个房间的信息点,将电话、计算机、服务器、网络设备以及各种楼宇控制与管理设备连接为一个整体,高速传送语音、数据、图像,为用户提供各种综合性的服务。

系统采用星形布设方式,分为六类布线和光纤布线,分别采用单独的干线线槽及管理机柜。六类布线系统作为大厦的内网,采用六类非屏蔽双绞线缆,可以提供语音、IP 电话、专网数据通信用。光纤布线作为大厦的外网建设,是升级大楼整体网络要用的物理路由,整体预留到桌面。

语音垂直主干从一层电话机房分别经首层 A、B 座和地下二层 C、D 座 4 个弱电间引至各层弱电间,有若干条三类 25 对大对数电缆。从计算机房经首层 A、B 座和地下二层 C、D 座 4

个弱电间引至各层弱电间，由若干条12芯室内单模光纤组成大厦计算机网络主干和由若干条24芯室内单模光纤组成大厦视频会议系统主干。水平配线采用非屏蔽六类4对双绞线。

话音主干配线架采用标准通用接口的电缆配线架；数据主干和水平配线架采用RJ-45接口标准的六类UTP模块化配线盘；连接设备采用插接式交接硬件；交叉连接线及设备连接线要都是六类特性。工作区采用统一的标准RJ-45六类模块化信息插座，按照使用要求分别采用墙面暗装及网络地板下敷设的方式。

(1)工作区子系统

工作区子系统是由适配器及连接于办公区设备与适配器之间的各类跳线组成。每一出口都可以连接计算机、电话机、打印机、传真机、数字摄像机等办公设备。在工作区中，电话网和局域网设计成双口信息点，模块采用六类非屏蔽信息模块，全部采用标准RJ-45接口，信息插座采用暗设式，面积为86×86标准，插座为45°斜面，既美观又起到防尘作用。

大厦办公区域按照大开间区，每6m²设置一个DVF(D:六类数据出口；V:六类语音出口；F:光纤到桌面出口)的原则布设，小开间按照每10m²设置一个DVF布设，设计中大开间按照均布的原则布设，具体引到办公桌面的出口位置随装修确定；大、小会议室各布设至少2个DVF，并设置无线接入点；每间领导办公室内设置五个DVF及无线接入点，休息室及卫厕内设置语音并机电话；秘书间设置2个DVF；地下设备机房及其控制室内，设置DV双出口。另外，在餐厅、活动场所及服务间内设置1～2个六类语音出口。局部水平平面布置图如图2-7所示。

信息插座配有明显的、可方便更换的、永久的标识，以区分电信插座的实际用途。信息插座模块与水平电缆的端接安装采用免拆卸面板安装，以确保布线系统维护与修理的方便和及时。

工作区的墙面暗装信息出口，面板的下沿距地面300mm；大开间办公区依据家具装修位置，信息出口做到每个员工的桌面。每一信息出口的附近要安装相应强电插座，信息出口与强电插座的距离不能小于200mm。施工中要为信息点的安装预留86系列金属安装盒。

(2)配线子系统

配线子系统由配线间到工作区和区域连接跳架间的线缆组成。水平线缆的最大长度不能超过90m。

配线子系统中线缆用量的计算过程如下：

每箱可布线缆数＝每箱长度/水平线缆平均长度

线缆箱数＝信息点数/每箱可布线缆数

A、B、C、D四座大厦分别有布线系统专用的网络配线间，进行楼层布线配线管理。

六类布线系统水平采用六类非屏蔽线缆，光纤布线系统水平采用4芯室内多模光纤。六类布线系统与光纤布线系统，在四层(包括四层)以下，水平配线共用金属线槽。四层以上水平配线敷设在网络地板下，所需水平线槽由网络地板产品提供。

水平线缆的敷设采用线槽加水平支管的方式，即在走廊的吊顶内安装带盖板和分隔的金

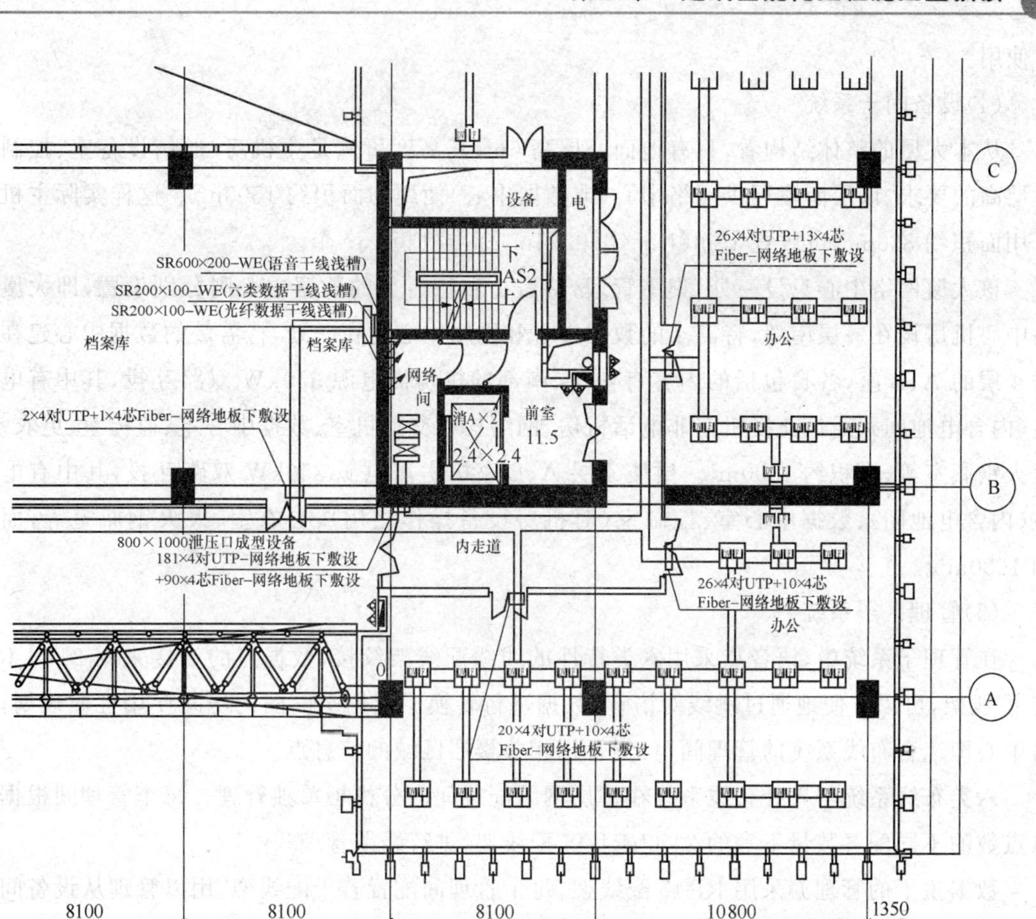


图 2-7 水平平面布置图(局部)

属线槽,线槽的一端在各层的配电间,另一端在最远的信息点附近。水平支管采用 25mm 和 20mm 的金属管,每一根金属管内最多可穿 4 根或 3 根 4 对双绞线缆,所有金属管槽均要做好接地处理。综合布线的线缆使用单独的线槽,不能同其他强电线缆、有线电视线缆共用同一管槽。线缆在敷设时要保持双绞线的弯曲半径不小于线缆直径的 10 倍。

(3)干线子系统

垂直干线子系统主要用于实现主机房与各管理子系统间的连接。在主干部分中,数据主干采用 12 芯室内单模光纤,语音主干采用三类 25 对语音主干电缆与程控交换机房连接。数据主干一般由计算机房引至各层弱电间的一条 12 芯室内单模光纤作为数据主干线缆。光纤布线系统水平数据主干采用 12 芯室内单模光纤。

垂直主干线缆直接铺设于弱电竖井内,为减少电磁干扰,防止线缆松散,主干线槽采用带盖板的、有横挡可绑缚电缆的金属线槽。线槽的填充率控制在 50%以内,以便将来少量扩容时使用。

(4)设备间子系统

从本大厦的整体结构看，只有地面一层高 6m，其高度可满足主机房、通信设备室、控制室对层高的要求，该层南段可供网络中心(或数据中心)使用的面积约 $1500m^2$。这样实际主机房可用面积约 $820m^2$，可放置 19in(1in=0.0254m)标准机柜 250 个。

该大厦网络中心只设一处，集中管理，特需 1 和特需 2 的数据中心则分别设置，即大厦网络中心机房设在一层南部，特需 1 的数据中心和网络中心建在一处，特需 2 的数据中心建在裙楼 4 层的 A、B 座，各自包括的内容有：一层南部的机房需电源 350kW 双路互投，其中有电源室(内含电池间)、通信交换机室非电话机房、网络核心交换机室、数据中心室、监控室、更衣室、灭火钢瓶室等，面积约 $1500m^2$。裙楼 4 层 A、B 座机房需电源 250kW 双路互投，其中有电源室(内含电池间)、数据中心室、控制室(对机房设备操作之用)、更衣室、灭火钢瓶室等，面积约 $1000m^2$。

(5)管理区子系统

在管理子系统中，语音点采用六类特性的线缆配线架绞接，数据点的端接采用 24 口 RJ-45 配线架，可以方便地通过跳线对语音、数据进行转换。依据平面图的房间使用性质规划，网络中心即综合布线系统的管理间，负责管理相关楼层区域的信息点。

六类布线系统与光纤布线系统在楼层网络配线间内分机柜单独管理。每个管理间根据信息点数的不同配置数量不等的 24 口 RJ-45 配线架，进行线缆管理。

数据主干的管理亦采用 RJ-45 配线架，每个管理间配置若干配线架，用以管理从设备间引来的线缆，语音部分采用 IDC 语音模块，根据语音点的多少，配置不同数量的语音主干用模块。对于跳线的管理，采用 1HU 跳线导线架，在充分利用机柜空间的同时，方便、美观地对跳线进行管理。充分利用各层配电间的有利条件，安装 1.8m 高的标准机柜和壁挂式机箱，用来安装综合布线的线缆管理器、网络设备。机柜需做接地处理。

# 第三章

# 管道工程施工图识读

## 第一节　管道施工图识读内容

### 一、给水管道布置

**1. 给水管道布置原则**

1)满足良好的水力条件,确保供水的安全,力求经济合理。

2)保证建筑物的使用功能和生产安全。

3)保证给水管道的正常使用。

4)便于管道的安装与维修。

**2. 给水管道布置形式**

(1)按供水可靠程度要求分类

1)枝状管道。单向供水,供水安全可靠性差,但节省管材,造价低。一般底层或多层建筑内给水管网宜采用枝状布置。

2)环状管道。互相连通,双向供水,安全可靠,但管线长,造价高。高层建筑、重要建筑宜采用环状布置。

(2)按水平干管敷设位置分类

1)上行下给式。干管设在顶层顶棚下、吊顶内或技术夹层中,由上向下供水。上行下给式适用于设置高位水箱的居住与公共建筑和地下管线较多的工业厂房。

2)下行上给式。干管埋地、设在底层或地下室中,由下向上供水。下行上给式适用于利用室外给水管网水压直接供水的工业与民用建筑。

3)中分式。水平干管设在中间技术层内或中间某层垫层内,由中间向上、下两个方向供水。中分式适用于屋顶用作露天茶座、舞厅或设有中间技术层的高层建筑。

## 二、管道敷设

### 1. 给水管道敷设形式

1)明装。即管道外露,安装维修方便,造价低,但外露的管道影响美观,表面易结露、积尘。明装适用于对卫生、美观没有特殊要求的建筑。

2)暗装。即管道隐蔽,管道不影响室内的美观、整洁,但施工工艺较为复杂,维修困难,造价高。暗装适用于对卫生、美观要求较高的建筑,如宾馆、高层公寓等。

### 2. 给水管道敷设要求

1)给水横管穿承重墙或基础、立管穿楼板时,均应预留孔洞,暗装管道在墙中敷设时,也应预留墙槽,以避免临时打洞、刨槽影响建筑结构的强度。

2)引入管进入建筑内的常见做法如图 3-1 所示。在地下水位高的地区,引入管穿地下室外墙或基础时,应采取防水措施,如设防水管套等。

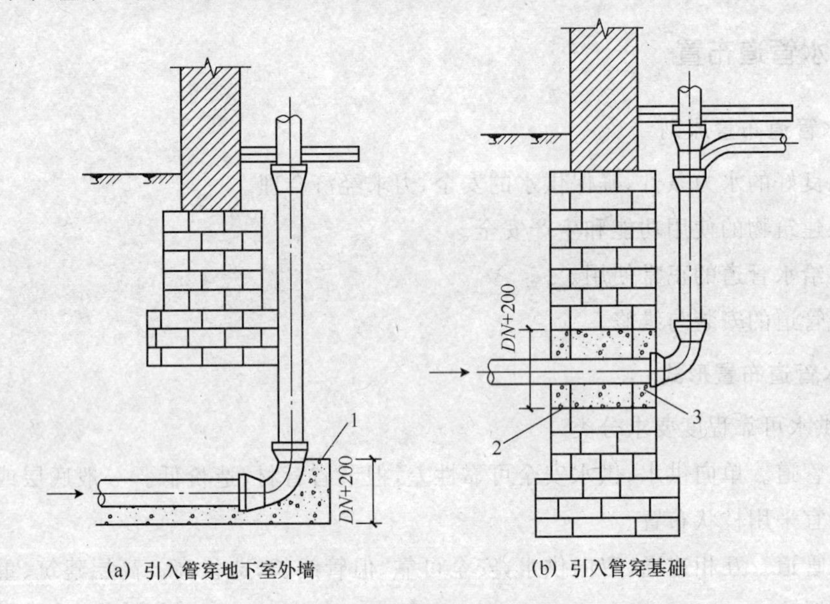


**图 3-1　引入管进建筑的常见做法**

1—C5.5 混凝土支座;2—黏土;3—M5 水泥砂浆封口

3)室外埋地引入管要防止地面活荷载和冰冻的影响,车行道下管顶覆土厚度不宜小于 0.7m,并应敷设在冰冻线以下 0.2m。建筑内埋地管在无活荷载和冰冻影响时,其管顶离地面高度不宜小于 0.3m。当将交联聚乙烯管或聚丁烯管用作埋地管时,应将其设在管套内,其分支处应采用分水器。

4)给水横管穿过预留洞时,管顶上部净空不得小于建筑物的沉降量,以保护管道不因建筑的沉降而造成损坏,其净空一般不小于 0.10m。

5)给水横管应敷设在地下室、技术层、吊顶或管沟内,并有坡度为 0.002～0.005 的坡向泄

水装置；立管可敷设在管道井内，冷水管应在热水管右侧；给水管道与其他管道同沟或共架敷设时，宜敷设在排水管、冷冻管的上面或热水管、蒸汽管的下面；给水管不宜与输送易燃、可燃或有害的液体或气体的管道同沟敷设；通过铁路或地下构筑物下面的给水管道，宜敷设在套管内。

6)管道在空间敷设时，必须采取固定措施，以确保施工方便与安全供水。给水钢质立管一般每层需安装一个管卡；当层高大于5.0m时，则每层必须安装两个管卡。

## 三、管道施工图识读方法

### 1. 管道施工图识读内容

(1)流程图

1)掌握设备的种类、名称、位号(编号)、型号。

2)了解物料介质的流向以及由原料转变为半成品或成品的来龙去脉，也就是工艺流程的全过程。

3)掌握管子、管件、阀门的规格、型号及编号。

4)对于配有自动控制仪表装置的管路系统还要掌握控制点的分布状况。

(2)平面图

1)了解建筑物的朝向、基本构造、轴线分布及有关尺寸。

2)了解设备的位号(编号)、名称、平面定位尺寸、接管方向及其标高。

3)掌握各条管线的编号、平面位置、介质名称，管子及管路附件的规格、型号、种类、数量。

4)管道支架的设置情况，弄清支架的型式、作用、数量及其构造。

(3)立(剖)面图

1)了解建筑物的竖向构造、层次分布、尺寸及标高。

2)了解设备的立面布置情况，查明位号(编号)、型号、接管要求及标高尺寸。

3)掌握各条管线在立面布置上的状况，特别是坡度坡向、标高尺寸等情况，以及管子、管路附件的各类参数。

(4)系统图

1)掌握管路系统的空间立体走向，弄清楚管路标高、坡度坡向、管路出口和入口的组成。

2)了解干管、立管及支管的连接方式，掌握管件、阀门、器具设备的规格、型号、数量。

3)了解管路与设备的连接方式、连接方向及要求。

### 2. 管道施工图识图方法

1)各种管道施工图的识图方法，一般应遵循从整体到局部、从大到小、从粗到细的原则，将图纸与文字、各种图纸进行对照，以便逐步深入和逐步细化。

2)拿到一套工程项目的施工图后，应首先按图纸目录进行清点，保证图纸齐全。有的设计院有本院的重复使用图，它的作用和国家标准图是一样的，但只限于该设计院设计的工程，这类图纸也应由建设单位提供。

3)识图过程是一个从平面到空间的过程,必须利用投影还原的方法,再现图纸上各种线条、符号所代表的管路、附件、器具、设备的空间位置及管路的走向。

4)识图顺序是首先看图纸目录,了解建设工程性质、设计单位、管道种类,搞清楚这套图纸一共有多少张,有哪几类图纸,以及图纸编号;其次是看施工说明书、材料表、设备表等文字说明,然后按照流程图(原理图)、平面图、立(剖)面图、系统轴测图及详图的顺序,逐一详细阅读。

5)识读施工图时应以平面图为主,同时对照立面图、剖面图、轴测图,弄清管道系统的立体布置情况。对于生产工艺管道,还应当对照流程图,了解生产工艺过程,求得对工艺管道系统的理性认识。对局部细节的了解则要看大样图、节点图、标准图、重复使用图等。识读施工图过程中要弄清几个要素,即介质、管道材料、连接方式、关键位置标高、坡向及坡度、防腐及绝热要求、阀门型号及规格、管道系统试验压力等。工艺流程图的识读,不能按三视图的规则来理解,它只表示工艺流程是如何通过设备和管道组成的,无法区分管道的立体走向和长短。

6)识读单张图纸。首先看标题栏,再看图纸上所画的图样和数据。由阅读标题栏了解图纸的名称、工程项目、设计阶段、图号以及比例等。平面图的右上角一般画有指北针,表示管道和建筑物的朝向,施工操作时管道的走向以它来确定。图纸上的剖切符号、节点符号和详图等,应由大到小、由粗到细认真识读。对图上的每一根管线,要弄清其编号、管径大小、介质流向、管道尺寸、标高、材质以及管线的始点和终点。对管线中的管配件,应弄清阀门、法兰、温度计等的名称、种类、型号以及数量等。

7)识读整套图纸。管道施工图中,一般包括图纸目录、施工图说明、设备材料表、流程图、平面图、立(剖)面图以及轴测图等。拿到一套图纸时,先要看图纸目录,其次是施工图说明和材料设备表,再看流程图、平面图、立(剖)面图及轴测图。

①识读流程图应弄清以下内容:

a. 设备的数量、名称和编号;

b. 管子、管件、阀门的规格和编号;

c. 介质的流向及工艺流程的全过程。

②识读平面图应弄清以下内容:

a. 建筑物构造、轴线分布及其尺寸;

b. 各设备的编号、名称、定位尺寸、接管方向及其标高;

c. 各路管线的编号、规格、介质名称、坡度坡向、平均定位尺寸、标高尺寸以及阀门的位置情况;

d. 各路管线的起点和终点,以及管线与管线、管线与设备或建筑物之间的位置关系。

③识读立(剖)面图应弄清以下内容:

a. 建筑物的构造、层次分布及其尺寸;

b. 各设备的立面布置、编号、规格、介质流向以及标高尺寸等；

c. 各路管线的编号、规格、立面定位尺寸、标高尺寸和阀门手柄朝向及其定位尺寸；

d. 各路管线立面以及管线与设备、建筑物之间的位置关系。

# 第二节 管道附件安装施工图识读

## 一、给水管道排气阀安装图识读

给水管道排气阀安装图如图 3-2 所示。

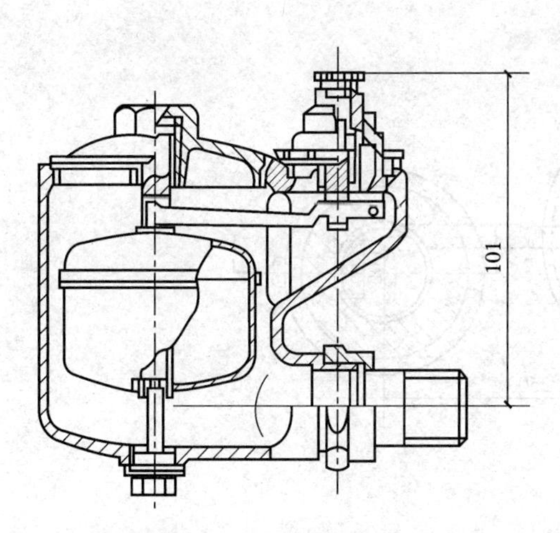


P724W-4T立式自动排气阀（*DN*20）

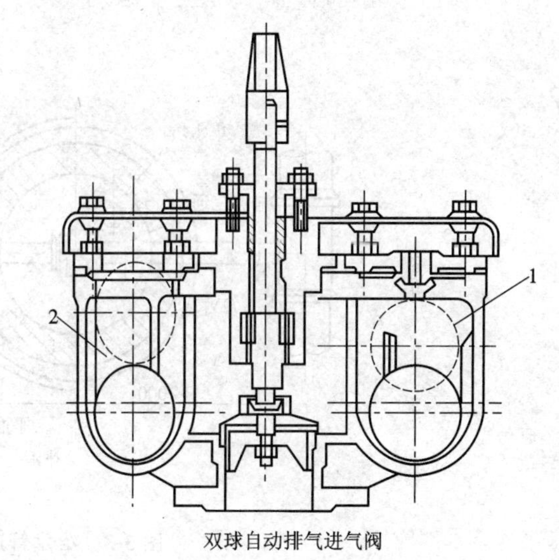


双球自动排气进气阀

注：左边2孔的尺寸比右边1孔的尺寸略大、略高。

图 3-2　给水管道排气阀安装图

1)排气阀必须垂直安装,切勿倾斜。

2)在管道纵断面上最高点设排气阀,在长距离输水管上每 500～1000m 处也应设排气阀。

## 二、给水管道排泥阀安装图识读

给水管道排泥阀安装图如图 3-3 所示。

1)安装位置应按设计规定,如设计未标出,应在管道纵断面低处位置注明,阀门泄水能力按 2h 区段内积水排空考虑。

2)排泥井位置应考虑附件有排除管内沉积物及排净管内积水的场所。

3)排泥阀安装完毕应及时关闭。

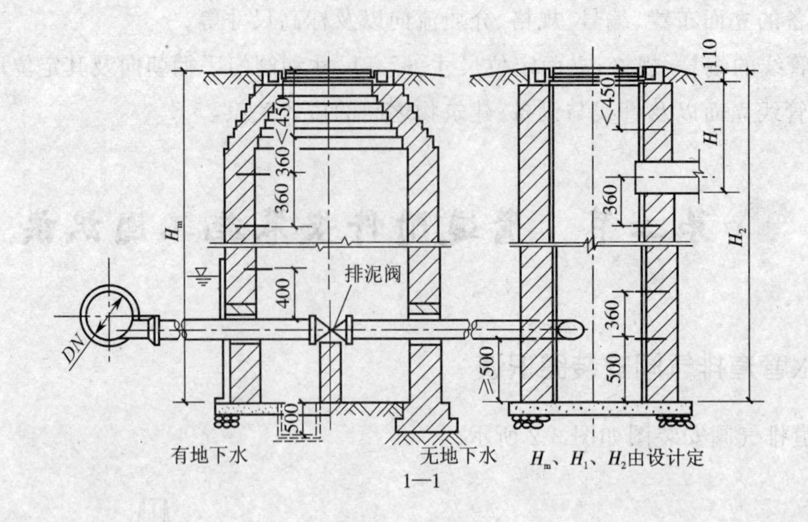


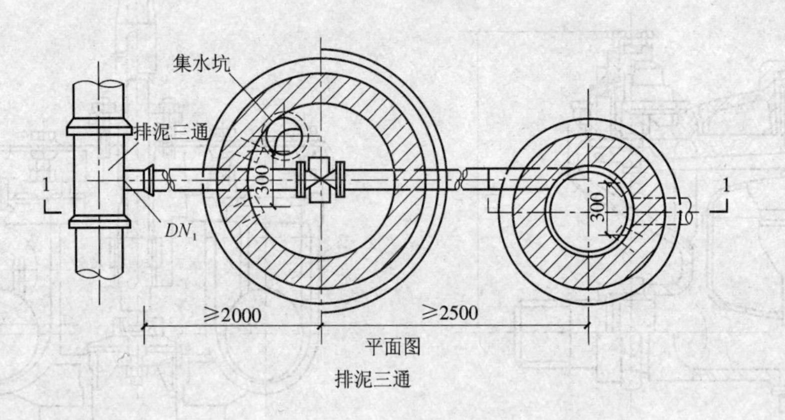


图 3-3　给水管道排泥阀安装图

## 三、燃气管道检漏安装图识读

燃气管道检漏安装图如图 3-4 所示。

1)检漏管。检漏管的作用是检查燃气管道可能出现的渗漏,其构造如图 3-4 所示,安装在管道的上方。

2)安装地点。

①不易检查的重要焊接接头处。

②地质条件不好的地区。

③重要地段的套管或地沟端部。

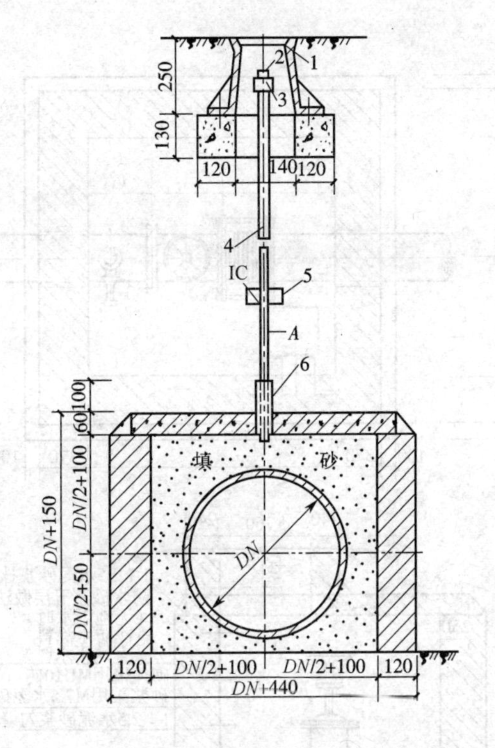


图 3-4　燃气管道检漏安装图

1—$\phi$100 铸铁防护罩；2—丝堵 $DN$20；3—管接头 $DN$20；

4—镀锌钢管 $DN$20；5—钢板 80×60×4；6—套管 $DN$32

## 四、燃气三通单阀门井安装图识读

燃气三通单阀门井安装图如图 3-5 所示。

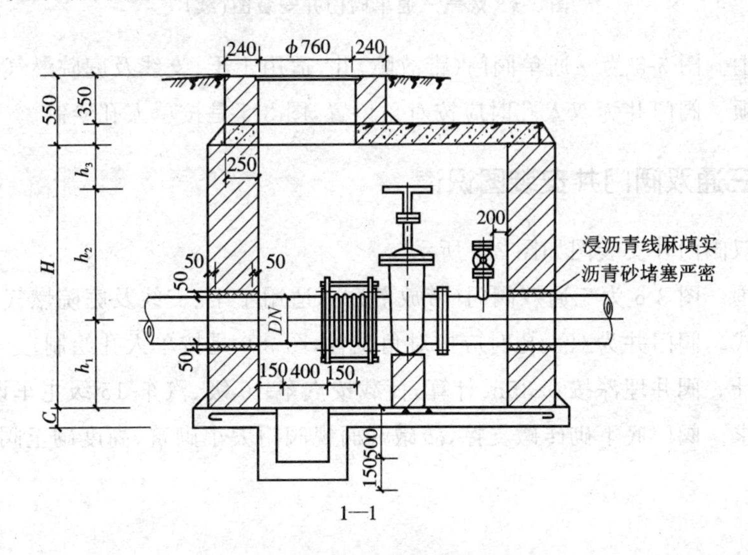


图 3-5　燃气三通单阀门井安装图

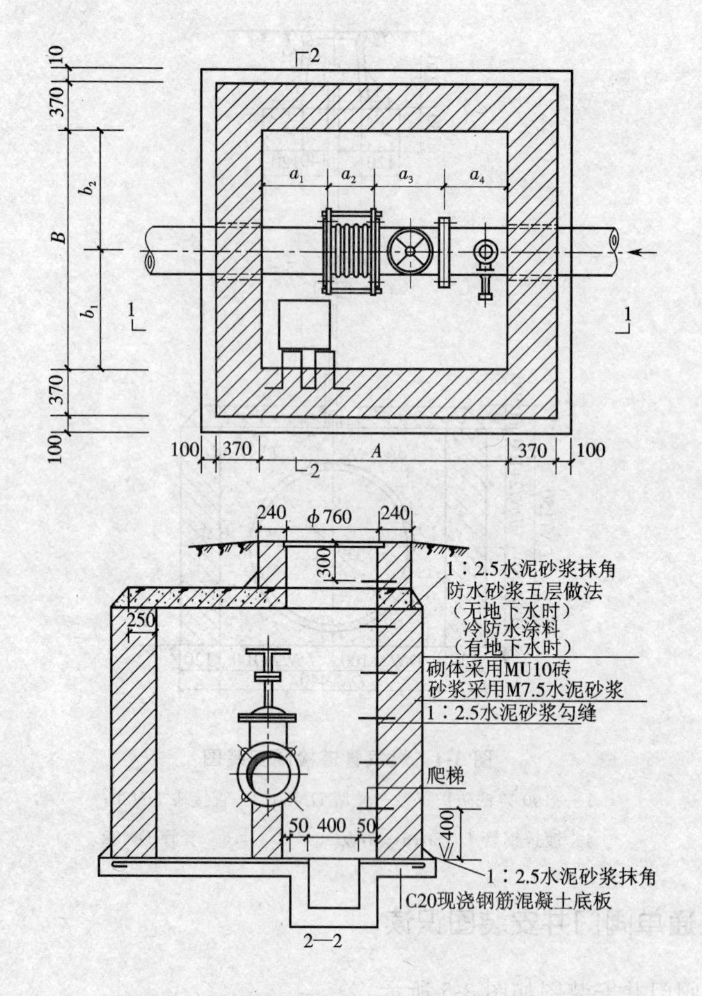


图 3-5　燃气三通单阀门井安装图(续)

1)适用范围。图 3-5 为三通单阀门(带故障)井,适用于干、支线及庭院燃气管道。

2)注意事项。阀门井为双人孔时应按对角位置,图 3-5 是按单人孔绘制。

## 五、燃气三通双阀门井安装图识读

燃气三通双阀门井安装图如图 3-6 所示。

1)适用范围。图 3-6 为三通双阀门(带放散)井,适用于干、支线及庭院燃气管道。

2)绘制方式。阀门井为双人孔时应按对角位置,图 3-6 是按单人孔绘制。

3)荷载设计。阀井埋深按 0.35m 计算,荷载按汽车-10 级、汽车-15 级主车设计。

4)砌砖要求。阀门底下砌砖礅支撑,砖礅端面视阀门大小砌筑,高度砌至阀门底止。

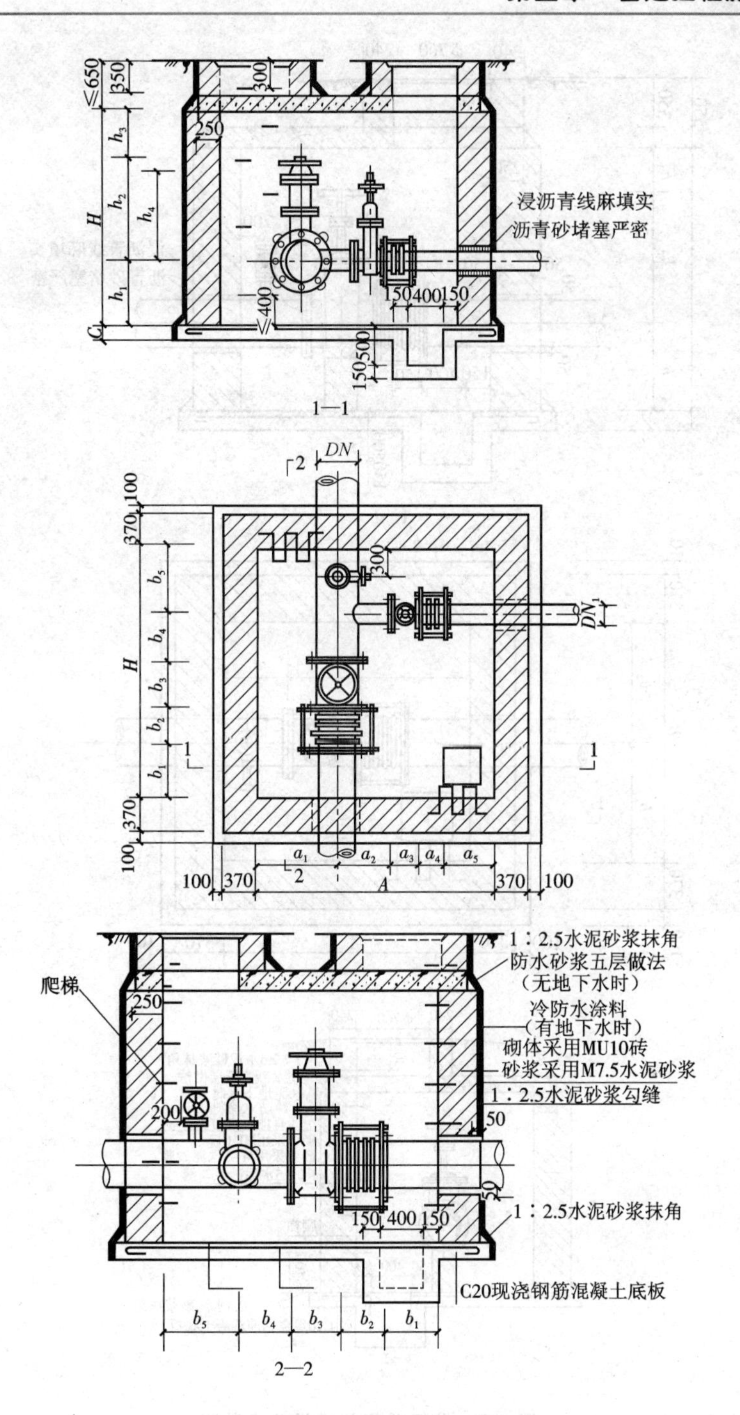


图 3-6　燃气三通双阀门井安装图

## 六、燃气单管单阀门井安装图识读

燃气单管单阀门井安装图如图 3-7 所示。

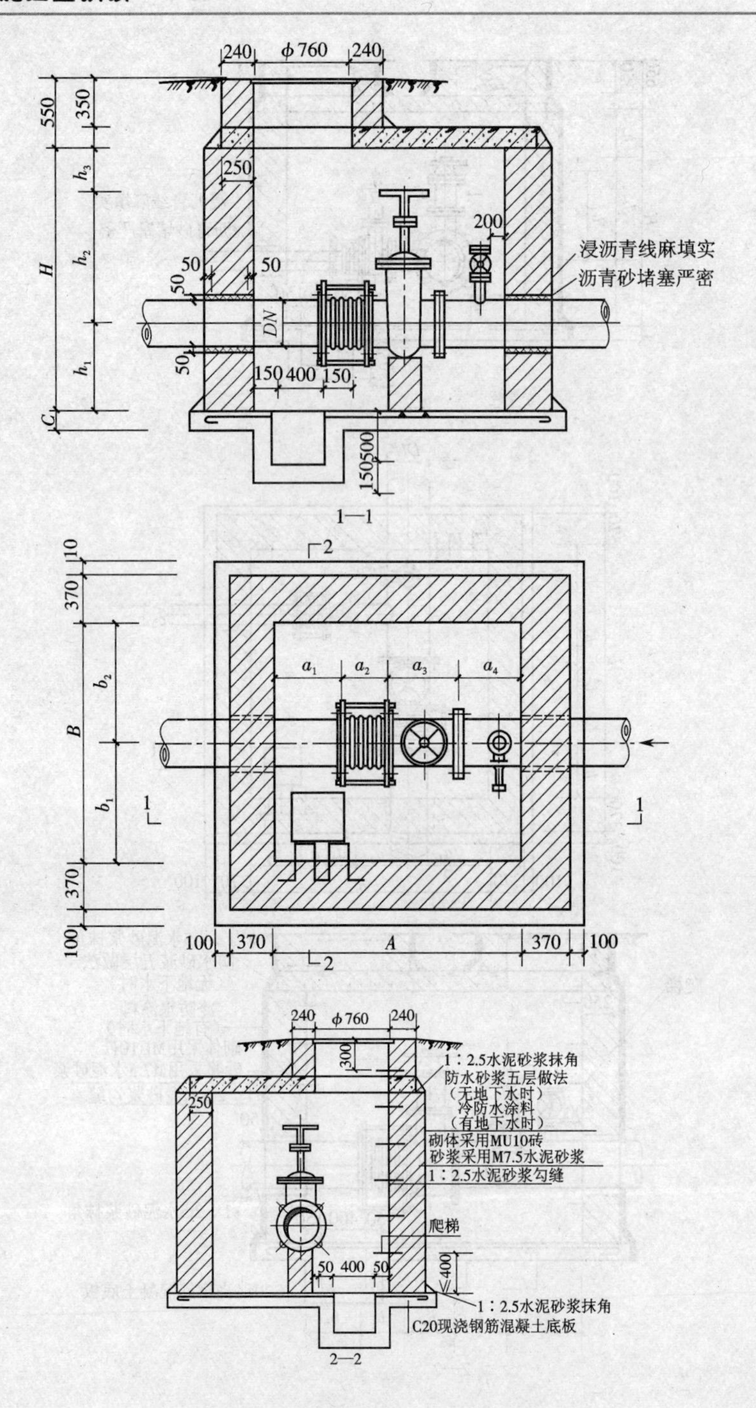


**图 3-7　燃气单管单阀门井安装图**

1)绘制方式。图 3-7 按单人孔绘制,双人孔时,按对角位置设置。

2)适用范围。图 3-7 为单管单阀门(带放散)井,适用于干、支线燃气管道。

3)砌砖要求。阀门底砌砖礅支撑,砖礅端面视阀门大小砌筑,高度砌至阀门底止。

4)荷载设计。阀井埋深按 0.35m 计算,荷载按汽车-10 级、汽车-15 级主车设计。

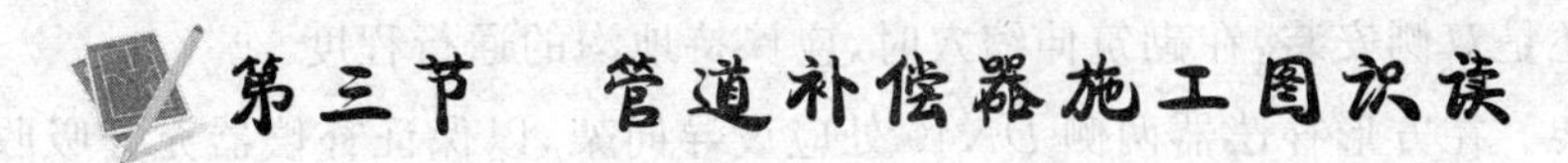

# 第三节 管道补偿器施工图识读

## 一、方形补偿器安装图识读

方形补偿器安装图如图 3-8 所示。

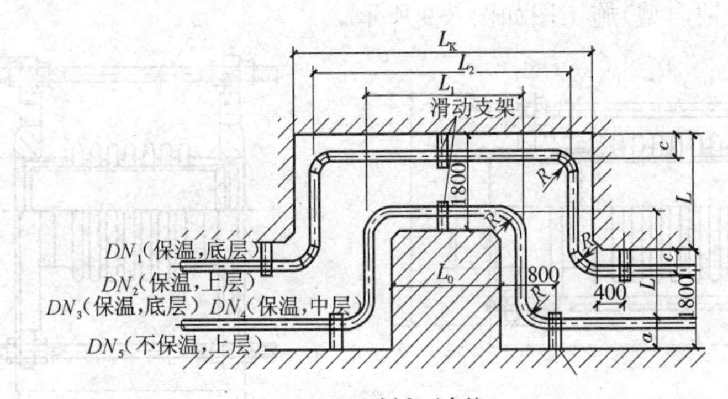


(a)双侧上下布管

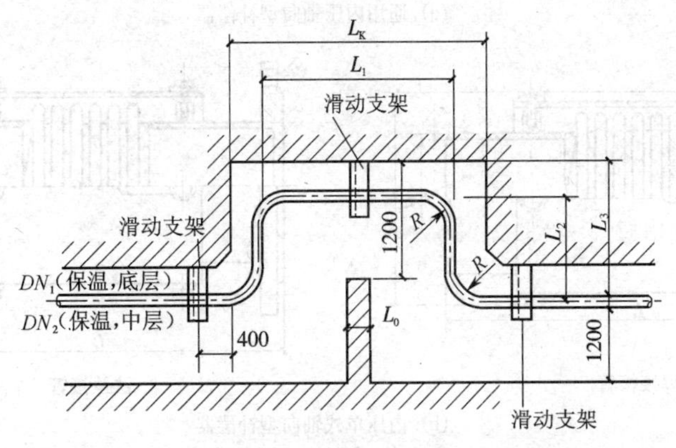


(b)单侧上下布管

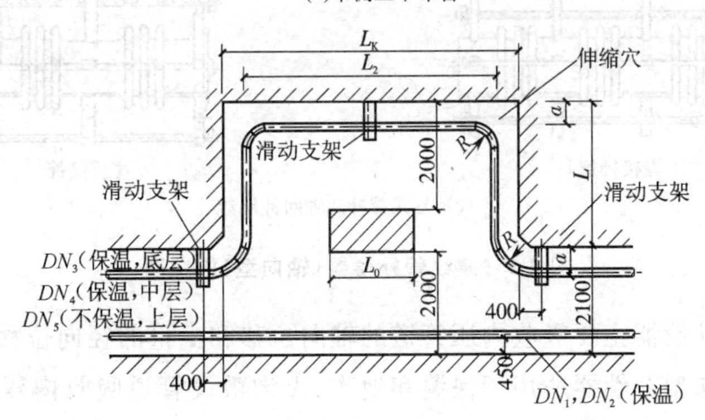


(c)单侧上下布管补偿器

图 3-8 方形补偿器安装图

1)安装位置。方形补偿器应安装在两个固定支架间(距离为 $L$)的 1/2 或 1/3 处。补偿器无论是单侧还是双侧安装,在砌筑伸缩穴时,应保持地沟的通行程度。

2)主支架。在方形补偿器两侧 $DN40$ 处应设导向架,以保证补偿器充分吸收管道的轴向变形。

3)导向架。无论是地上敷设还是地下敷设,方形补偿器都按图 3-8 位置支撑设立支架。

## 二、波纹管补偿器(轴向型)施工图识读

波纹管补偿器(轴向型)施工图如图 3-9 所示。

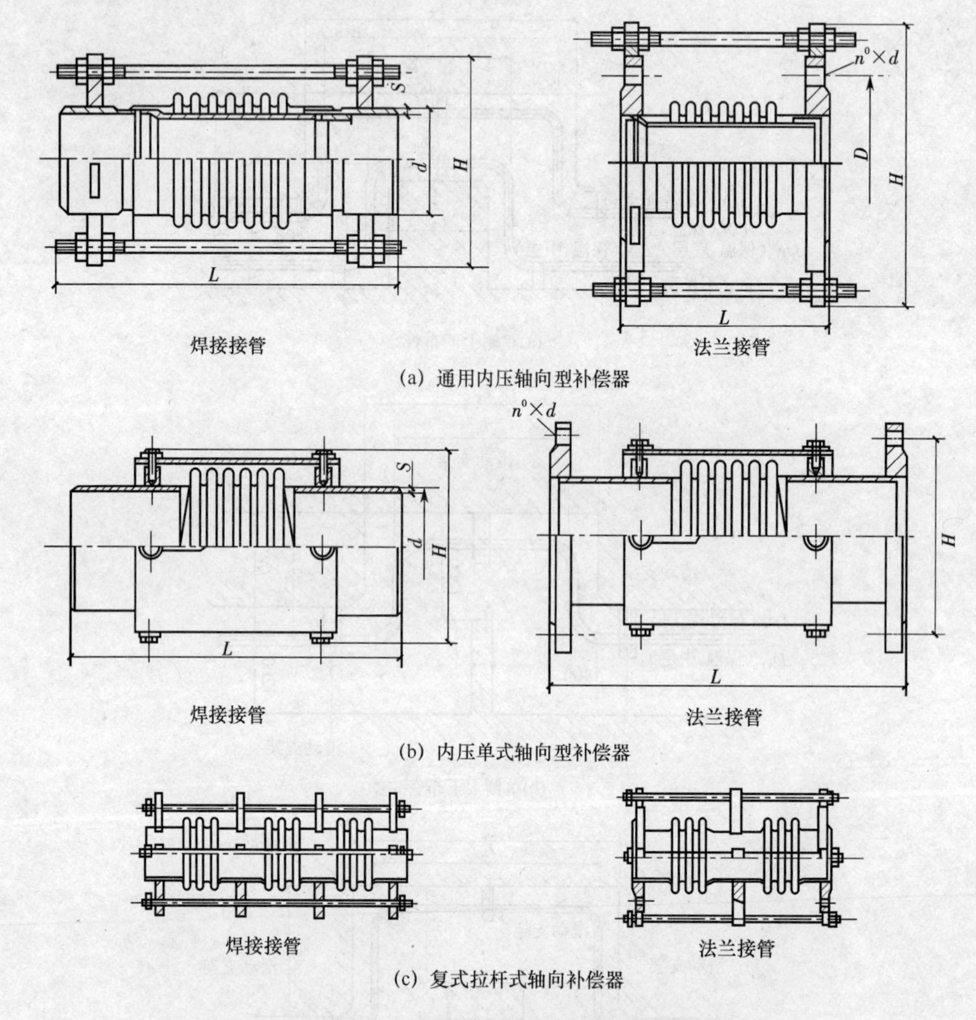


图 3-9 波纹管补偿器(轴向型)施工图

1)内压轴向型补偿器主要吸收内压管道的轴向位移和少量的径向位移。

2)内压单式轴向型补偿器适用于保温和地沟、无沟敷设管道吸收内压管道的轴向位移和少量的横向位移。

3)复式拉杆式轴向补偿器主要用于吸收管道系统的轴向大位移量。

## 三、复式套筒式和外压式轴向型补偿器施工图识读

波纹管补偿器(轴向型)施工图如图 3-10 所示。

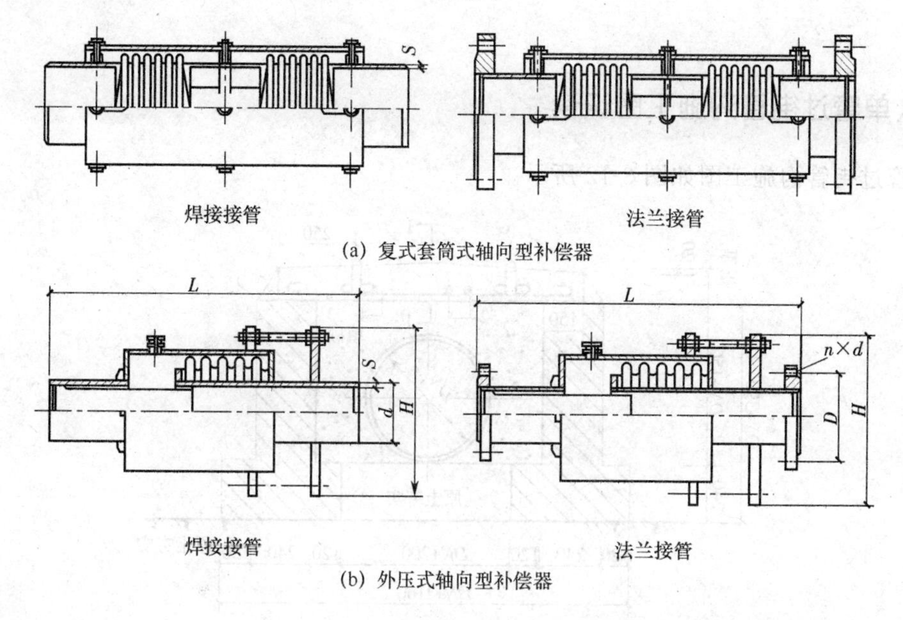


图 3-10 波纹管补偿器(轴向型)施工图

1)复式套筒式轴向型补偿器主要吸收管道系统的轴向大位移和少量的径向位移。由于有外套筒,适用于保温、地沟、直埋管道的敷设。

2)外压式轴向型补偿器主要吸收外压(真空)管道的轴向位移和少量的径向位移。

## 四、铰链式横向型补偿器施工图识读

铰链式横向型补偿器施工图如图 3-11 所示。

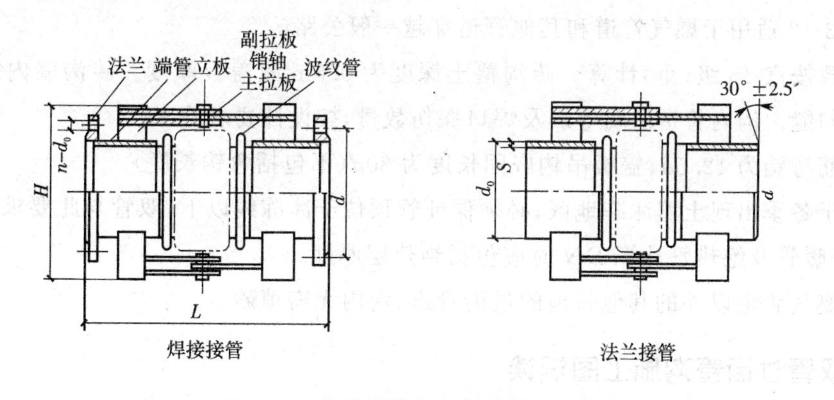


图 3-11 铰链式横向型补偿器施工图

铰链式横向型补偿器通常以 2～3 个成套使用,吸收单平面管系一个或多个方向的挠曲。

# 第四节　管道敷设施工图识读

## 一、单管过街管沟施工图识读

单管过街管沟施工图如图 3-12 所示。

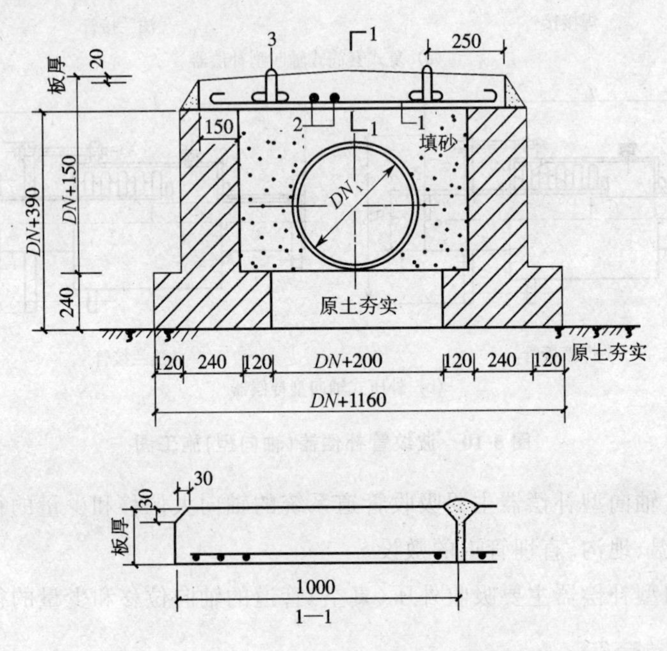


图 3-12　单管过街管沟施工图

1—过街管道；2—球阀；3—管道泵

1)图 3-12 适用于燃气管道和其他管道穿越一般公路。

2)荷载按汽-15 级(重)计算。砖沟覆土深度为 0.5m 减盖板厚度。砖沟墙内外均以1∶2水泥砂浆勾缝。沟内管道防腐等级及焊口探伤数量，按设计要求施工。

3)钢筋弯钩为 12.5$d$，盖板吊钩嵌固长度为 30$d$(不包括弯钩长度)。

4)对于冬季出现土壤冰冻地区，必须保证管顶位于冰冻线以下，双管与此要求相同。对于热力管、采暖管及绝热管计算 $DN$ 时应包括绝热层厚度。

5)除燃气管道以外的其他管道的过街管道、沟内无需填砂。

## 二、双管过街管沟施工图识读

双管过街管沟施工图如图 3-13 所示。

1)排气阀必须垂直安装，切勿倾斜。

2)在管道纵断面上最高点设排气阀，在长距离输水管上每 500～1000m 也应设排气阀。

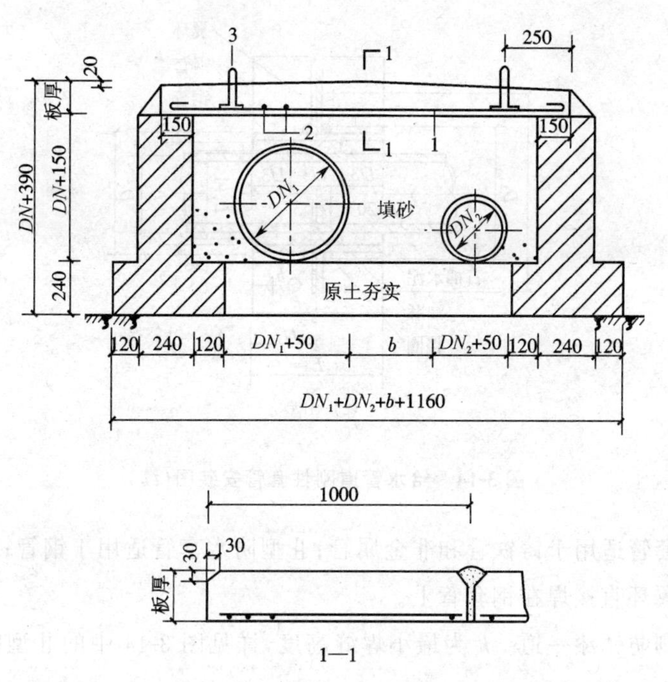


图 3-13　双管过街管沟施工图

1—过街管道；2—球阀；3—管道泵

# 第五节　室内管道安装图识读

## 一、给水管道套管安装图识读

### 1. 给水管道刚性套管安装图识读

给水管道刚性套管安装图如图 3-14 所示。

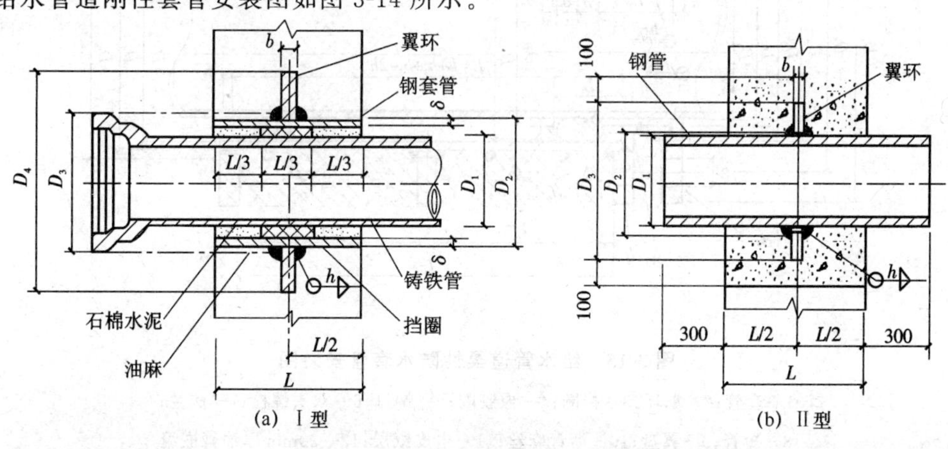


图 3-14　给水管道刚性套管安装图

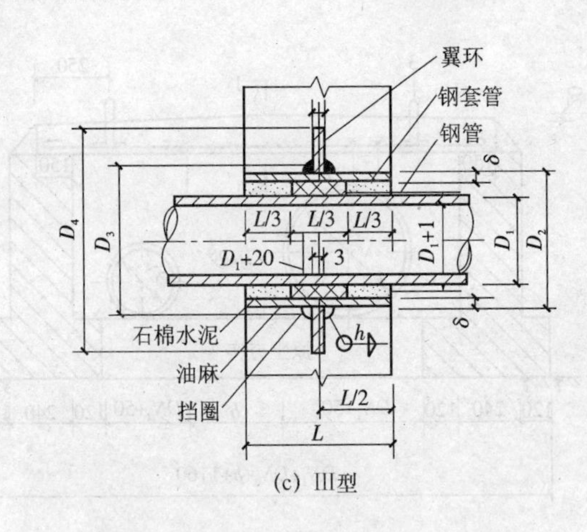

(c) Ⅲ型

**图 3-14　给水管道刚性套管安装图(续)**

1)Ⅰ型防水套管适用于铸铁管和非金属管；Ⅱ型防水套管适用于钢管；Ⅲ型防水套管适用于钢管预埋。将翼环直接焊在钢套管上。

2)套管内壁刷防锈漆一道。$h$ 为最小焊缝高度，详见图 3-14 中的Ⅱ型防水套管。套管必须一次浇固于墙内。

套管 $L$ 等于墙厚且大于或等于 200mm；如遇非混凝土墙应改为混凝土墙，混凝土墙厚小于 200mm 时，应局部加厚至 200mm，更换或加厚的混凝土墙，其直径比翼环直径大 200mm。

**2. 给水管道柔性防水套管安装图识读**

给水管道柔性防水套管安装图如图 3-15 所示。

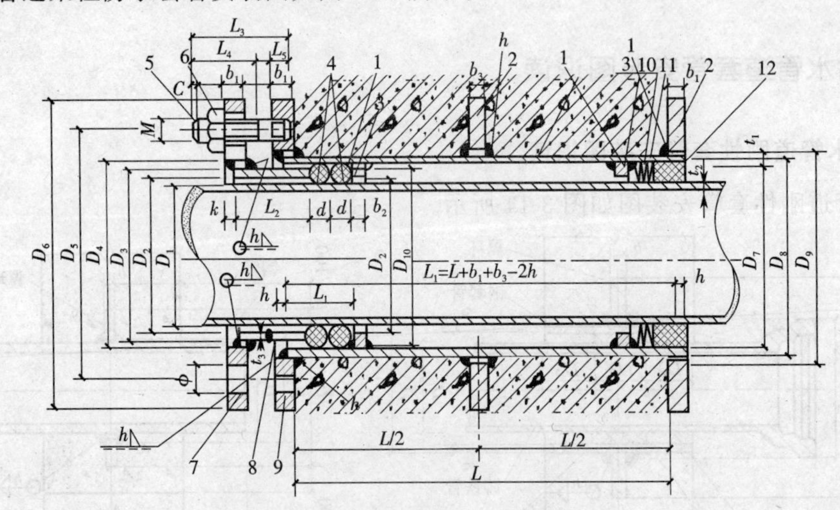


**图 3-15　给水管道柔性防水套管安装图**

1—套管；2—翼环；3—挡圈；4—橡胶圈；5—螺母；6—双头螺栓；7—法兰；8—短管；9—翼盘；10—沥青麻丝；11—牛皮纸层；12—20mm 厚油膏嵌缝

1)图 3-15 一般适用于管道穿过墙壁处受到有振动或有严密防水要求的构筑物。

2)套管必须一次浇固于墙内。

套管 $L$ 等于墙厚且大于或等于 300mm;如遇非混凝土墙应改为混凝土墙,混凝土墙厚小于或等于 300mm 时,更换或加厚的混凝土墙,其直径应比翼环直径 $D_6$ 大 200mm。

3)在套管部分加工完成的沟的内部刷一道防锈漆。

## 二、热力入口布置施工图识读

### 1. 低压热水采暖系统热力入口布置施工图识读

某厂区低压蒸汽采暖系统的热力入口布置施工图如图 3-16 所示。

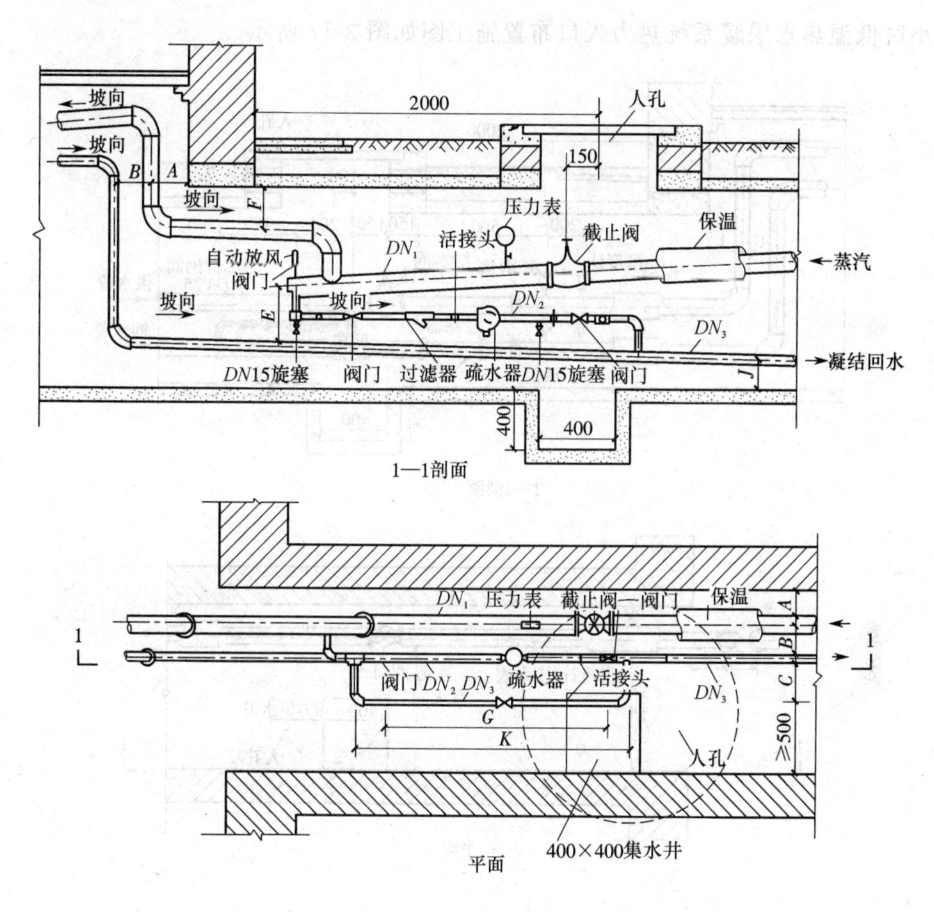


图 3-16　低压蒸汽采暖系统的热力入口布置施工图

1)热力入口是室外热网供汽管的一个低点,又是外网凝结回水干管的最高点,供汽和回水干管之间要装疏水器。因此,热力入口处的管道安装标高应严格控制,以保证凝结回水的畅通。

2)由于热网管径和长度的不同,供汽干管的凝结水管 $DN_3$ 的规格也将不同,疏水器的规格也就不同，这就影响热力入口处的管道布置。在热力入口装置安装前，应按实际的规格尺寸做出施工技术交底草图，并进行安装交底，不可硬套标准图集的尺寸。

3)在进行室内采暖系统的安装后，有条件时再安装热力入口的装置。将入口处的管道安装到热力小室人孔外时，应停止安装，装上管堵或封头，进行全室内采暖系统包括热力入口装置在内的水压试验和管道冲洗。合格后，方可与热网供汽回水管相连，方可进行管道保温。

4)当锅炉房同时供应几个建筑物用蒸汽时，各热力入口的回水干管上应装有起切断作用的截止阀，以防其他建筑物的回水以及所带的蒸汽进入建筑中。

**2. 低温热水采暖系统热力入口布置施工图识读**

某小区低温热水采暖系统热力入口布置施工图如图 3-17 所示。

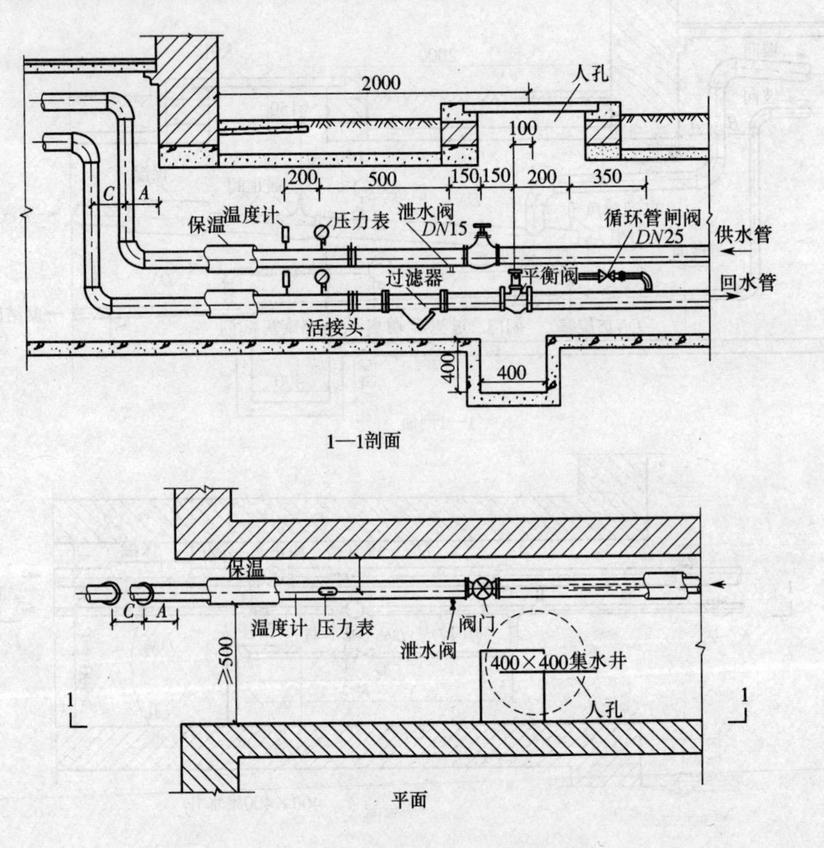


图 3-17　低温热水采暖系统热力入口布置施工图

1)热力入口装置按管道规格的不同，可能是丝接或是焊接。无论哪种连接方式，在热力小室内的管道上均应有方便的拆卸件。热力入口管若在外装饰施工完成前安装，则应做好保护，以免损坏。

2)安装在热力入口干管上的阀门均应在安装前进行水压试验，以保证其强度和严密性均满足要求。热力入口的装置应与室内采暖系统共同进行系统总的水压试验。

3)室内采暖系统的管道冲洗一般以热力入口处作为冲洗的排水口,具体的排水部位应是尚未与外网连通的干管头,而不宜采用泄水阀作排水口。

4)当热水采暖系统的膨胀水箱安装在该热力入口的建筑物上时,膨胀水管和循环管将从热力入口处通过或在热力入口附近与供热的回水管相接。若只是通过,则要注意做好膨胀管和循环管道的坡度,使其低头通往锅炉房,并且要按设计的要求在膨胀管和循环管上不装阀门;若设计安排膨胀管和循环管的热力入口处与回水干管相接,则应接在干管切断阀门以外,且两管的接点间应保持 2m 以上的距离,膨胀管和循环管上不装阀门。

5)热力入口所安装的温度计和压力表,其规格不可随意定,应根据系统介质的最高和最低工作温度值来选择温度计。压力表则要按系统在该点处的静压与动压之和,即要按该点的全压值来决定其量程,这些仪表平时工作应在其灵敏的量程范围之内。安装仪表后要做好仪表的保护工作,避免受损。

### 3. 高压蒸汽采暖系统热力入口布置施工图识读

某厂区高压蒸汽采暖系统的热力入口布置施工图如图 3-18 所示。

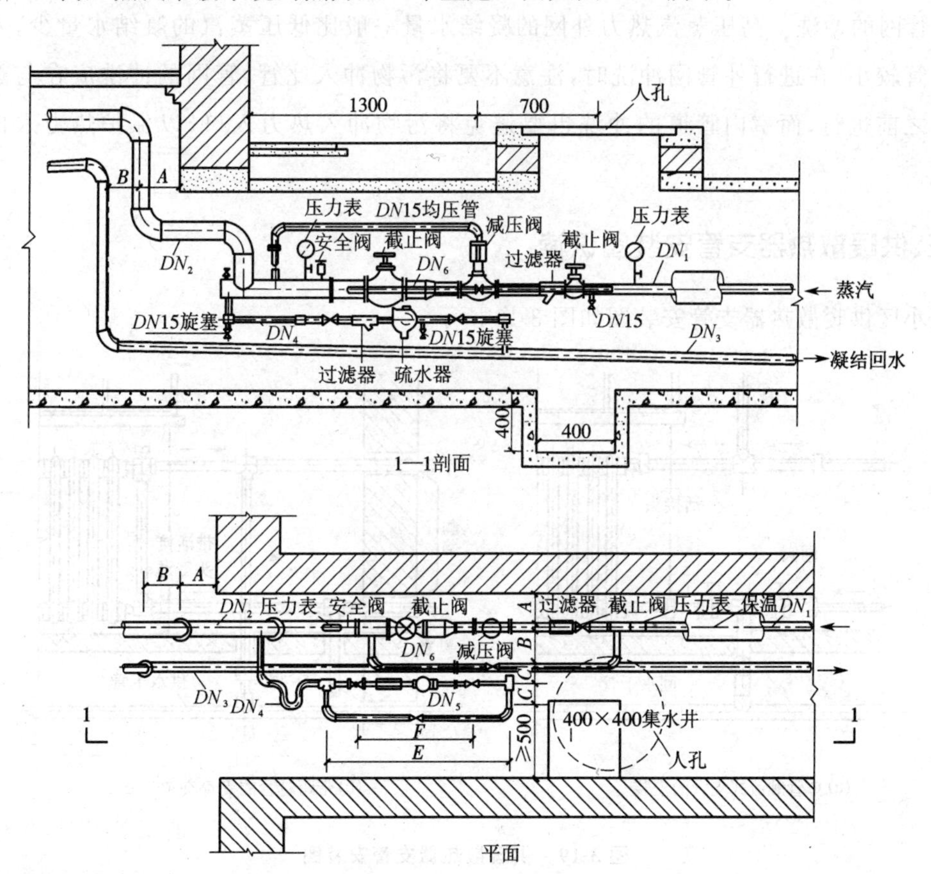


图 3-18　高压蒸汽采暖系统的热力入口布置施工图

1)高压蒸汽入口。高压蒸汽采暖系统的热力入口除具有低压蒸汽采暖系统热力入口的作用外,还有减压装置起减压作用。有时高压蒸汽的室外热力入口处不设减压装置,而在建筑物内的一个小室里设置减压设施和分汽缸,以改善控制操作条件。减压装置设在室外热力入口的布置形式如图 3-18 所示。

2)蒸汽管道的要求。高压蒸汽在通过减压阀后将降为低压蒸汽,此时体积将扩大。因此,减压后的蒸汽管管径要比高压段管径大。

3)安全阀的安装。为防止减压阀失灵而发生事故,在低压蒸汽管道上必须安装安全阀。安全阀应在安装前送往有资格进行安全阀测试检验的单位,按设计给定的低压段工作压力加 0.02MPa 进行调整和检验,并提供有效的检定报告。经检验的安全阀要加锁或铅封,做好保安工作,严禁碰、砸或摔落安全阀,更不可人为地更改安全阀的定压。

需注意的是,安全阀的排气口不可正对人孔方向,有条件时,排气口应接向管道安全处。

4)设备、管道的编排。由于热力入口装置较多,设备和管道都要按实际的规格尺寸进行排定。当选用的减压阀型号不同时,配管的连接方式也将不同,要按实编排。

5)管网的冲洗。高压蒸汽热力外网的凝结水量一般比低压蒸汽的凝结水量少,入口处的排水管较小,在进行外管网冲洗时,注意不要将污物冲入此管,管网的冲洗应在与热力入口相连之前进行,而室内管道的冲洗也要避免将污物冲入热力入口,以保护热力入口的各种设施。

## 三、供暖散热器支管安装图识读

某小区供暖散热器支管安装图如图 3-19 所示。

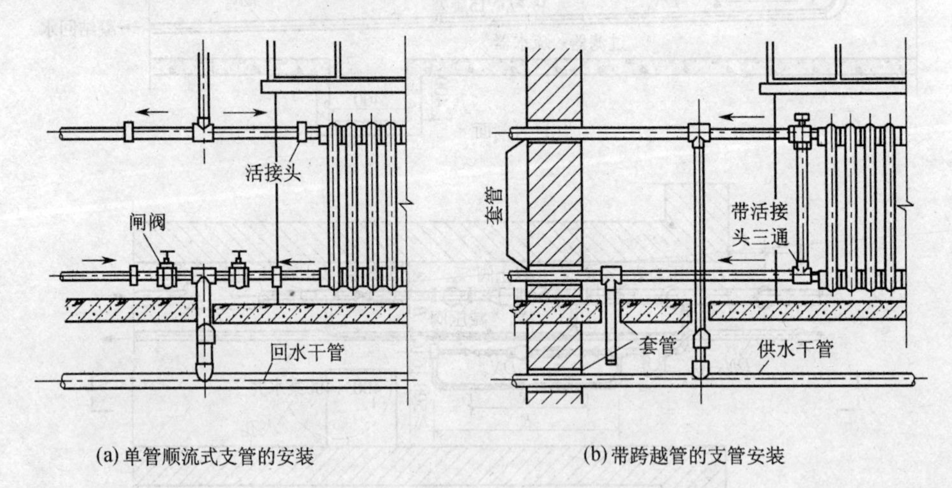


图 3-19 供暖散热器支管安装图

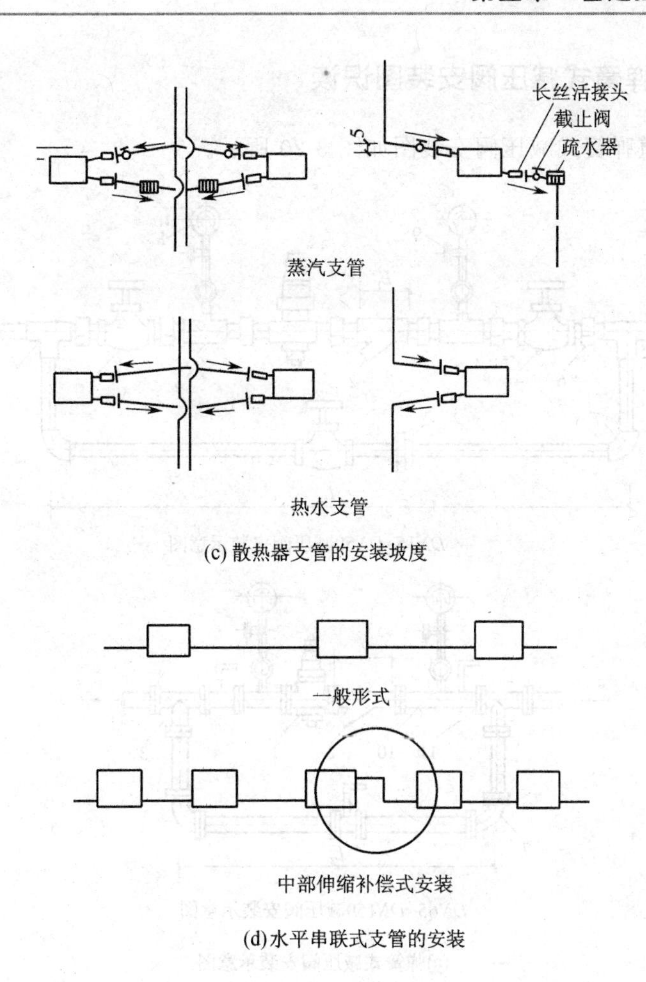

(c) 散热器支管的安装坡度

(d)水平串联式支管的安装

**图 3-19 供暖散热器支管安装图(续)**

1)供水(汽)管、回水支管与散热器的连接均应是可拆卸连接。考虑到施工的方便及运行的严密性,建议所有采暖支管的安装均采用长丝活接头。

2)散热器支管安装必须具有良好坡度,如图 3-19(c)所示,当单侧连接时,供、回水支管的坡降值为 5mm,双侧连接时为 10mm,对蒸汽系统,也可按 1%的安装坡度施工。

3)采暖支管与散热器连接时,对半暗装散热器应用直管段连接,对明装和全暗装散热器,应用揻制或弯头配制的弯管连接。用弯管连接时,来回弯管中心距散热器边沿尺寸不宜超过 150mm。

4)当散热器支管长度超过 1.5m 时,中部应加托架(或钩钉),水平串联管道可不受安装坡度限制,但不允许倒坡安装。

5)散热器支管应采用标准化管段,集中加工预制以提高工效和安装质量。量尺、下料应准确,不得与散热器强制性连接,或改动散热器安装位置以固定。只有迁就管子的下料长度,才能确保安装的严密性,消除漏水的缺陷。

## 四、给水管道弹簧式减压阀安装图识读

某小区给水管道弹簧式减压阀安装图如图 3-20 所示。

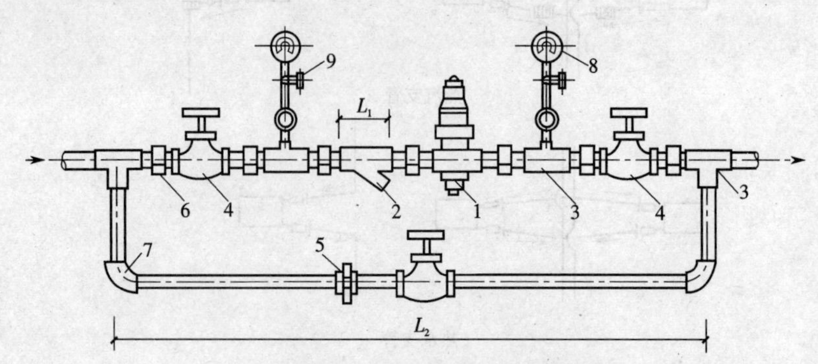


*DN*15~*DN*50减压阀安装示意图

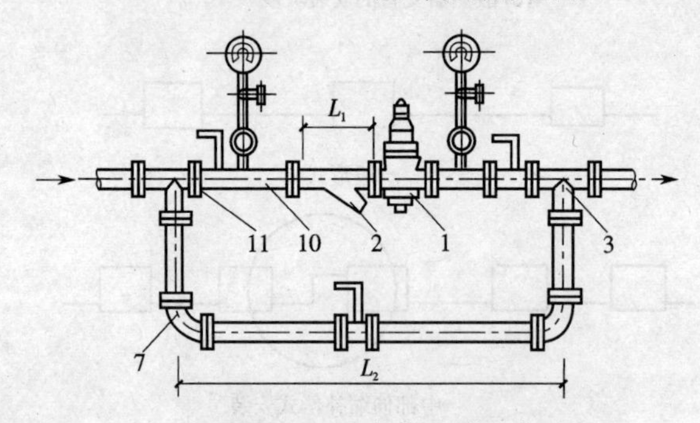


*DN*65~*DN*150减压阀安装示意图

(a)弹簧式减压阀安装示意图

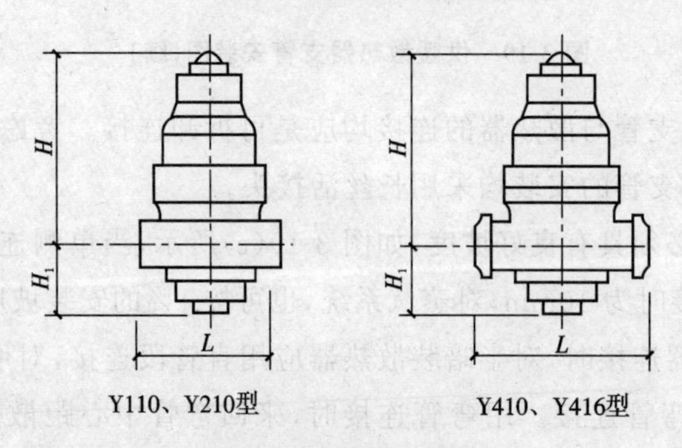


(b)弹簧式减压阀示意图

**图 3-20　给水管道弹簧式减压阀安装图**

1—减压阀；2—除污器；3—三通；4—截止阀(闸阀)；5—活接头；
6—外接头；7—弯头；8—压力表；9—旋塞阀；10—短管；11—蝶阀

(1)安装方式

减压阀可水平安装，也可以垂直安装。对于弹簧式减压阀一般宜水平安装，尽量减少重力

作用对调节精度的影响。但是比例式减压阀更适合于垂直安装。因为垂直安装其密封圈外壁磨损比较均匀，而水平安装由于密封圈受其活塞自重的影响，易于单面磨损。

(2)安装注意事项

1)在安装减压阀前应冲洗管道，防止杂物堵塞减压阀。安装时，进口端应加装 Y 型过滤器。过滤器内的滤网一般采用 14～18 目/$cm^2$ 的铜丝网。另外，在减压阀的前后各安装一只压力表，用于观察减压阀的工作状况以及滤网的堵塞程度。

2)减压阀安装时应使阀体箭头方向与水流方向一致，不得反装。减压阀的安装位置应考虑到调试、观察和维修方便。暗装于管道井中的减压阀，应在其相应位置设检修口。减压阀安装如图 3-20(a)所示。

3)比例式减压阀必须保持平衡孔暴露在大气中，以不致塞堵。其进口端必须安装蝶阀或闸阀，以安装蝶阀为宜。

## 五、燃气用具管道连接图识读

某小区居民用户燃气用具管道连接图如图 3-21 所示。

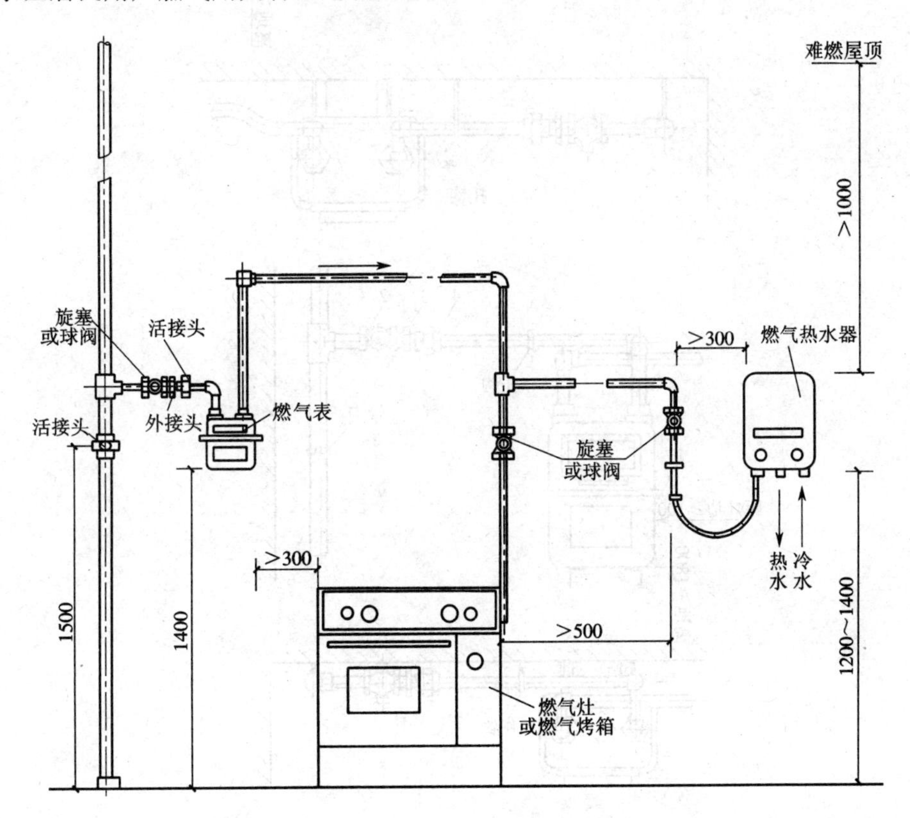


图 3-21　居民用户燃气用具管道连接图

1)燃气表、灶和热水器可以安装在不同墙面上。当燃气表与灶之间净距不能满足要求时，可以缩小到 100mm，但表底与地面净距不应小于 1800mm。

2)当燃气灶上方装置抽油烟机时,可将灶上方水平管安装在抽油烟机上方。

3)灶与热水器应根据产品情况决定燃气连接方式(硬接或软接)。

## 六、双管燃气表管道安装图识读

居民用户双管燃气表管道安装图如图 3-22 所示。

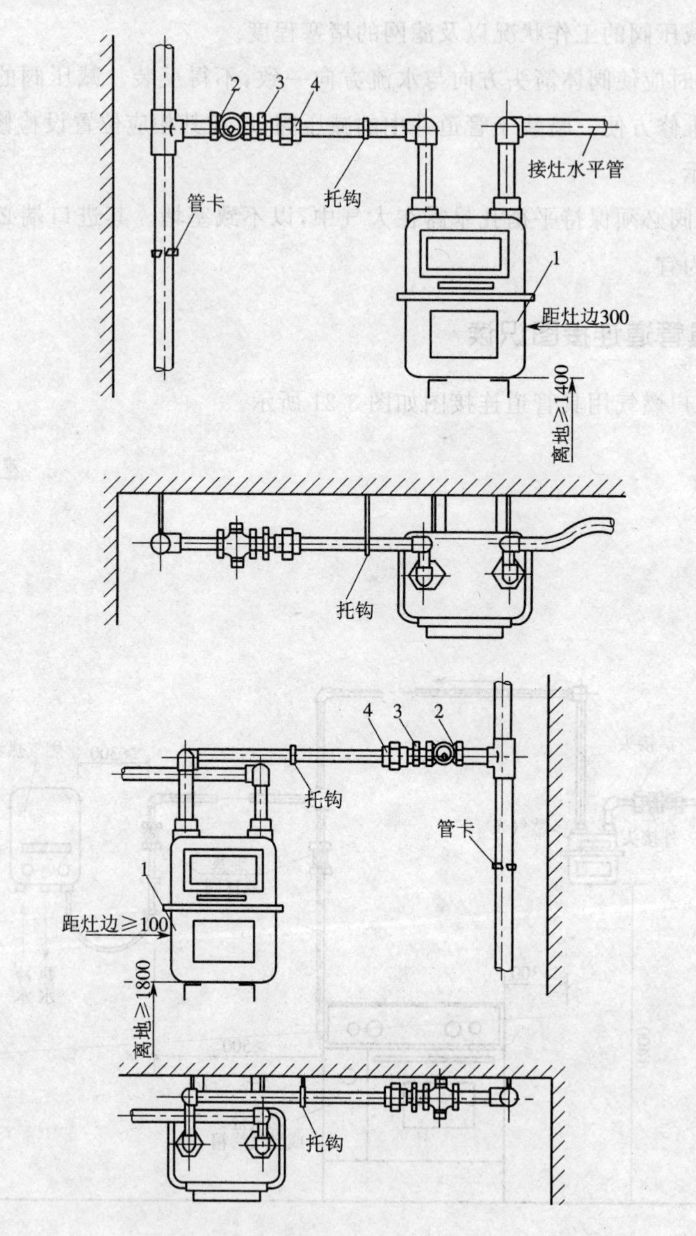


图 3-22 居民用户双管燃气表管道安装图

图 3-22 中燃气表管道安装配件数量规格见表 3-1。

表 3-1　燃气表管道安装配件数量规格

| 序　号 | 名　称 | 数　量 | 规　格 |
|---|---|---|---|
| 1 | 燃气表 | 1 | — |
| 2 | 紧接式旋塞 | 1 | DN15 |
| 3 | 外接头 | 1 | DN15 |
| 4 | 活接头 | 1 | DN15 |

1)图 3-22 按左进右出燃气表绘制,右进左出燃气表的接法方向相反。

2)燃气表支、托架形式根据现场情况选定。

## 七、压力表安装图识读

某公司压力表安装图如图 3-23 所示。

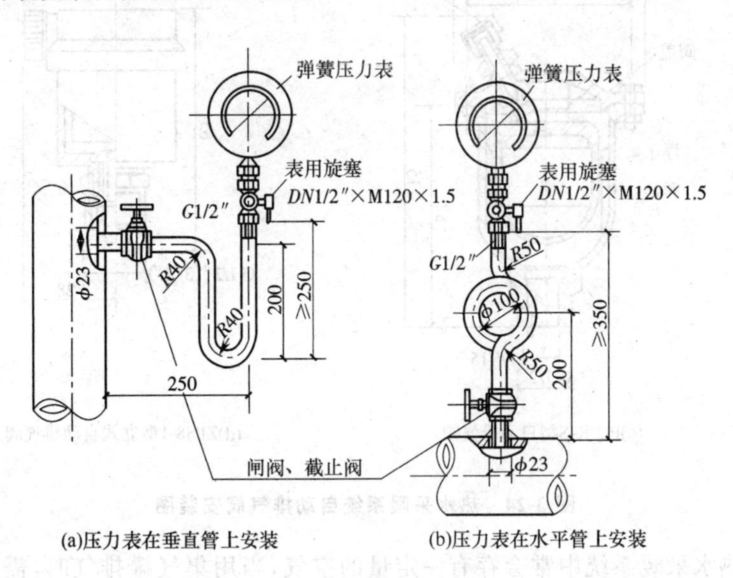


图 3-23　压力表安装图

1)图 3-23 适用于水、蒸汽管道,选用阀门(含旋塞)必须与管网压力匹配。

2)在进行采暖管道安装的同时,应将切断阀装上。一般是在管道安装压力表的位置上根据情况焊上管箍或装上三通,再装上切断阀。该阀参与管道试压。

3)依次装上表弯管和表用旋塞。将有合格证并经检定合格的压力表装在旋塞上。

4)全套装置共同参与采暖系统试压。

## 八、热水采暖系统自动排气阀安装图识读

热水采暖系统自动排气阀安装图如图 3-24 所示。

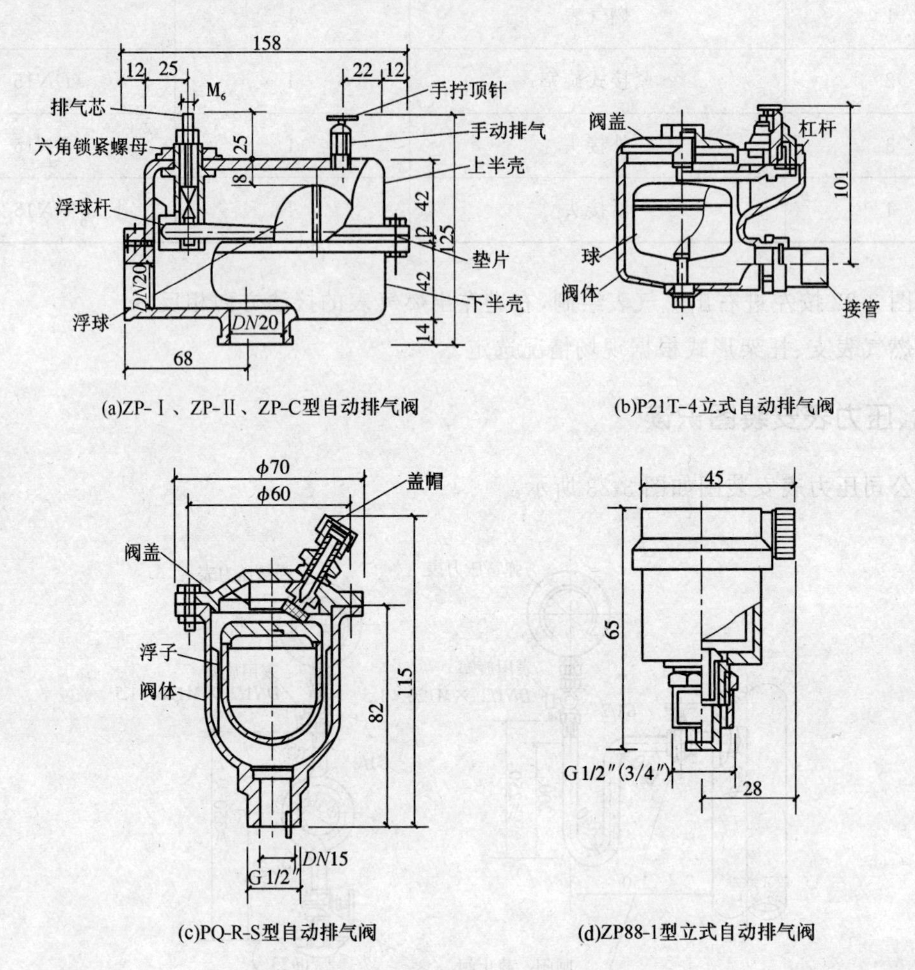


图 3-24 热水采暖系统自动排气阀安装图

1)在室内热水采暖系统中常会存有一定量的空气,当用集气罐排气时,需要人工操作,对较大的采暖系统就不适用。在标准较高的采暖系统中,目前已广泛采用自动排气装置,简称自动排气阀。

2)自动排气阀一般通过螺纹连接在管道上。安装时除要保证螺纹不漏水外,还要保证排气口也不漏水。为达到此要求,自动排气阀应参与管道系统的水压试验。自动排气阀安装合格,必须做到自动排气流畅,不得有排气排不尽和排不出空气等现象。

3)自动排气阀均设置在系统管道的最高点。其工作原理大多是利用水的浮力阻塞放气口。当管道最高点存气时,水的浮力减少或没有了,放气口被打开,在有压水的作用下,空气从排气口排出,气排完时,水的浮力作用在简单机 0 械装置上阻塞了放气口。

# 第六节　管道防腐及保温施工图识读

## 一、埋地管道石油沥青防腐层施工图实例

埋地管道石油沥青防腐层施工图如图 3-25 所示。

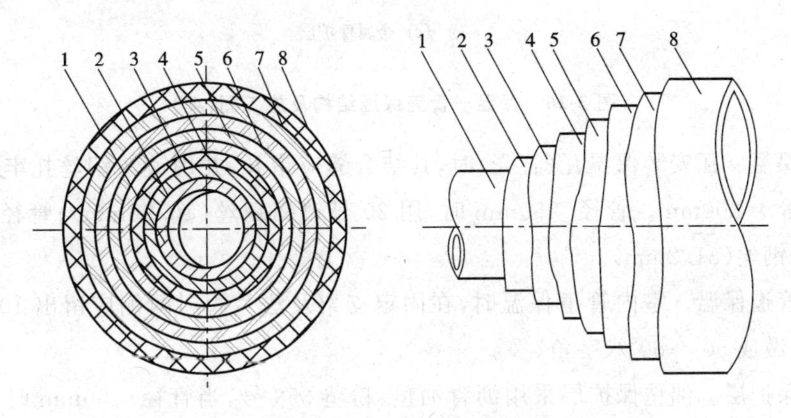


**图 3-25　埋地管道石油沥青防腐层施工图**

1—钢管；2—沥青底漆；3、5、7—沥青；4、6—玻璃布；8—外保护层

1)钢管埋地敷设的外防腐结构分为普通、加强和特加强三级，应根据土壤腐蚀性和环境因素选定，在确定涂层种类和等级时，应考虑阴极保护的因素。

2)场、站、库内的埋地管道，穿越铁路、公路、江河、湖泊的管道，均应采取加强防腐措施。

## 二、保温－管壳保温结构及施工图实例

保温－管壳保温结构及施工图如图 3-26 所示。

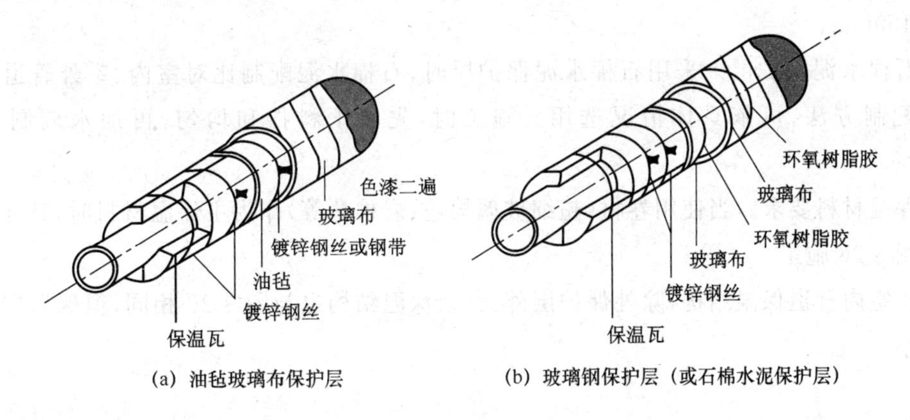


(a) 油毡玻璃布保护层　　(b) 玻璃钢保护层（或石棉水泥保护层）

**图 3-26　保温－管壳保温结构及施工图**

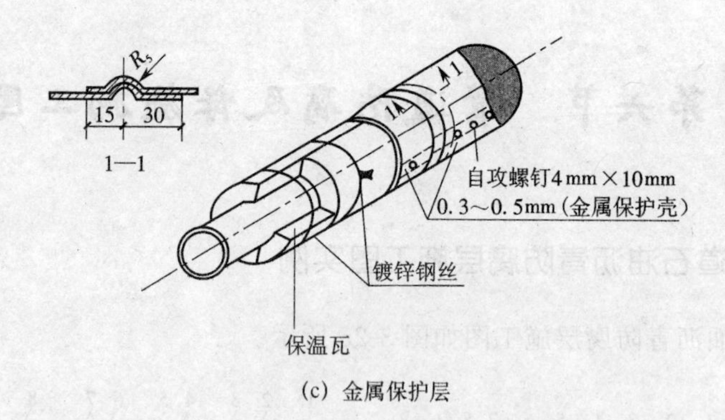


(c) 金属保护层

**图 3-26 保温一管壳保温结构及施工图(续)**

1)安装保温。瓦安装保温瓦(管壳)时,其结合缝应错开,并用镀锌钢丝扎牢,钢丝绑扎间距应小于或等于 300mm。管径＜50mm 时,用 20 号镀锌钢丝($\phi$0.95mm);管径＞50mm 时,用 18 号镀锌钢丝($\phi$1.2mm)。

2)室内管道保温。室内管道保温时,在固定支架及法兰阀门两侧应留出 100mm 的间隙不做保温,并做成 50°～60°八字角。

3)油毡保护层。油毡保护层采用沥青油毡、粉毡 350 号,当管径＜50mm 时,也可采用玻璃布油毡。油毡卷在保温层外,应视管道坡向由低向高卷绕,横向接缝用环氧树脂胶黏合,纵向搭接缝口应朝下,缝口搭接 50mm,用镀锌钢丝扎牢,间距为 300mm。

4)保护层刷漆。保护层最外层为玻璃布时,罩面漆刷乳胶漆两道。玻璃布保护层采用中碱布 120C、130A 或 130B,以螺纹状缠绕在保温层外,应视管道坡向由低向高缠绕紧密,前后搭接宽度为 40mm,立管应由下向上缠绕,布带两端和每隔 3～5m 用 18 号镀锌钢丝扎紧。

5)金属保护层。采用金属保护层时,用厚度为 0.3～0.5mm 镀锌薄钢板卷合在保温层外,其纵向搭口向下,搭接处重合 50mm,用 $\phi$3.2mm 钻头钻孔,M4×10mm 自攻螺钉连接,螺钉相距 150mm。

6)石棉水泥保护层。采用石棉水泥保护层时,石棉水泥配制比对室内、室外管道各有四种不同配制方法,可依具体情况选用。施工时,先将干料拌和均匀,再加水调制成适当稠度。

7)保温材料要求。当使用卷材(超细玻璃棉毡、岩棉毡等)作为主保温材料时,其保温结构也参照图 3-26 施工。

对于室内管道保温结构,除外保护层外,其余保温结构也与图 3-26 相同,但保温层厚度将有所减小。

# 第四章

# 给水排水工程施工图识读

## 第一节　建筑内部给水施工图识读

### 一、建筑内部给水系统概述

室内给水工程是指将符合用户对水质、水量要求的水源，通过城市给水管网输送到装置在室内的各个用水设备，如水龙头等系统。

1)室内给水工程依据不同的用途可分为生活给水系统、生产给水系统、消防给水系统。

①生活给水系统。提供生活饮用、烹调、盥洗的洗涤用水。

②生产给水系统。提供生产设备、原料和产品的洗涤用水。

③消防给水系统。提供消防系统的消防设备用水。

2)建筑内部给水系统设置。

①生活给水系统、生产给水系统、消防给水系统三者既可独立设置，也可根据对水质、水量、水压、水温的不同要求，并结合室外给水系统的实际情况，通过技术经济比较，或综合社会、经济、环境等因素考虑，设置成组合的共用系统。

②按供水用途、系统功能的不同，设置生活饮用水给水系统、杂用水(中水)给水系统、消火栓给水系统、自动喷水灭火给水系统、水幕消防给水系统及循环或重复使用的生产给水系统等。

3)室内给水工程系统由以下几部分组成：

①引入管(进户管)，室外给水管将水引入室内的管段。

②水表节点，引入管上安装的水表及其前后设置的阀门及泄水装置的总称。

③给水管道，包括水平干管、垂直干管、立管和各类支管。

④给水附件，给水管道上用以调节水量、水压，便于管道、设备等检修的各类阀门。

⑤用水设备，指卫生器具、水龙头、室内消火栓等用水设备。

⑥升压和贮水设备，指水泵、水池、水箱等。

## 二、建筑内部给水方式图识读

**1. 选择给水方案的一般原则**

1)给水方案的选择应根据以下要求,综合分析,加以选择。

①建筑物的性质、高度。

②室外供水管网能够提供的水量、水压。

③室内所需的用水状况等方面的因素。

2)选择合理的供水方案的一般原则:保证满足生产、生活用水的前提下,最大限量节约用水,保护水质;尽量利用外网水压,最大限量保证系统简单、经济、合理;供水应安全、可靠;施工、安装、维修方便;当静压过大时,需考虑竖向分区供水,以免卫生器具的零件承压过大,出现裂缝漏水。

**2. 建筑内部给水方式**

建筑内部给水方式见表4-1。

表4-1 建筑内部给水方式

| 项目 | 内容 |
|---|---|
| 直接给水方式<br>(图4-1) | 当室外给水管网提供的水量、水压在任何时候均能满足建筑用水时,直接把室外管网的水引到建筑内各用水点。<br>直接给水方式适用于低层和多层建筑以及高层建筑低区 |
| 单设水箱的给水方式<br>(图4-2) | 在用水低峰时,利用室外给水管网水压直接供水并向水箱进水;在用水高峰时,水箱出水供给给水系统,以达到调节水压和水量的目的。<br>单设水箱的给水方式适用于室外给水管网提供的水压只是在用水高峰时段出现不足,或者建筑内要求水压稳定,且该建筑能设置高位水箱的情况 |
| 设水泵和水箱的给水方式<br>(图4-3) | 设水泵和水箱的给水方式。它是一种在变频器未普及时的传统供水方式。其优点是水泵出水量稳定,能及时向水箱供水,可减少水箱容积;高位水箱储存调节容积可起到调节作用,水泵水压稳定,能在高效区运行。<br>设水泵和水箱的给水方式适用于室外给水管网提供的水压经常不能满足所需水压,室内用水不均匀,且室外管网允许直接抽水的情况 |
| 设气压给水装置的给水方式<br>(图4-4) | 设气压给水装置的给水方式。在给水系统中设置气压给水设备,利用该设备气压水罐内气体的可压缩性,形成所需的调节容积,协同水泵增压供水。<br>气压水罐的作用相当于高位水箱,但其位置可根据需要较灵活地设在高处或低处。<br>设气压给水装置的给水方式适用于室外给水管网压力低于或经常不能满足室内所需水压,室内用水不均匀,且不宜设置高位水箱的情况 |

续表

| 项目 | 内容 |
| --- | --- |
| 设变频调速给水装置的给水方式 | 设变频调速给水装置的给水方式适用于室外给水管网水压经常不足，建筑内用水量较大且不均匀，要求可靠性高、水压恒定，或者建筑物顶部不宜设高位水箱的情况。<br>设变频调速给水装置的给水方式可省去屋顶水箱，水泵效率高，但一次性投资较大 |
| 分区给水方式 | 当建筑高度较高时，室外给水管网的压力只能满足建筑下部若干层的供水要求，不能满足上层需要，为节约能源、有效地利用外网的水压，常将建筑物下层和上层分开供水，低区设置成由室外给水管网直接供水，高区由增压贮水设备供水。<br>为保证供水的可靠性，可将低区与高区的一根或几根立管相连接，在分区处设置阀门，以防低区进水管发生故障或外网水压不足时，打开阀门由高区向低区供水 |

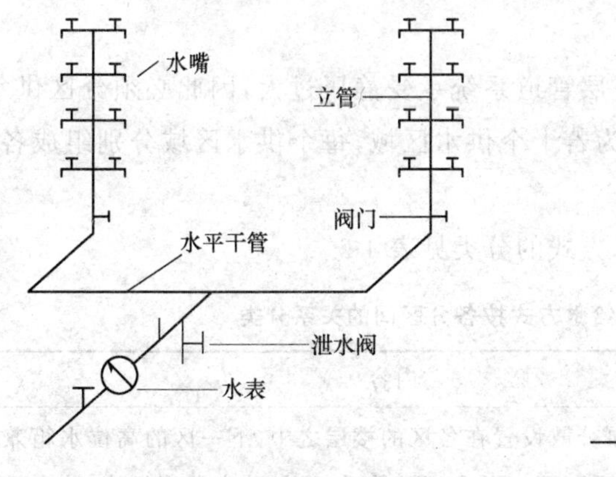


图 4-1 直接给水方式

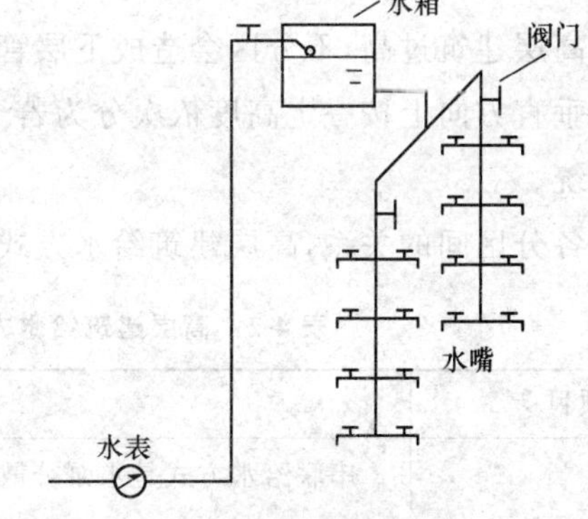


图 4-2 单设水箱的给水方式

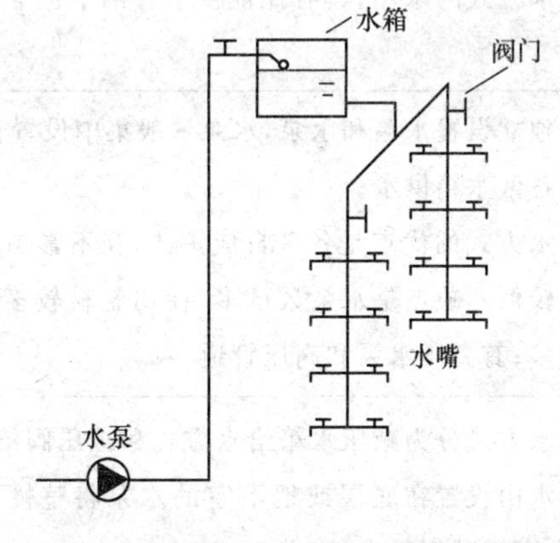


图 4-3 设水泵和水箱的给水方式

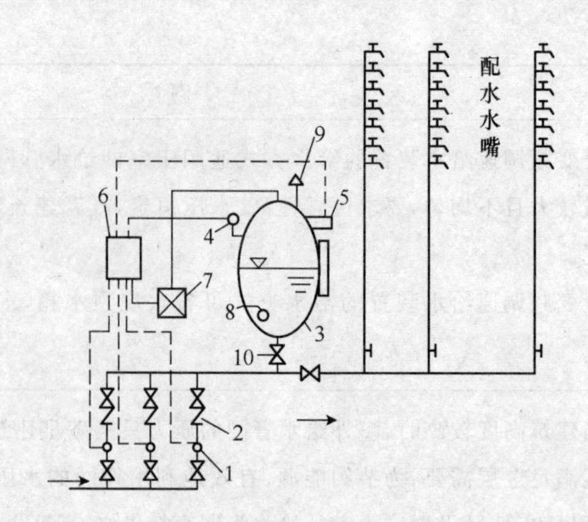


**图 4-4　气压给水方式**

1—水泵；2—止回阀；3—气压水罐；4—压力信号器；5—液位信号器；
6—控制器；7—补气器；8—排气阀；9—安全阀；10—阀门

### 3. 高层给水方式

对于高层建筑过高，不分区会造成下层管道系统承受静压过大，因此必须分区供水，即在建筑物的垂直方向上按一定高度依次分为若干个供水区域，每个供水区域分别组成各自独立的供水系统。

根据各分区间的关系，高层建筑给水方式的分类见表 4-2。

**表 4-2　高层建筑给水方式按各分区间的关系分类**

| 项目 | 内容 |
| --- | --- |
| 串联给水方式<br>（图 4-5） | 串联给水方式是水泵分散设置在各区的楼层之中，下一区的高位水箱兼做上一区的贮水池，其优点是无高压水泵和高压管道、运行动力费用经济；缺点是水泵分散设置，水箱所占建筑的平面、空间较大，水泵设在楼层，防振、隔声要求高，且管理维护不方便，若下部发生故障，将影响上一区的供水。<br>串联给水方式的水箱，具有保证供水管网中正常压力的作用，兼有贮存、调节、减压的作用 |
| 并联给水方式<br>（图 4-6） | 各分区独立设置水箱和水泵，水泵一般集中设置在建筑的地下室或底层，各区水泵独立向各区水箱供水。<br>并联给水方式的优点是各区自成一体，互不影响；水泵集中，管理维护方便；运行动力费用较低。缺点是水泵数量多，耗用管材较多，设备费用偏高；分区水箱占用楼房空间多；有高压水泵和高压管道 |
| 减压给水方式<br>（图 4-7） | 减压给水方式分为减压水箱给水方式和减压阀给水方式。减压给水方式的特点是建筑用水由设置在底层或地下室的水泵将整幢建筑的用水量提升至屋顶水箱后，依次向下区减压供水 |

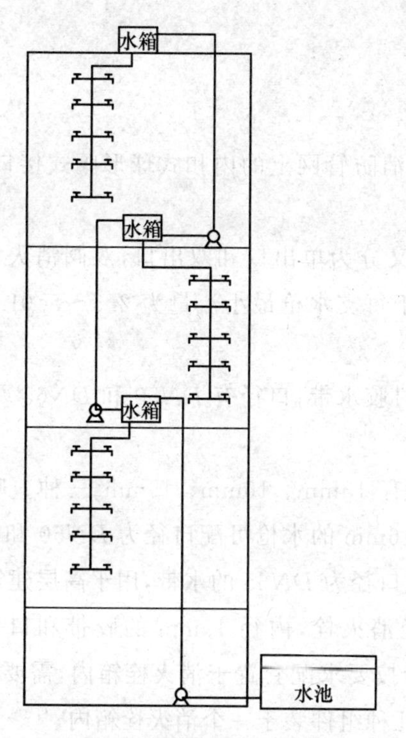


图 4-5　高层建筑串联给水方式

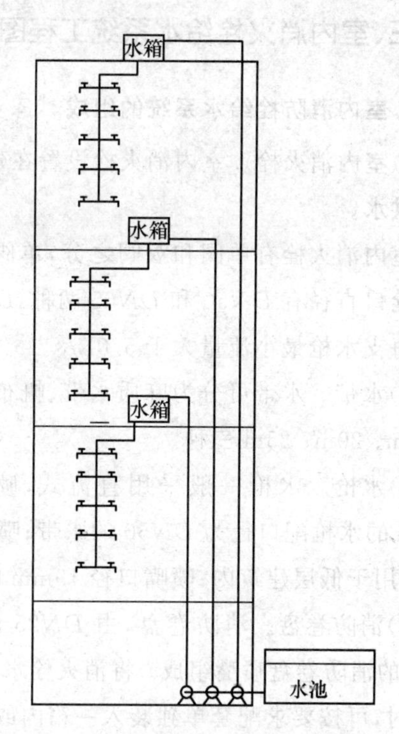


图 4-6　高层建筑并联给水方式

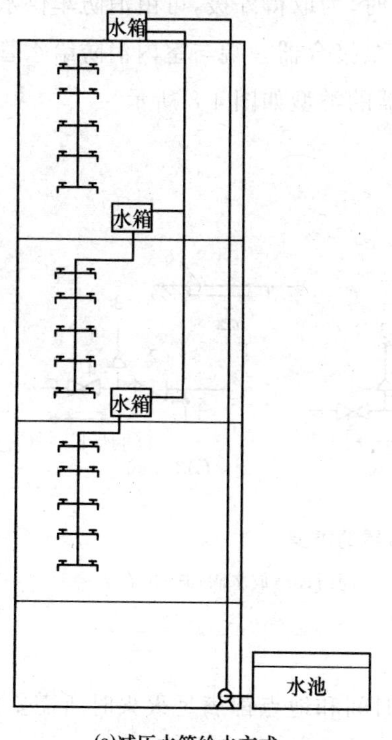


(a)减压水箱给水方式

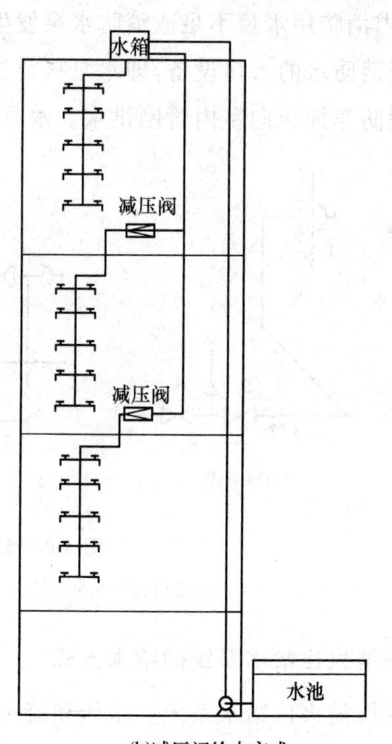


(b)减压阀给水方式

图 4-7　减压给水方式

## 三、室内消火栓给水系统工程图识读

**1. 室内消防栓给水系统的组成**

1)室内消火栓。室内消火栓设置在建筑物内消防管网上的内扣式球形阀式接口,用于向火场供水。

室内消火栓有单阀和双阀之分,单阀消火栓又分为单出口和双出口,双阀消火栓为双出口。栓口直径有 *DN*50 和 *DN*65 两种:*DN*50 用于每支水枪最小流量为 2.5～5.0L/s;*DN*65 用于每支水枪最小流量大于 5.0L/s。

2)水带。水带可分为麻质水带、帆布水带和衬胶水带;口径有 *DN*50 和 *DN*65 两种;长度有 15m、20m、25m 三种。

3)水枪。水枪一般采用直流式,喷嘴口径有 13mm、16mm、19mm 三种。喷嘴口径 13mm 的水枪配口径为 *DN*50 的水带;喷嘴口径 16mm 的水枪可配口径为 *DN*50 和 *DN*65 的水带,用于低层建筑内;喷嘴口径 19mm 的水枪配口径为 *DN*65 的水带,用于高层建筑中。

4)消防卷盘。消防卷盘,由 *DN*25 的小口径消火栓,内径 19mm 的胶带和口径不小于 6mm 的消防卷盘喷嘴组成。将消火栓水枪和水带按要求配套置于消火栓箱内,需要设置消防卷盘时,可按要求配套单独装入一箱内或将以上几种组件装于一个消火栓箱内。

5)水泵接合器。除从水源处通过固定管道向室内消防给水系统供应消防用水以外,当火灾发生,室内消防用水量不足或消防水泵发生故障时,为取得外援,可由消防车供水,此时应提供成套外援消防水的入口设备,即水泵接合器。水泵接合器一端与室内消防给水管道连接,另一端可供消防车加压向室内管网供水。水泵接合器的类型如图 4-8 所示。

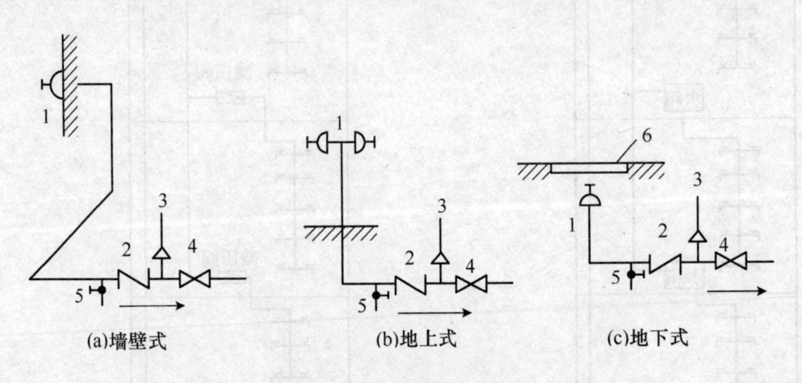


**图 4-8 水泵接合器的类型**

1—消防接口;2—止回阀;3—安全阀;4—阀门;5—放水阀;6—井盖

**2. 室内消火栓给水系统的给水方式**

1)常高压消火栓给水系统。水压和流量任何时间和地点都满足灭火时所需要的压力和流量,系统中不需设置消防泵的消防给水系统。

2)临时高压消火栓给水系统。水压和流量平时不完全满足灭火时的需要,在灭火时启动

消防泵。当用稳压时，可满足压力，但不满足水量；当用屋顶消防水箱稳压时，建筑物的下部可满足压力和流量，建筑物上部不满足压力和流量。

3)低压消火栓给水系统。低压给水系统，管道的压力应保证灭火时最不利点消火栓的水压不小于 0.10MPa(从地面算起)，满足或部分满足消防水压和水量要求，消防时由消防车或消防水泵提升压力，或作为消防水池的水源水，由消防水泵提升压力。

## 四、自动喷水灭火系统及布置图识读

### 1. 自动喷水灭火系统分类

自动喷水灭火系统分类见表 4-3。

表 4-3　自动喷水灭火系统分类

| 项目 | 内容 |
| --- | --- |
| 按喷头的开启形式 | 闭式系统；开式系统 |
| 按报警阀的形式 | 湿式系统(图 4-9)；干式系统(图 4-10)；干湿两用系统；预作用系统(图 4-11)；雨淋系统(图 4-12)等 |
| 按对保护对象的功能 | 暴露防护型(水幕或冷却等)；控制火火型 |
| 按喷头形式 | 传统型(普通型)喷头；洒水型喷头；大水滴型喷头；快速响应早期抑制型喷头等 |

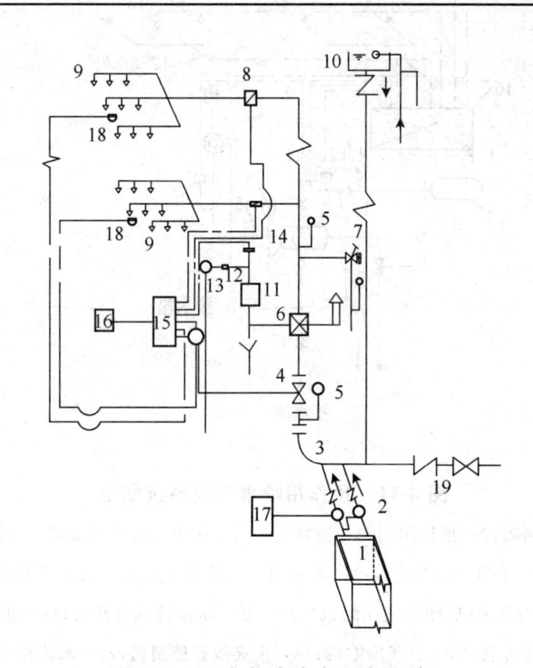


图 4-9　湿式自动喷水灭火系统

1—消防水池；2—消防泵；3—管网；4—控制阀；5—压力表；6—湿式报警阀；7—泄放试验阀；8—水流指示器；9—喷头；10—高位水箱、稳压泵或气压给水设备；11—延时器；12—过滤器；13—水力警铃；14—压力开关；15—报警控制器；16—非标控制箱；17—探测器；18—水泵接合器

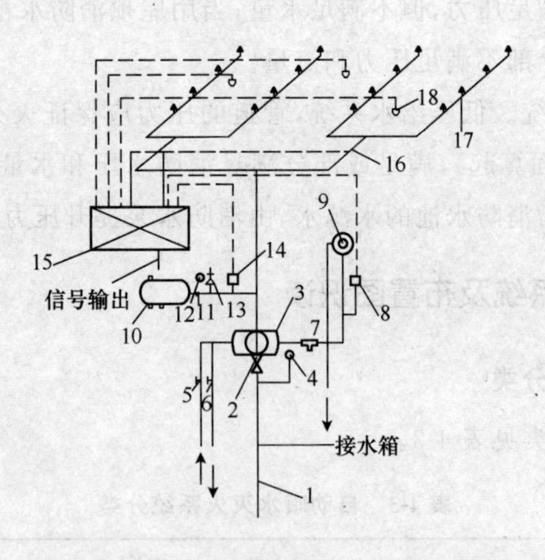


**图 4-10　干式自动喷水灭火系统图示**

1—供水管；2—闸阀；3—干式阀；4—压力表；5、6—截止阀；7—过滤器；8—压力开关；

9—水力警铃；10—空气压缩机；11—止回阀；12—压力表；13—安全阀；14—压力开关；

15—火灾报警控制箱；16—水流指示器；17—闭式喷头；18—火灾探测器

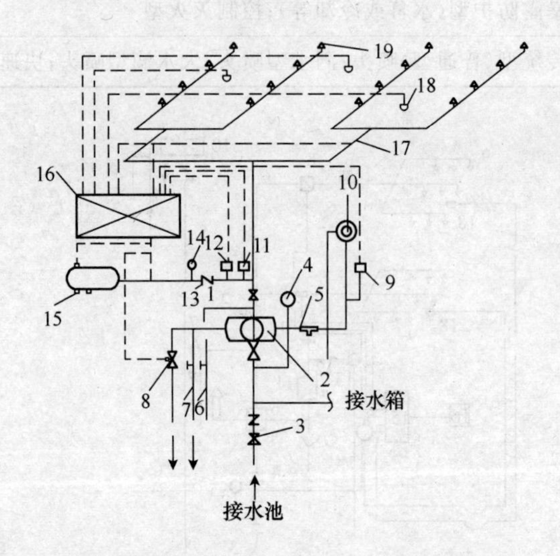


**图 4-11　预作用喷水灭火系统图示**

1—总控制阀；2—预作用阀；3—检修闸阀；4—压力表；5—过滤器；6—截止阀；

7—手动开启截止阀；8—电磁阀；9—压力开关；10—水力警铃；

11—压力开关(启闭空气压缩机)；12—低气压报警压力开关；13—止回阀；

14—压力表；15—空气压缩机；16—火灾报警控制箱；17—水流指示器；

18—火灾探测器；19—闭式喷头

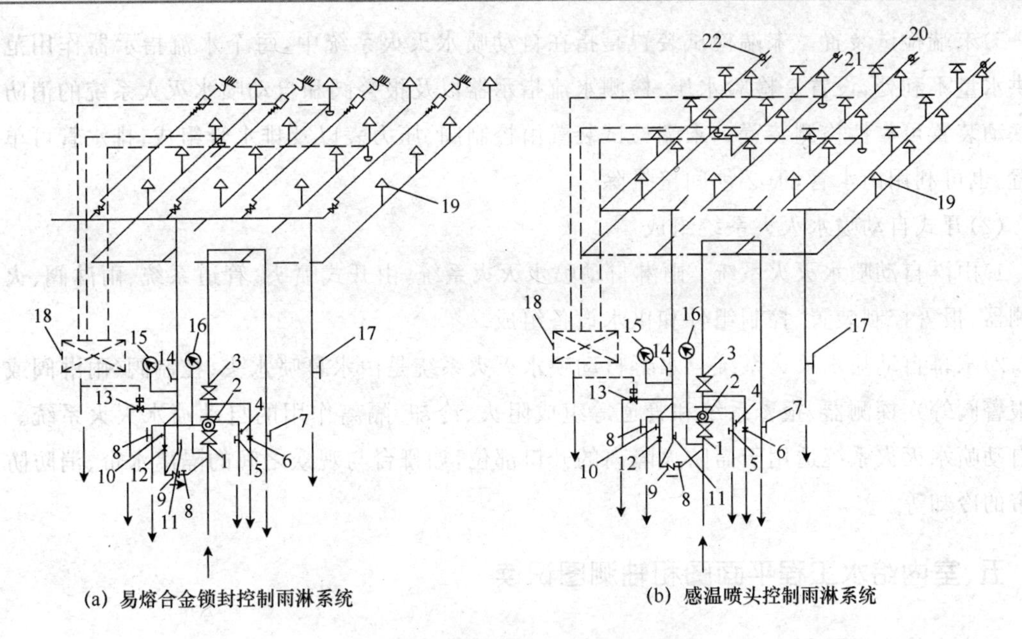

(a) 易熔合金锁封控制雨淋系统　　(b) 感温喷头控制雨淋系统

**图 4-12　自动喷水雨淋系统图示**

1,3,6—闸阀;2—雨淋阀;4,5,7,8,10,11,14—截止阀;9—止回阀;
12—带 $\phi 3$ 小孔闸阀;13—电磁阀;15,16—压力表;17、28—手动旋塞;
18—火灾报警控制箱;19—开式喷头;20—闭式喷头;21,22—火灾探测器

**2. 自动喷水灭火系统组成**

(1)闭式自动喷水灭火系统组成

1)喷头。闭式喷头的喷口采用热敏元件组成的释放机构封闭,当温度达到一定高度时能自动开启,如玻璃球爆炸、易熔合金脱离。其构造按溅水盘的形式和安装位置可分为直立型、下垂型、边墙型、普通型、吊顶型和干式下垂型喷头。

选择喷头时应严格按照环境温度来选用喷头温度,为正确有效地使喷头发挥喷水作用,在不同环境温度场所内设置喷头时,喷头的公称动作温度要比环境温度高 30 ℃左右。

2)报警阀。报警阀的作用是开启和关闭管网的水流,传递控制信号至控制系统并启动水力警铃直接报警。报警阀又分为湿式报警阀、干式报警阀、干湿式报警阀三种。

3)延迟器。延迟器,是一个罐式容器,安装于报警阀与水力警铃(或压力开关)之间。用于防止由于水压波动引起报警阀开启而导致的误报。报警阀开启后,水流需经 30s 左右充满延迟器后方可冲打水力警铃。

4)火灾探测器。火灾探测器,是自动喷水灭火系统的重要组成部分,常用的有感烟、感温探测器。

感烟探测器是利用火灾发生地点的烟雾浓度进行探测,感温探测器是通过火灾引起的温度升高进行探测。火灾探测器布置在房间或走道的顶棚下面,其数量应根据探测器的保护面积和探测区的面积计算确定。

5)末端检试装置。末端检试装置是指在自动喷水灭火系统中,每个水流指示器作用范围内供水量不利处,设置一检验水压、检测水流指示器以及报警阀和自动喷水灭火系统的消防水泵联动装置可靠性检测装置。末端检试装置由控制阀、压力表以及排水管组成,排水管可单独设置,也可利用雨水管,但必须间接排除。

(2)开式自动喷水灭火系统组成

1)雨淋自动喷水灭火系统。雨淋自动喷水灭火系统,由开式喷头、管道系统、雨淋阀、火灾探测器、报警控制装置、控制组件和供水设备组成。

2)水幕自动喷水灭火系统。水幕自动喷水灭火系统是由水幕喷水头、控制阀(雨淋阀或干式报警阀等)、探测器、报警系统和管道等组成阻火、冷却、隔离作用的自动喷水灭火系统。水幕自动喷水灭火系统适用于需防火隔离的开口部位,如舞台与观众之间的隔离水帘、消防防火卷帘的冷却等。

## 五、室内给水工程平面图和轴测图识读

### 1. 室内给水平面图

某办公楼给水平面图如图 4-13 所示。

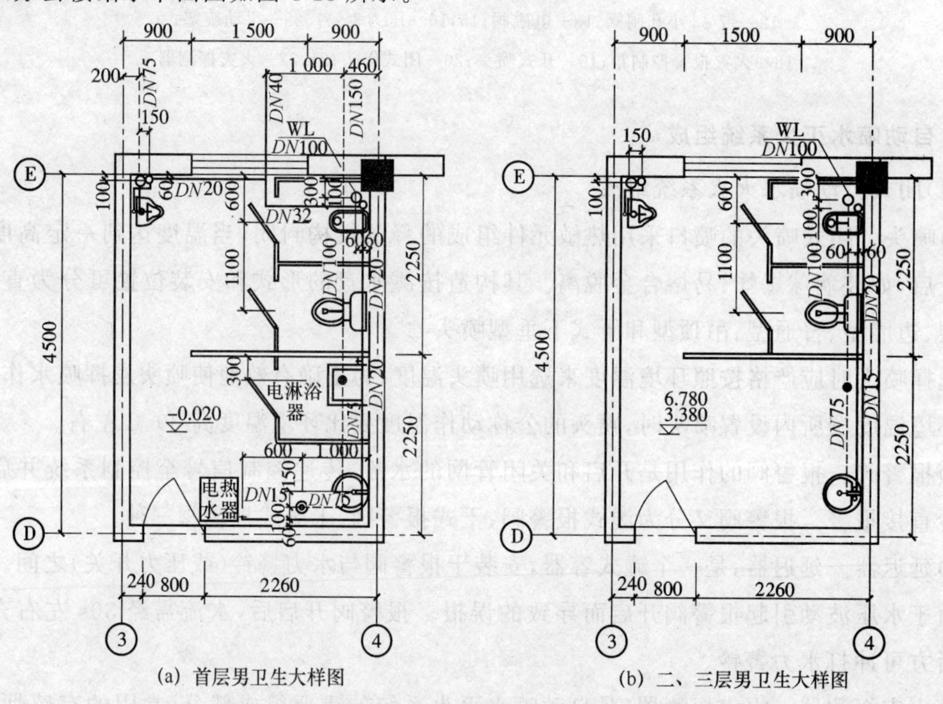


(a) 首层男卫生大样图 (b) 二、三层男卫生大样图

**图 4-13 某办公楼给水平面图**

1)底层平面图。给水从室外到室内,需要从首层或地下室引入。因此通常应画出用水房间的底层给水管网平面图,如图 4-13 所示。由图可知,给水是从室外管网经Ⓔ轴北侧穿过Ⓔ轴墙体之后进入室内,并经过立管 JL-1~JL-2 及各支管向各层输水。

2)楼层平面图。如果各楼层的盥洗用房和卫生设备及管道布置完全相同,则只需画出一个相同楼层的平面布置图。但在图中必须注明各楼层的层次和标高,如图 4-13 所示。

3)屋顶平面图。当屋顶设有水箱及管道布置时,可单独画出屋顶平面图。但如管道布置不太复杂,顶层平面布置图中又有空余图面,与其他设施及管道不致混淆时,则可在最高楼层的平面布置图中,用双点长画线画出水箱的位置;如果屋顶无用水设备时,则不必画屋顶平面图。

4)标注。为使土建施工与管道设备的安装能互为核实,在各层的平面布置图上,均需标明墙、柱的定位轴线及其编号并标注轴线间距。管线位置尺寸不标注,如图 4-13 所示。

**2. 室内给水系统管系轴测图**

某办公楼室内给水系统管系轴测图如图 4-14 所示。

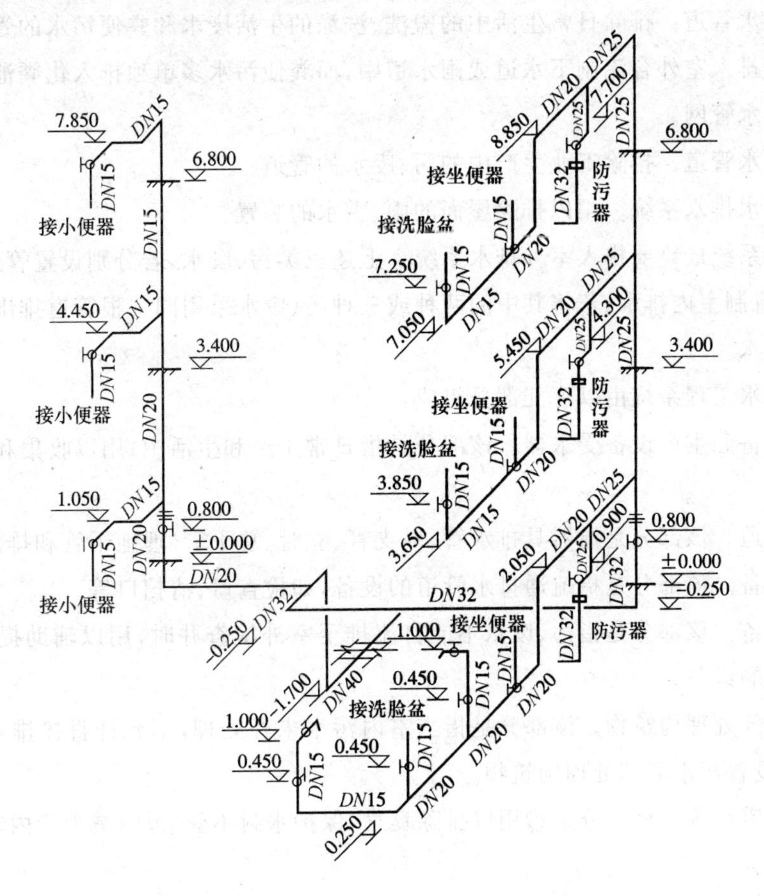


图 4-14　某办公楼室内给水系统管系轴测图

1)该办公楼给水引入管位于北侧,给水干管的管径为 *DN*40。

2)从标高为−1.700m 处水平穿墙进入室内,再分别由两条变径立管 JL-1、JL-2 穿过首层地面及一、二层楼板进行配水。

3)JL-1 的管径由 *DN*20 变为 *DN*15,JL-2 的管径则由 *DN*32 变为 *DN*25,其余支管的管

径分别为 $DN15$、$DN20$、$DN25$，各支管的管道标高可由图中直接读取。

## 第二节 建筑内部排水施工图识读

### 一、建筑内部排水系统概述

室内排水工程是指将人们在日常生活和生产中使用过的水，以及屋面上的雨、雪水加以收集，及时排放到室外。

1)室内排水工程按照其接纳排除污(废)水的性质，可分为以下三类：

①生活污水管道。排除日常生活中的盥洗、洗涤的生活废水和粪便污水的管道。其中，生活废水多直接排入室外合流制下水道或雨水道中，而粪便污水多单独排入化粪池中，经过处理再排至市政污水管网。

②工业废水管道。排除工业生产中的污、废水的管道。

③屋面雨水排水系统。用以排除屋面的雨、雪水的装置。

室内排水系统最终要排入室外排水系统。上述三类污、废水，若分别设置管道将其排出室内，则称为分流制室内排水；若将其中的两种或三种污、废水采用同一根管道排出室内，则称为合流制室内排水。

2)室内排水工程系统由以下几部分组成：

①卫生设备和生产设备受水器。该部分是指日常生产和生活中，用以收集和排出污、废水的设备。

②排水管道。该部分是指器具排水管、横支管、立管、总干管、埋地干管和排出管。

③清通设备。该部分是指疏通排水管道的设备，如检查口、清扫口等。

④提升设备。该部分是指污、废水不能自流排至室外检查井时，用以辅助提升污、废水的高度使其自流的设备。

⑤污水局部处理构筑物。该部分是指当室内污水未经处理，不允许直接排入市政管网或水体时，必须设置污水局部处理构筑物。

⑥通气管道系统。该部分是指用以排除臭气，保护水封不受破坏，减少管内废气对管道的锈蚀的装置。

### 二、雨水排水系统工程图识读

#### 1.雨水外排水系统工程图识读

(1)檐沟外排水系统

檐沟外排水又称普通外排水、水落管外排水。檐沟外排水系统由檐沟和敷设在建筑物外墙的立管组成，如图 4-15 所示。

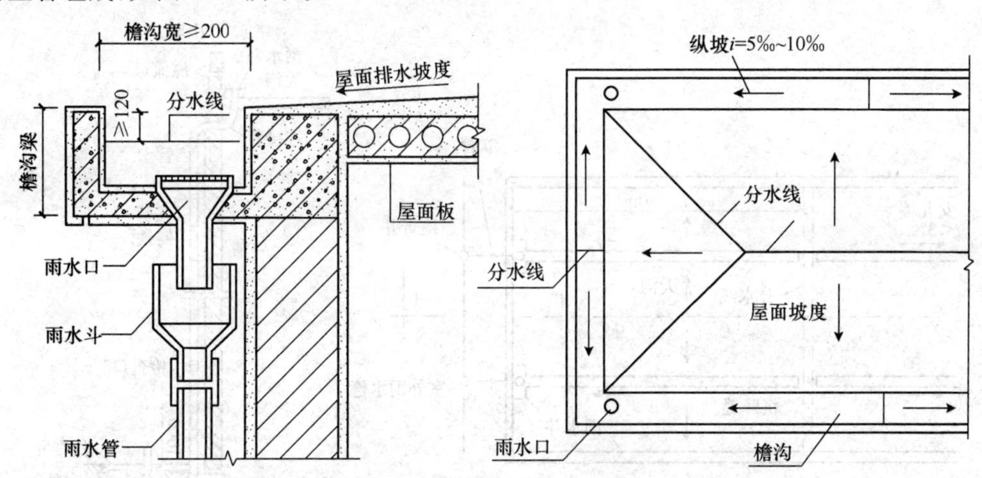


图 4-15　檐沟外排水布置图

降落到屋面的雨水沿屋面集流到檐沟，流入隔一定距离设置的立管排至室外的地面或雨水口。根据降雨量和管道的通水能力确定一根立管服务的屋面面积，根据屋面形状和面积确定立管的间距。

檐沟外排水系统适用于普通住宅、一般的公共建筑和小型单跨厂房。

(2)天沟外排水系统

天沟外排水系统，由天沟、雨水斗和排水立管组成。天沟是指屋面上，在构造上形成的排水沟，设置在两跨中间并坡向端墙，接受屋面的雨雪水。雨水斗设在伸出山墙的天沟末端，也可设在紧靠山墙的屋面。立管连接雨水斗并沿外墙布置。降落到屋面上的雨水沿坡向天沟的屋面汇集到天沟，沿天沟流至建筑物两端(山墙、女儿墙)，流入雨水斗，经立管排至地面或雨水井。

天沟外排水系统适用于长度不超过 100m 的多跨工业厂房。天沟的排水断面形式应根据屋顶情况而定，多为矩形和梯形。天沟坡度一般在 3‰～6‰之间。天沟坡度过大，会使天沟起端屋顶垫层过厚而增加结构的荷重；坡度过小，会使天沟抹面时局部出现倒坡，使雨水在天沟中积存，造成屋顶漏水。

天沟外排水系统如图 4-16 所示，应以建筑物伸缩缝、沉降缝和变形缝为屋面分水线，在分水线两侧分别设置天沟。天沟的长度应根据本地区的暴雨强度、建筑物跨度、天沟断面形式等进行水力计算确定，天沟长度一般不应超过 50m。为保证排水安全，防止天沟末端积水太深，应在天沟末端设置溢流口，溢流口比天沟上檐低 50～100mm。

**2. 雨水内排水系统工程图识读**

雨水内排水系统由雨水斗、连接管、悬吊管、立管、排出管、埋地干管和附属构筑物组成，如图 4-17 所示。

降落到屋面上的雨水沿屋面流入雨水斗，经连接管、悬吊管进入排水立管，再经排出管流

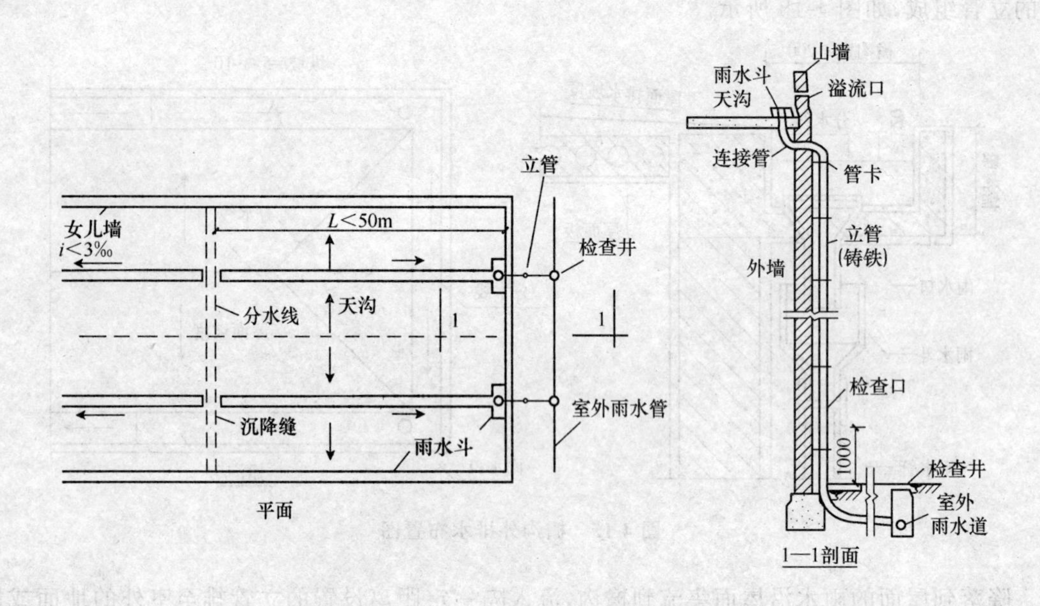


图 4-16　天沟外排水布置图

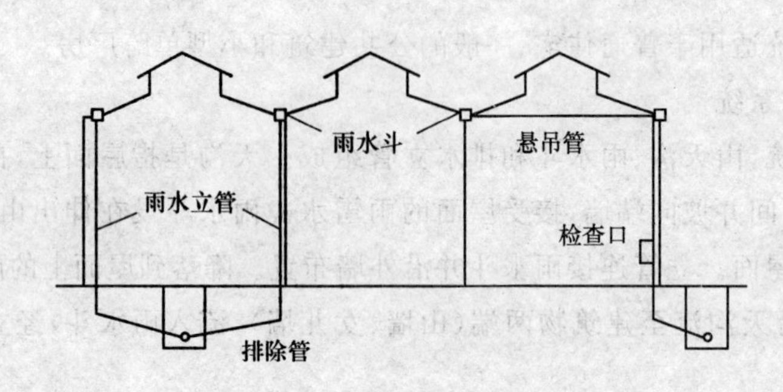


图 4-17　雨水内排水系统

入雨水检查井或经埋地干管排至室外雨水管道。由于受建筑结构形式、屋面面积、生产生活的特殊要求以及当地气候条件的影响，雨水内排水系统可能只由其中的某些部分组成。

雨水内排水系统适用于跨度大、特别长的多跨建筑，在屋面设天沟有困难的锯齿形、壳形屋面建筑，屋面有天窗的建筑，建筑立面要求高的建筑，大屋面建筑及寒冷地区的建筑。在墙外设置雨水排水立管有困难时，也可考虑采用内排水形式。

**3. 混合式排水系统**

大型工业厂房的屋面形式复杂，为及时有效地排除屋面雨水，在同一建筑物常采用几种不同形式的雨水排除系统，分别设置在屋面的不同部位，由此组合成屋面雨水混合排水系统，如图 4-18 所示。

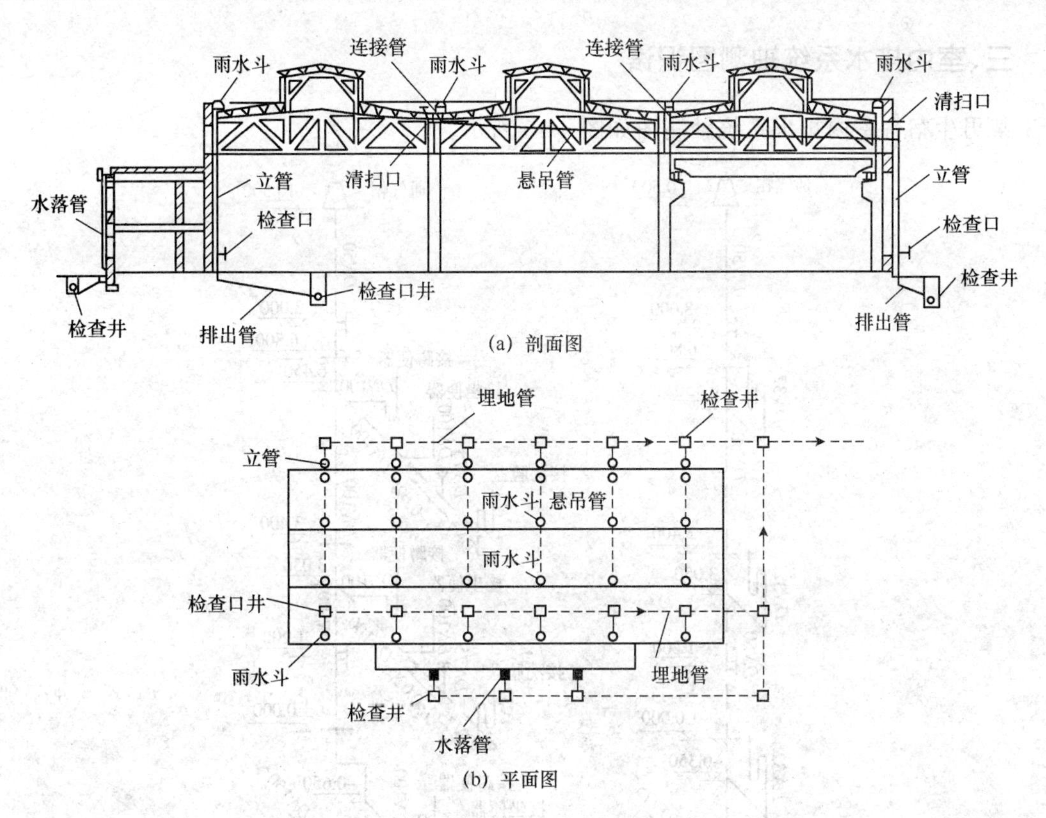


**图 4-18　混合排水系统**

**4.雨水排水系统的选用**

1)选择建筑物屋面雨水排水系统时应根据建筑物的类型、建筑结构形式、屋面面积大小、当地气候条件以及生活生产的要求,经过技术经济比较,应以“安全、经济”的原则选择雨水排水系统。

安全是指能迅速、及时地将屋面雨水排至室外,屋面溢水效率低,室内管道不漏水,地面不冒水。

在安全方面,密闭式系统优于敞开式系统,外排水系统优于内排水系统。而堰流斗重力流排水系统的安全可靠性最差。

经济是指在满足安全的前提下,系统的造价低,寿命长。

在经济方面,虹吸式系统由于泄流量大、管径小、造价最低,87 式重力流系统次之,堰流斗重力流系统管径最大,造价最高。

2)屋面集水优先考虑天沟形式,雨水斗置于天沟内。建筑屋面内排水和长天沟外排水一般宜采用重力半有压流系统,大型屋面的库房和公共建筑内排水,宜采用虹吸式有压流系统,檐沟外排水宜采用重力无压流系统。阳台雨水应自成系统排到室外,不得与屋面雨水系统相连接。

## 三、室内排水系统轴测图识读

某男生宿舍室内排水系统轴测图如图 4-19 所示。

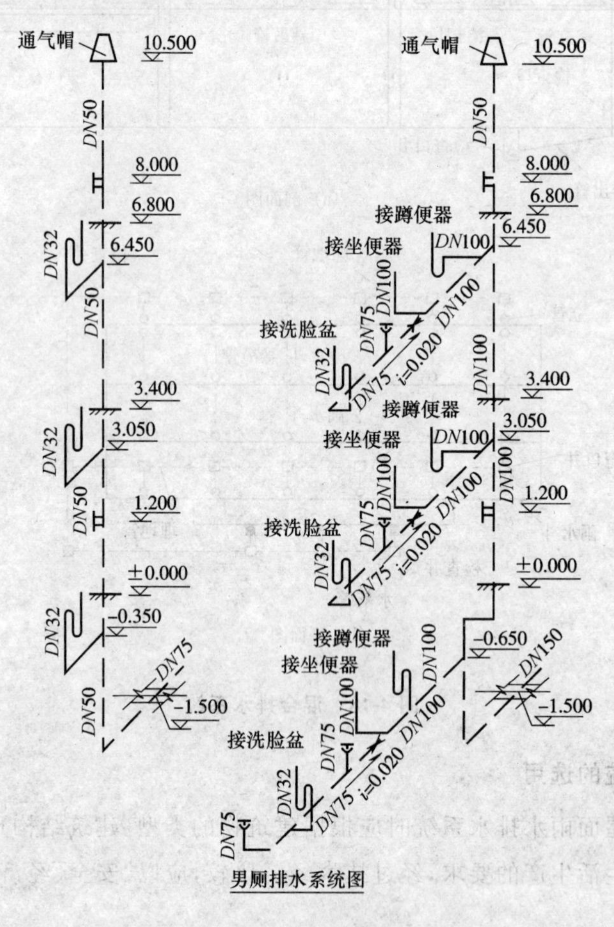


**图 4-19 某男生宿舍室内排水系统轴测图**

1)污水及生活废水由用水设备流经水平管到污水立管及废水立管,最后集中到总管排出室外至污水井或废水井。

2)排水管管径比较大,例如接坐便器的管径为 DN100,与污水立管 WL-1 相连的各水平支管均向立管找坡,坡度均为 0.020,各总管的管径分别为 DN75、DN150。

3)系统图中各用水设备与支管相连处都画出了 U 形存水弯,其作用是使 U 形管内存有一定高度的水,以封堵下水道中产生的有害气体,避免其进入室内,影响环境。

4)室内排水管网轴测图在标注内容时,应注意以下方面。

①公称直径。管径给水排水管网轴测图,均应标注管道的公称直径。

②坡度。排水管线属于重力流管道,因此各排水横管均需标注管道的坡度,一般用箭头表示下坡的方向。

③标高。排水横管应标注管内底部相对标高值。

## 第三节　建筑内部给水排水施工图识读实例

1)某宿舍楼给水排水平面图如图 4-20 所示。

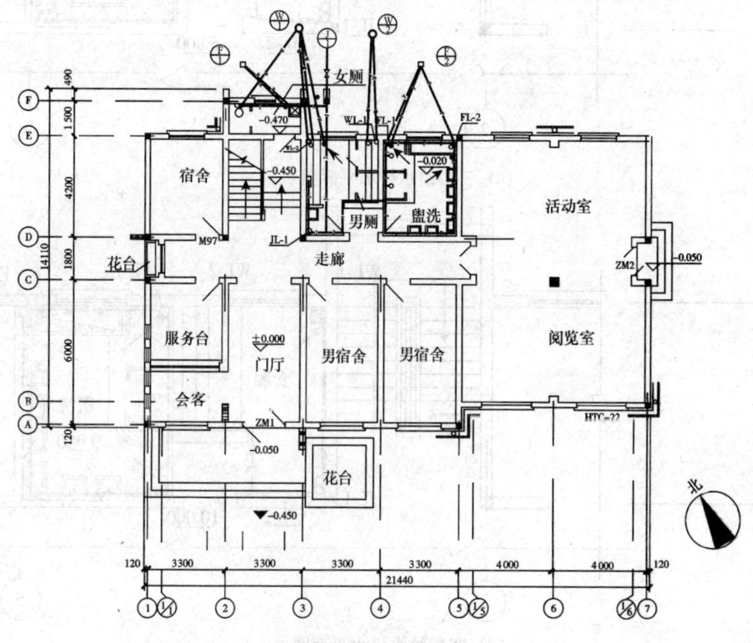


(a) 底层给水排水平面图

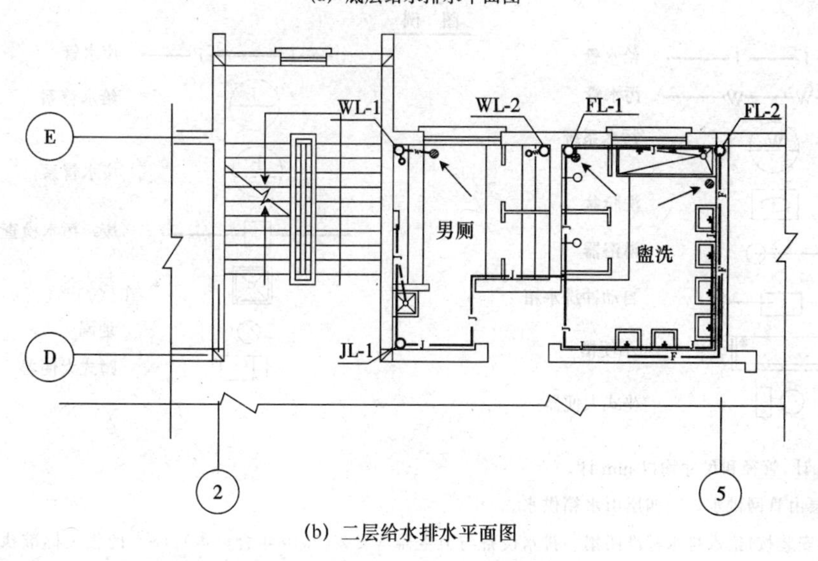


(b) 二层给水排水平面图

图 4-20　某宿舍楼给水排水平面图

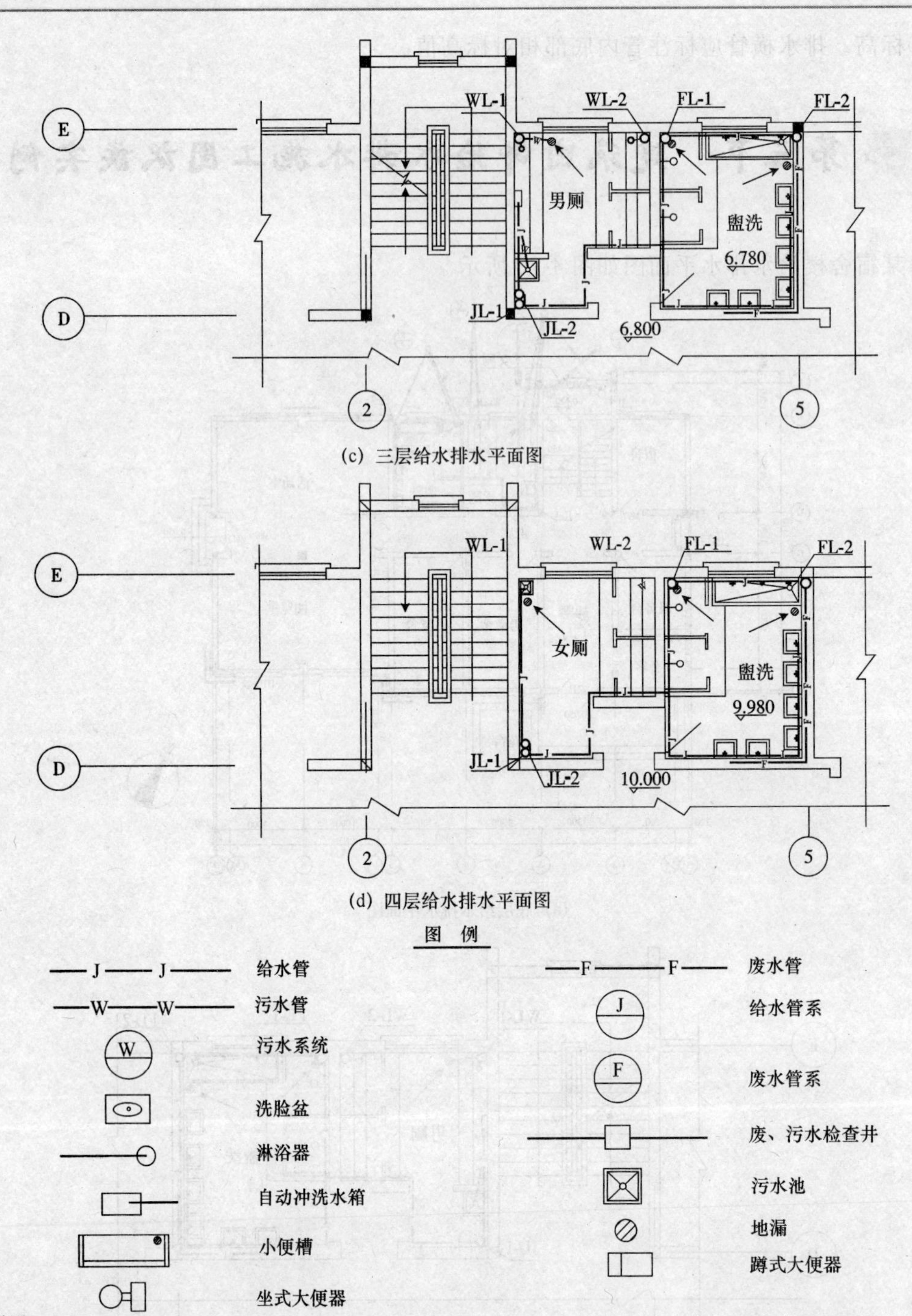


(c) 三层给水排水平面图

(d) 四层给水排水平面图

说明：

①标高以 m 计，管径和尺寸均以 mm 计。

②底层、二层由管网供水，三、四层由水箱供水。

③卫生器具安装按《给水排水标准图集—排水设备与卫生器具安装(2010 年合订本)》(S3)的相关标准执行。管道安装按国家验收规范执行。

④屋面水管需用草绳石棉灰法保温，参见国家相关标准。

**图 4-20　某宿舍楼给水排水平面图(续)**

①该建筑物底层楼梯平台下设有女厕,女厕内有1个坐式大便器和1个污水池;在男厕所中设有2个蹲式大便槽、1条小便槽、1个污水池;在盥洗室中设有6个台式洗脸盆、2个淋浴器、1个盥洗槽。

②二、三层均设有男厕所、盥洗室,并且布置与底层相同,四层设有女厕所。

③该宿舍楼的二、三、四层给水排水平面图虽然房屋相同,但男、女厕所及管路布置都有不同,故均单独绘制。

④因屋顶层管路布置不太复杂,故屋顶水箱即画在四层给水排水平面图中。

⑤由于底层给水排水平面图中的室内管道需与户外管道相连,所以必须单独画出一个完整的平面图。

⑥各楼层的(如宿舍楼中心的二、三、四层)给水排水平面图,只需把有卫生设备和管路布置的盥洗房间范围的平面图画出即可,不必画出整个楼层的平面图,只绘出了轴线②～⑤和轴线Ⓓ和Ⓔ之间的局部平面图。

⑦每层卫生设备平面布置图中的管路,是以连接该层卫生设备的管路为准,而不是以楼、地面作为分界线的,底层给水排水平面图中,不论给水管或排水管,也不论敷设在地面以上的或地面以下的,凡是为底层服务的管道以及供应或汇集各层楼面而敷设在地面下的管道,都应画在底层给水排水平面图中。同样,凡是连接某楼层卫生设备的管路,虽有安装在楼板上面的或下面的,均要画在该楼层的给水排水平面图中。二层的管路系指二层楼板上面的给水管和楼板下面的排水管(底层顶部的),而且不论管道投影的可见性如何,都按原线型来画。

⑧给水系统的室外引入管和污、废水管系统的室外排出管仅需在底层给水排水平面图中画出,楼层给水排水平面图中一概不需绘制。

2)某宿舍楼给水排水系统图如图4-21所示。结合该宿舍楼给水排水平面图(图4-20)可知:

①㊉管道系统的室外总引入管为*DN*50,其上装一闸阀,管中心标高为-0.950m。后分两支:其中一根*DN*50向南穿过Ⓔ轴墙入男厕,另一根向西穿过③轴墙入女厕。

②*DN*50的进水管进入男厕后,在墙内侧升高至标高-0.220m后接水平干管弯至③轴与Ⓓ轴的墙角处而后穿出底层地面(-0.020m)成为立管JL-1(*DN*50)。在JL-1标高为2.380m处接一根沿③轴墙*DN*15的支管,其上接放水龙头1只,小便槽冲洗水箱1个;在JL-1标高为2.730m处接一根沿男厕南墙*DN*32的支管,该支管沿男厕墙脚布置,其上接大便槽冲洗水箱1个,而后该管穿过④轴墙进入盥洗室,分为两根*DN*25的支管,其中一根降至标高为0.230m,上接洗脸盆6个,其中一根降至标高为0.980m,其上分别接装淋浴器2个和放水龙头3只。

③从系统图可以看出:立管JL-1在标高为3.580m处穿出二层楼面,此后的读图就应配合二层给水排水平面图来读。JL-1的位置亦在③轴墙与Ⓓ轴墙的墙角处,在JL-1标高为5.980m处接一根*DN*15的支管,6.330m处接*DN*32的支管,这两支管以后的布置与底层男厕、盥洗室相同,这里不再重复。在图中也可用文字说明,而省略部分图示。

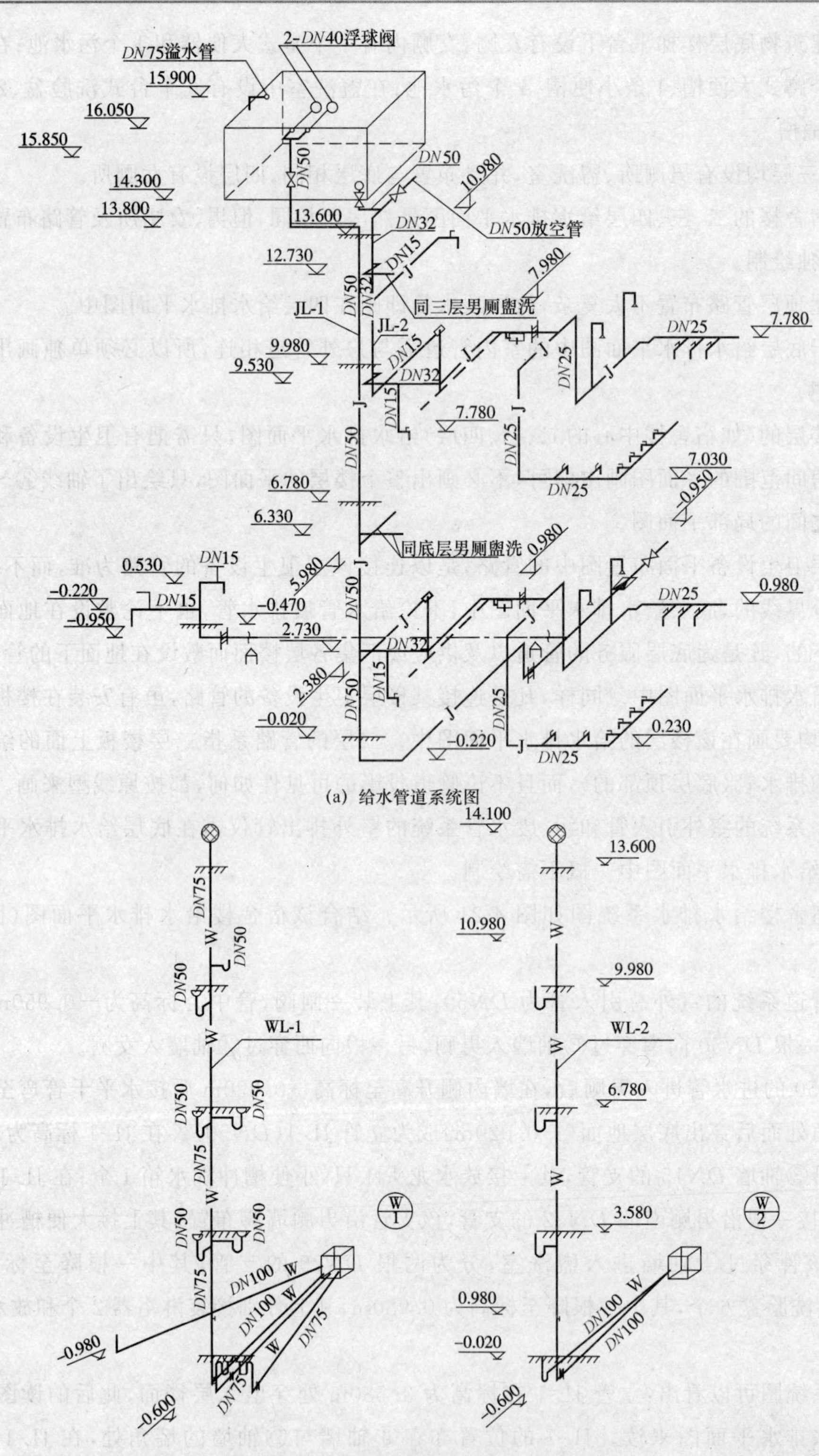

(a) 给水管道系统图

(b) 污水管道系统图

**图 4-21 某宿舍楼给水排水系统图**

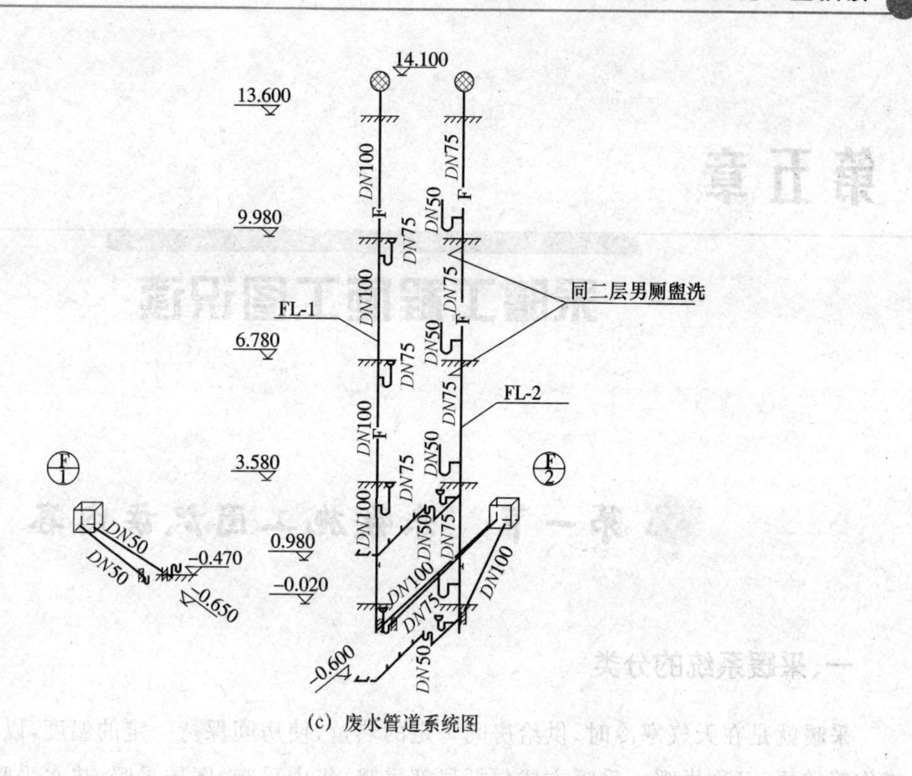

(c) 废水管道系统图

图 4-21　某宿舍楼给水排水系统图(续)

④一、二层厕所均由立管 JL-1 供水，即是室外直接供水。三、四层厕所则由从水箱而来的设在墙角的立管 JL-2 供水，即是水箱供水。立管 JL-1 已通向屋顶水箱。

⑤结合底层给水排水平面图可知：本系统有两根排出管，起点标高均为－0.600m，其中一根为底层男厕大便器的污水单独排放管，它是由一根 *DN*100 的管道直接排入检查井，另一根是由立管 WL-2 排出的，WL-1 的位置在④轴墙和Ⓔ轴墙的墙角，这样可在各楼层给水排水的平面图中的同一位置找到 WL-2。

⑥四层的女厕，三层、二层男厕大便槽的污水都在各层楼面下面，经 *DN*100 的 P 字存水弯管排入立管，WL-2 的管径为 *DN*100，立管一直穿出屋面，顶端标高为 14.100m 处装有一通气帽，在标高为 10.980m 和 0.980m 处各装一检查口，底层无支管接入立管。排出管的管径也为 *DN*100。

# 第五章

# 采暖工程施工图识读

## 第一节　采暖施工图识读内容

### 一、采暖系统的分类

采暖就是在天气寒冷时，供给房间一定的热量，使房间保持一定的温度，以满足人们生活、工作等需要，又称供暖。采暖方式包括局部采暖、集中采暖、区域采暖、热水采暖、蒸汽采暖、真空采暖、热风采暖、对流采暖、辐射采暖等。

局部采暖：为使室内局部区域或局部工作地点保持一定温度要求而设置的采暖。

集中采暖：热源和散热设备分别设置，由热源通过管道向各个房间或各个建筑物供给热量的采暖方式。

区域采暖：以热水或蒸汽作热媒，由热源集中向一个城镇或较大区域供应热能的方式。

热水采暖：以热水作热媒的采暖，以温度高于100℃的热水作热媒的采暖，也称高温水采暖。

蒸汽采暖：以蒸汽作热媒的采暖，包括高压蒸汽采暖和低压蒸汽采暖，其中以工作压力高于70kPa的蒸汽作热媒的采暖，称为高压蒸汽采暖；以工作压力低于或等于70kPa但高于当地大气压力的蒸汽作热媒的采暖，称为低压蒸汽采暖。

真空采暖：工作压力低于当地大气压力的蒸汽采暖。

热风采暖：利用热空气作热媒的对流采暖方式。

对流采暖：利用对流换热或以对流换热为主的采暖方式。

辐射采暖：以辐射传热为主的采暖方式，其中以热水或热风作热媒，加热元件镶嵌在顶棚内的低温辐射采暖称为顶棚辐射采暖；以热水或热风作热媒，加热元件镶嵌在地板中的低温辐射采暖称为地板辐射采暖；以热水或热风作热媒，加热元件镶嵌在墙壁中的低温辐射采暖称为墙壁辐射采暖；以高温热水或高压蒸汽作热媒，以金属辐射板作散热设备的中温辐射采暖称为金属辐射采暖；利用可燃气体在辐射器中通过一定方式的燃烧，主要以红外线的形式放散出辐

射热的高温辐射采暖称为煤气红外线辐射采暖；以电能通过加热元件辐射出的红外线作为高温辐射源的采暖称为电热辐射采暖。

我国北方地区的房屋建筑需要设置冬期供暖系统。供暖系统一般由热源（锅炉）、供热管道和散热器等组成。热源（锅炉）将加热的水或汽通过管道送至建筑物内，经散热器散热后，冷却的水又通过管道返回热源（锅炉），进行再次加热，如此往复循环。

## 二、采暖系统

采暖系统是为使建筑物达到采暖目的，而由热源或供热装置、散热设备和管道等组成的网络。

1）以热水作热媒的采暖系统称为热水采暖系统。有自然循环和机械循环两种系统。

2）以蒸汽作热媒的采暖系统称为蒸汽采暖系统。

3）在回水总管上装置真空回水泵的蒸汽采暖系统称为真空采暖系统。

4）以高压蒸汽为热源和动力源，以蒸汽喷射器加热并驱动热水循环的采暖系统，称为蒸汽喷射热水采暖系统。

5）散热器采暖系统：以各种对流散热器或辐射对流散热器作为室内散热设备的热水或蒸汽采暖系统。

6）热风采暖系统：以热空气作为热媒的采暖系统。一般指用暖风机、空气加热器将室内循环空气或从室外吸入的空气加热的采暖系统。

7）上分式系统：水平干管布置在建筑物上部空间，通过各个立管自上而下分配热媒的系统，还可称上供式系统或上行下给式系统。

8）下分式系统：水平干管布置在建筑物的底部，通过各个立管自下而上分配热媒的系统，也称下供式系统或下行上给式系统。

9）中分式系统：水平干管布置在建筑物的中部，通过各个立管分别向上和向下分配热媒的系统，也称中供式系统或中给式系统。

10）单管采暖系统：垂直单管和水平单管采暖系统的统称，其中竖向布置的各组散热器沿一根立管串接的采暖系统，称为垂直单管采暖系统。水平布置的各组散热器沿一根干管串接的采暖系统，称为水平单管采暖系统，也称水平串联单管采暖系统。

11）双管采暖系统：每组立管共有两根，供回水分流的采暖系统。

12）单双管混合式采暖系统：每组立管分段由单管和双管混合组成的采暖系统。

## 三、采暖系统流程和流程图

### 1. 热水采暖系统

（1）自然循环热水采暖系统

自然循环热水采暖系统流程如图 5-1 所示。

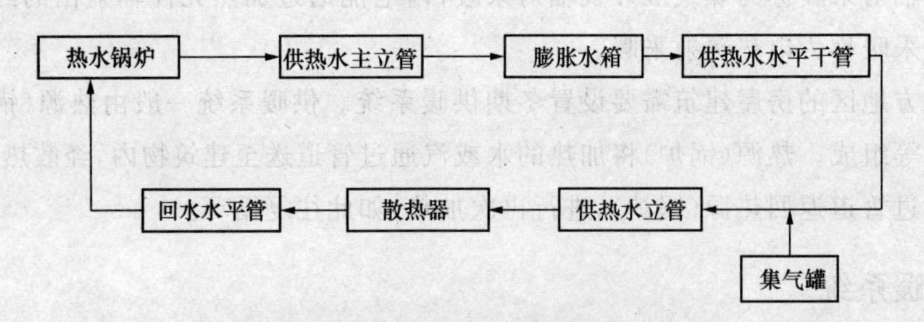


图 5-1　自然循环热水采暖系统流程

自然循环热水采暖系统图如图 5-2 所示。

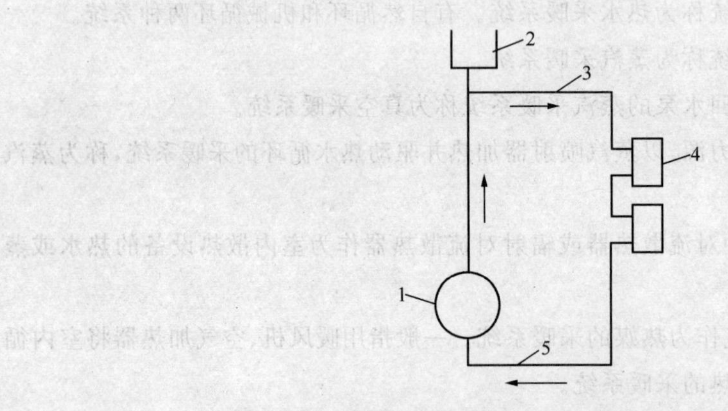


图 5-2　自然循环热水采暖系统图

1—锅炉；2—水箱；3—供热水管；4—散热器；5—回水管

(2)机械循环热水采暖系统

机械循环热水采暖系统流程如图 5-3 所示。

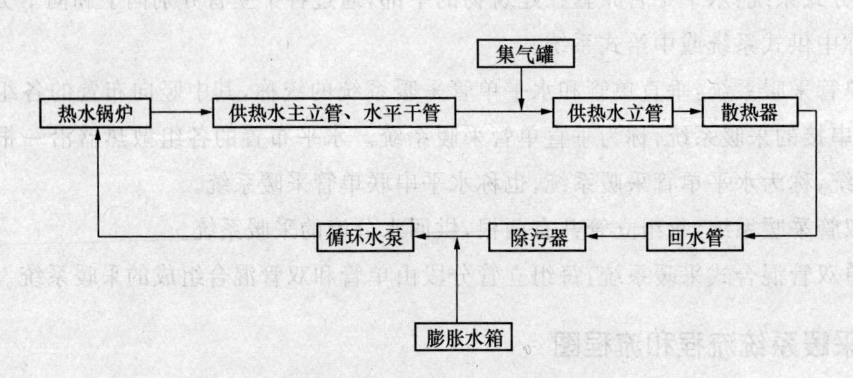


图 5-3　机械循环热水采暖系统流程

机械循环热水采暖系统图如图 5-4 所示。

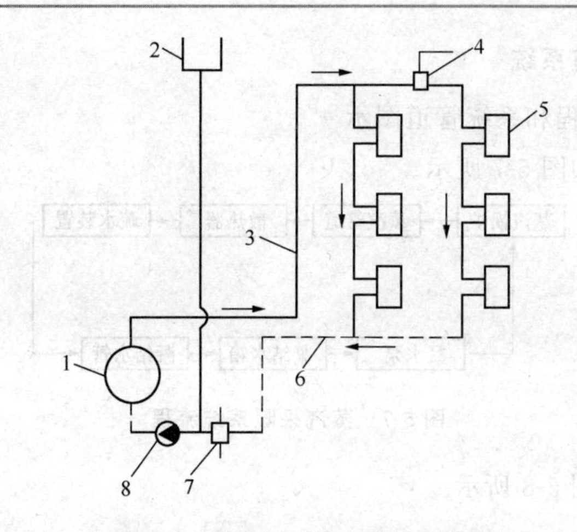


**图 5-4　机械循环热水采暖系统图**

1—锅炉；2—水箱；3—供热水管；4—集气罐；5—散热器；6—回水管；7—除污器；8—水泵

(3)采用换热器换热的热水采暖系统

采用换热器换热的热水采暖系统流程如图 5-5 所示。

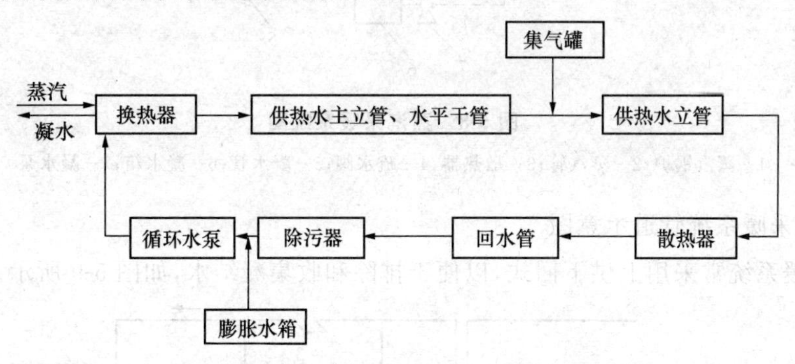


**图 5-5　采用换热器换热的热水采暖系统流程**

采用换热器换热的热水采暖系统图如图 5-6 所示。

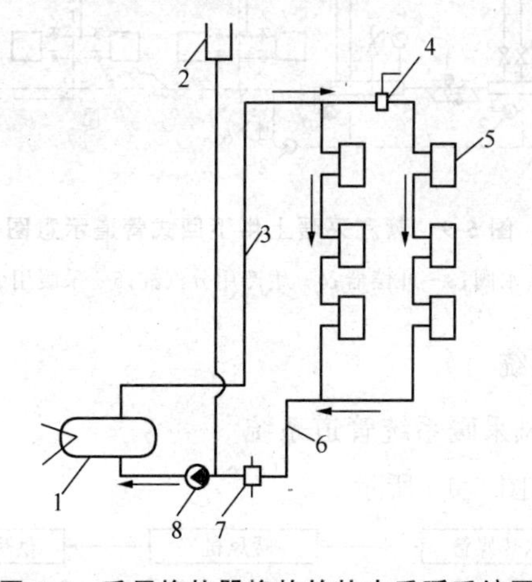


**图 5-6　采用换热器换热的热水采暖系统图**

1—换热器；2—水箱；3—供热管；4—集气罐；5—散热器；6—回水管；7—除污器；8—水泵

**2. 蒸汽采暖系统管道系统**

(1)蒸汽采暖系统流程和系统管道图示

蒸汽采暖系统流程如图 5-7 所示。

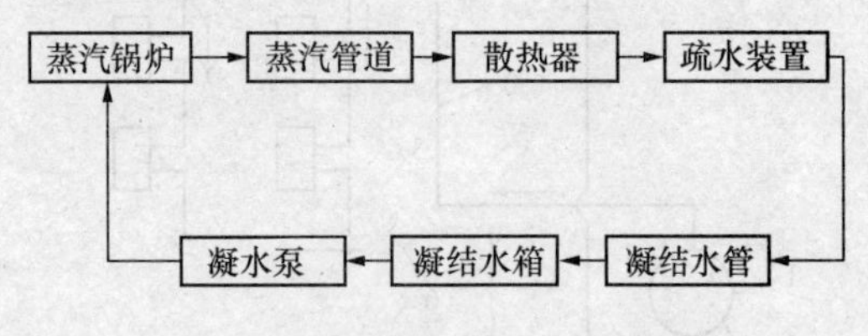


**图 5-7　蒸汽采暖系统流程**

蒸汽采暖系统图如图 5-8 所示。

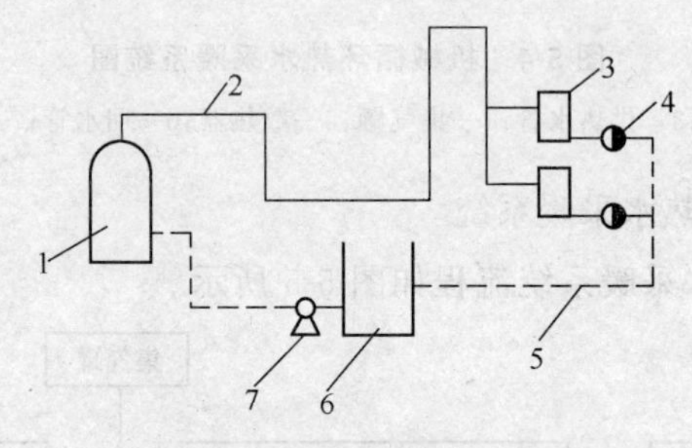


**图 5-8　蒸汽采暖系统图**

1—蒸汽锅炉；2—蒸汽管；3—散热器；4—疏水阀；5—凝水管；6—凝水箱；7—凝水泵

(2)蒸汽采暖系统管道示意图

蒸汽采暖系统常采用上供下回式，以便于排除和收集凝结水，如图 5-9 所示。

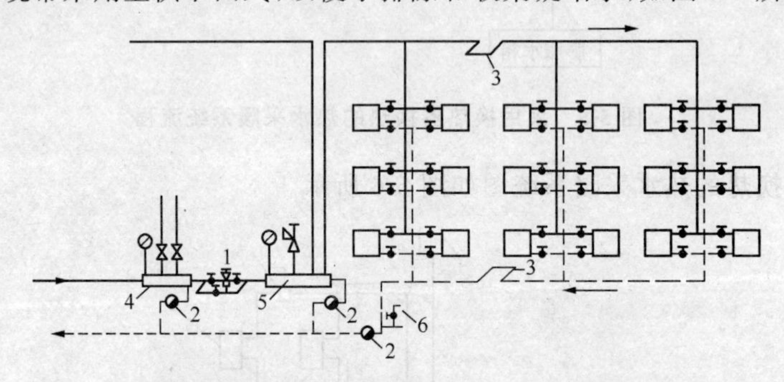


**图 5-9　蒸汽采暖上供下回式管道示意图**

1—减压阀；2—疏水阀；3—补偿器；4—生产用分汽缸；5—采暖用分汽缸；6—放气管

**3. 热风采暖系统管道系统**

(1)以热水为热媒的热风采暖系统管道系统

以热水为热媒的流程如图 5-10 所示。

**图 5-10　以热水为热媒的流程**

以热水为热媒的热风采暖系统图如图 5-11 所示。

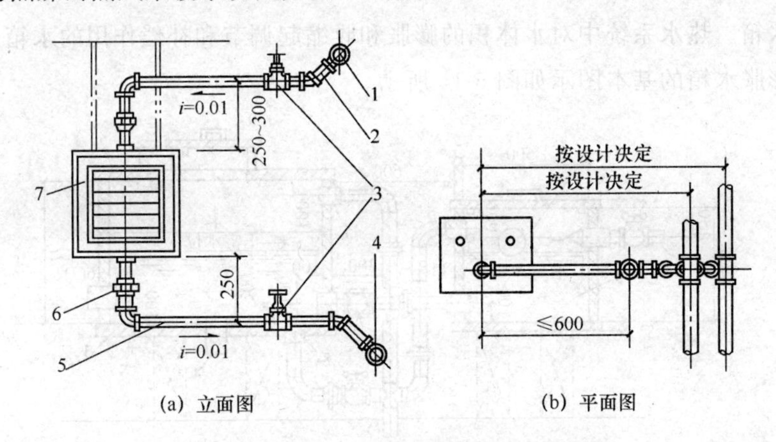


(a) 立面图　　(b) 平面图

**图 5-11　以热水为热媒的热风采暖系统图**

1—供水干管；2—供水支管；3—阀门；4—回水干管；5—回水水管；6—活接头；7—暖风机

(2)以蒸汽为热媒的热风采暖系统管道系统

以蒸汽为热媒的流程如图 5-12 所示。

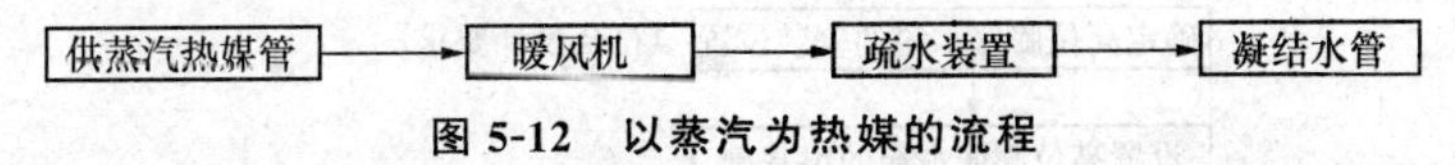


**图 5-12　以蒸汽为热媒的流程**

以蒸汽为热媒的热风采暖系统图如图 5-13 所示。

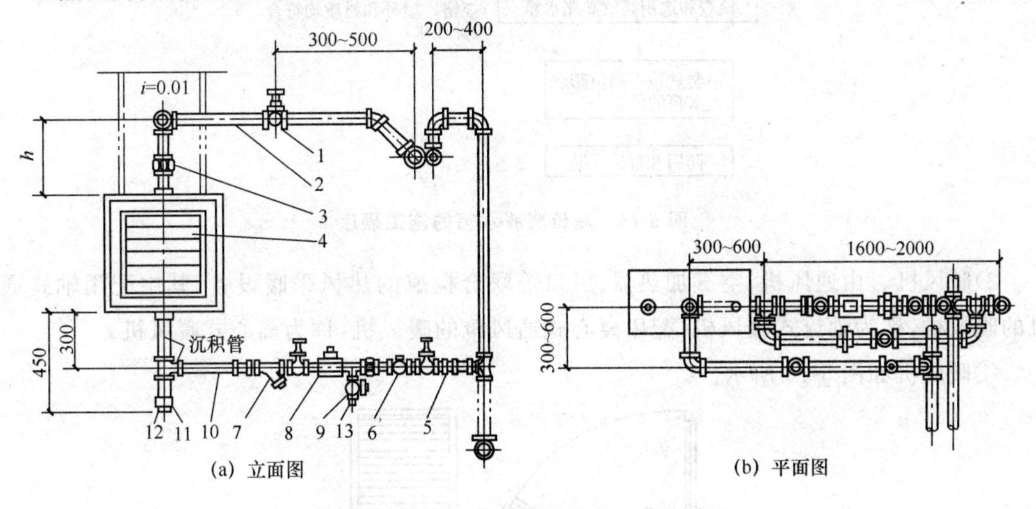


(a) 立面图　　(b) 平面图

**图 5-13　以蒸汽为热媒的热风采暖系统图**

1—截止阀；2—供汽管；3—活接头；4—暖风机；5—旁通管；6—止回阀；7—过滤器；
8—疏水阀；9—旋塞；10—凝结水管；11—管箍；12—丝堵；13—验水管

## 四、采暖设备及附件

采暖设备泛指用于采暖的各种设备。包括换热器、蒸汽喷射器、膨胀水箱、凝结水箱、补给水泵、循环泵、加压泵、凝结水泵、真空泵、暖风机、空气加热器、空气幕、热风幕、热风器、金属辐射板、散热器、集气罐等。

1)膨胀水箱。热水系统中对水体积的膨胀和收缩起调节和补偿作用的水箱。

①高位膨胀水箱的基本图示如图 5-14 所示。

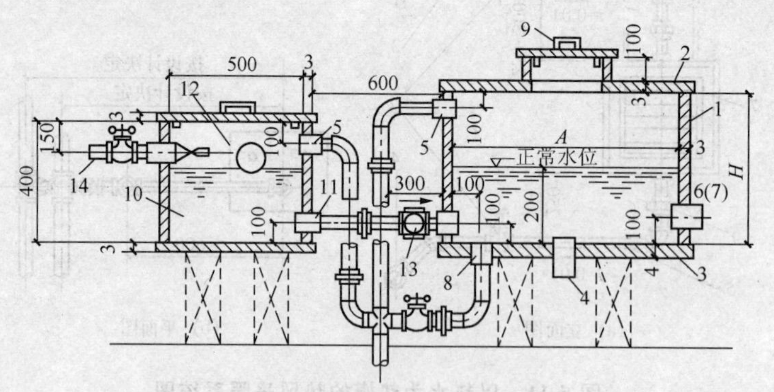


图 5-14　高位膨胀水箱示意图

1—水箱壁；2—水箱盖；3—水箱底；4—膨胀管；5—溢流管；6—检查管；7—循环管；

8—排污管；9—人孔盖；10—补水水箱；11—补水管；12—浮球阀；13—止回阀；14—给水管

②高位膨胀水箱的施工顺序如图 5-15 所示。

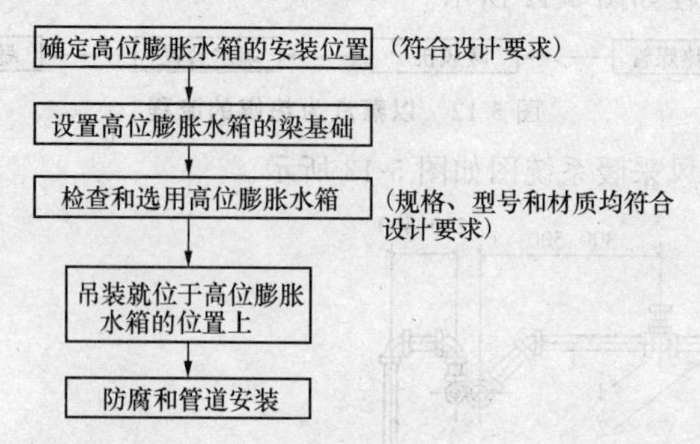


图 5-15　高位膨胀水箱的施工顺序

2)暖风机。由通风机、空气加热器、风口等联合构成的热风采暖设备，其中配用轴式通风机的暖风机，称为轴流式暖风机；配用离心式通风机的暖风机，称为离心式暖风机。

①暖风机如图 5-16 所示。

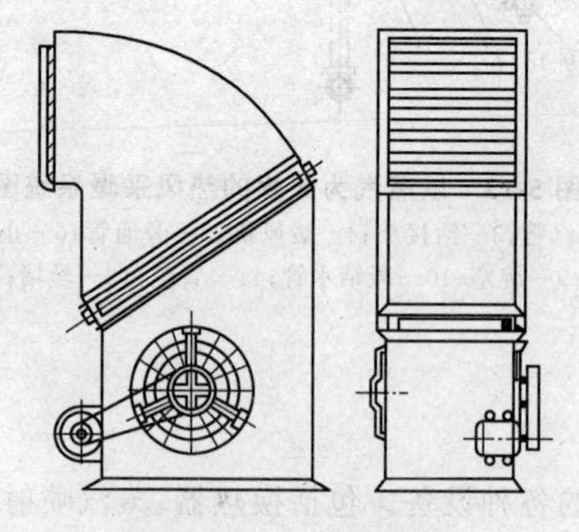

图 5-16　暖风机示意图

②暖风机的施工顺序如图 5-17 所示。

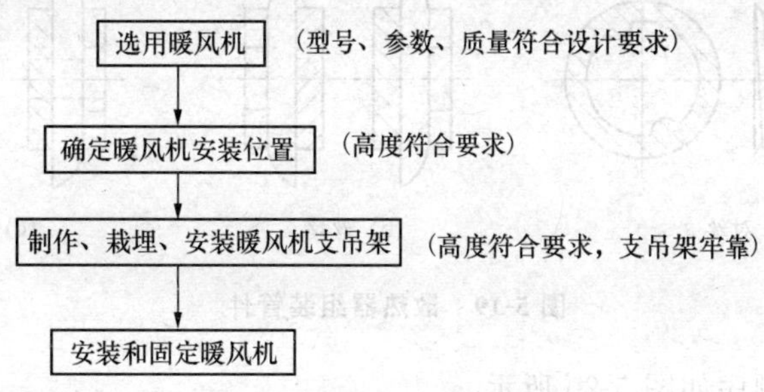


图 5-17 暖风机的施工顺序

3)散热器。以对流和辐射方式向采暖房间放散热量的设备,包含铸铁散热器、钢散热器、光面管散热器。铸铁散热器是材质为铸铁的各种散热器的统称;钢制散热器是材质为钢的各种散热器的统称;光面管散热器是用普通钢管焊制的散热器。

①常用散热器的种类。

常用散热器的种类分为长翼型和柱型散热器,如图 5-18 所示。

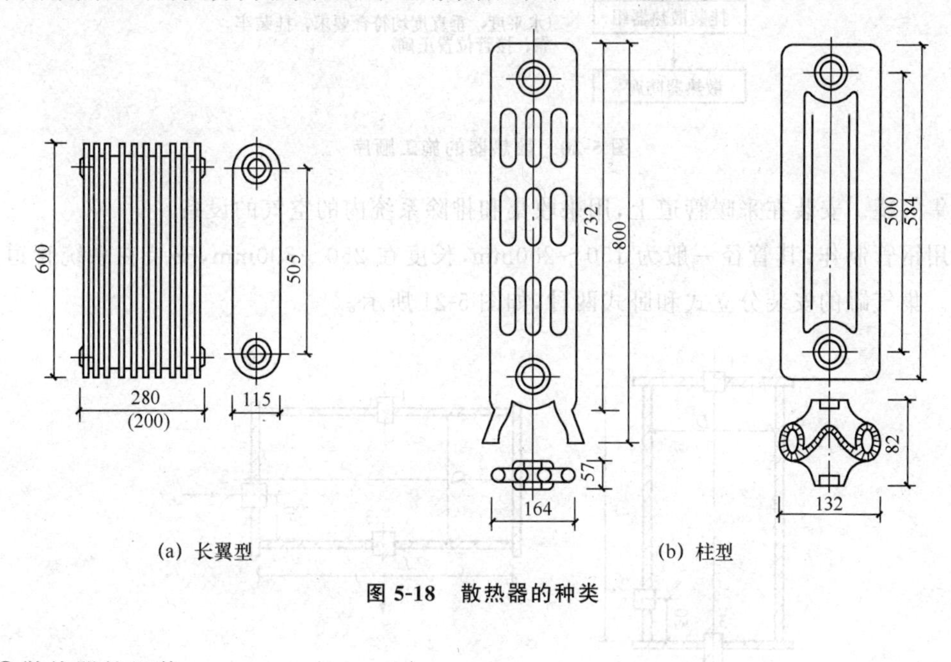


图 5-18 散热器的种类

②散热器的组装。

由单片散热器组成散热器组(1 片散热器也可成为一组),散热器的组装用螺纹连接,组装散热器组所用管件有对丝(两端螺纹方向不同)、丝堵(分左、右螺纹丝堵)、补心(分左、右螺纹补心)。对丝、丝堵、补心如图 5-19 所示。

为了加强螺纹连接的密封性,在各组装管件上应先放置胶垫。散热器组装时需要用管钳、专用组装钥匙。

③散热器的施工方法。

a. 散热器常安装在建筑外墙的窗户内,其散热器组中心线应和窗户的垂直中心线相合。

(a) 对丝　　(b) 丝堵　　(c) 补心

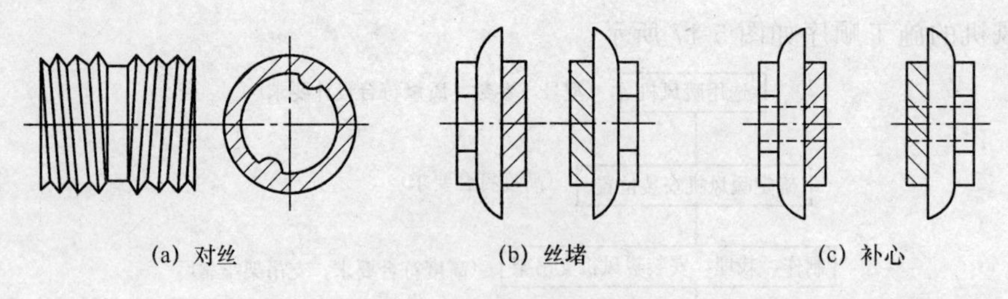

**图 5-19　散热器组装管件**

b. 散热器的施工顺序如图 5-20 所示。

选用散热器（散热器上翼片破损超过规定要求的不能使用）
↓
组装散热器（散热片组长度应符合要求，水压试验应符合要求，初刷防腐漆）
↓
栽埋散热器挂钩（符合钩数和挂钩位置要求）
↓
挂装散热器组（水平度、垂直度均符合要求，挂装牢靠，接管位置正确）
↓
散热器防腐

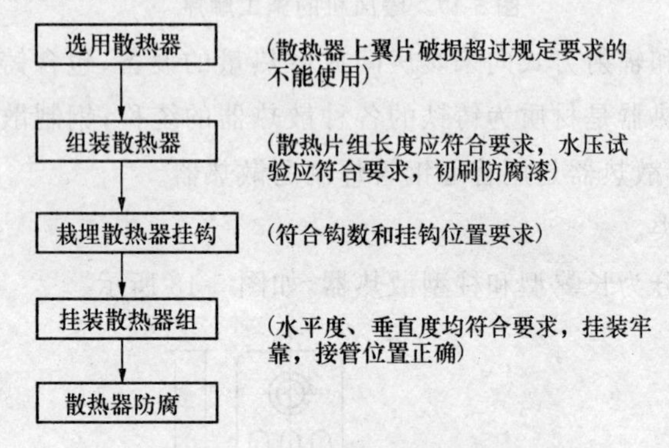

**图 5-20　散热器的施工顺序**

4)集气罐。安装在采暖管道上,用来收集和排除系统内的空气的设备。

采用钢管制作,其管径一般为 150～200mm,长度在 250～300mm,安装在系统管道上的最高处。集气罐的安装分立式和卧式两种,如图 5-21 所示。

(a) 立式安装　　(b) 卧式安装

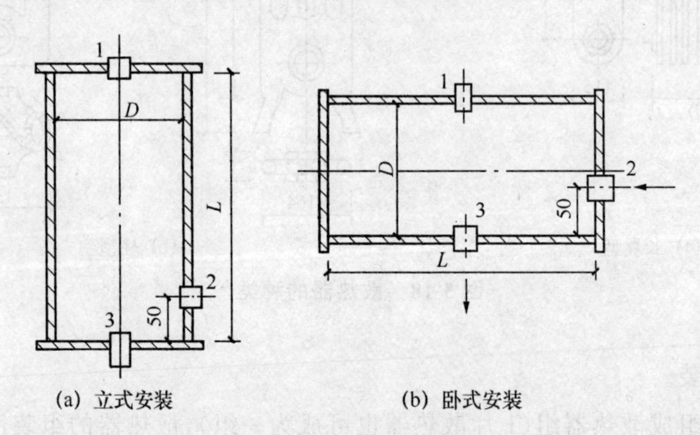

**图 5-21　集气罐的施工**

1—排气管;2—进水管;3—出水管

## 五、采暖系统的基本形式

按照供水、回水干管布置位置不同,供暖系统还有以下几种形式,如图 5-22～图 5-29 所示。

图 5-22 是下供下回式热水供暖系统。系统的供水、回水干管都敷设在底层散热器的下

面。在设有地下室的建筑物或在顶棚下难以布置供水干管时采用此种系统。

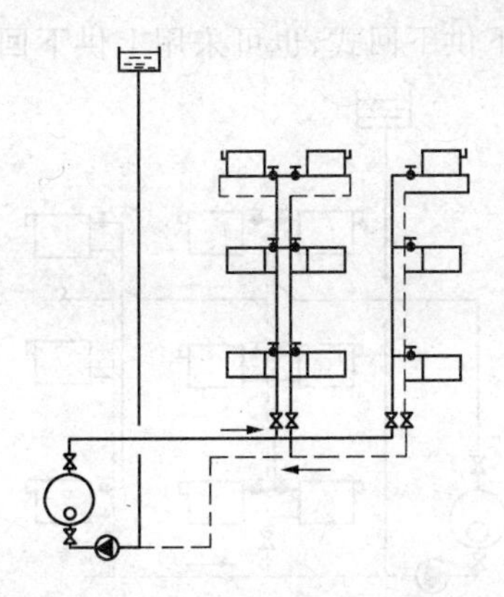

图 5-22　下供下回式热水供暖系统

图 5-23 是下供上回式热水供暖系统。系统的供水干管敷设在下部,而回水干管敷设在上部,立管布置主要采用顺流式。

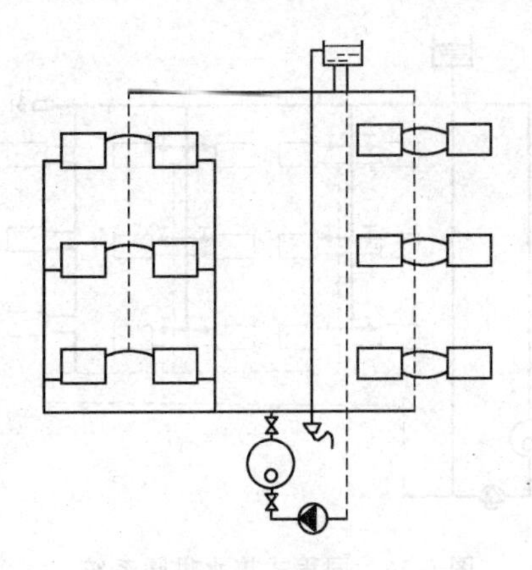

图 5-23　下供上回式热水供暖系统

图 5-24 是上供下回式热水供暖系统。上供下回式热水供暖系统有双管和单管热水供暖系统。

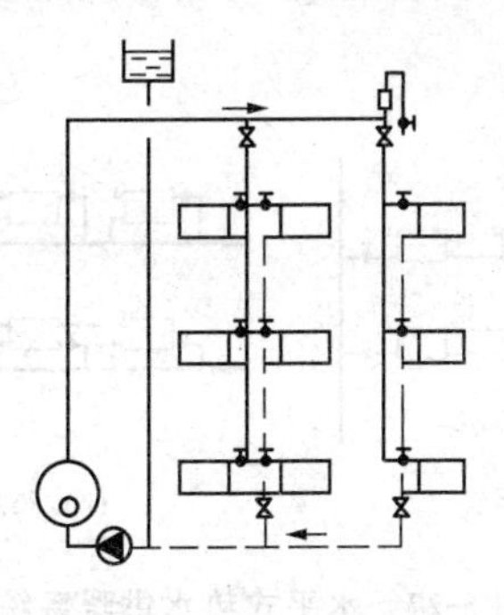

图 5-24　上供下回式热水供暖系统

图 5-25 是中分式热水供暖系统。从系统总立管引出的水平供水干管敷设在系统的中部，下部呈上供下回式，上部可采用下供下回式，也可采用上供下回式。

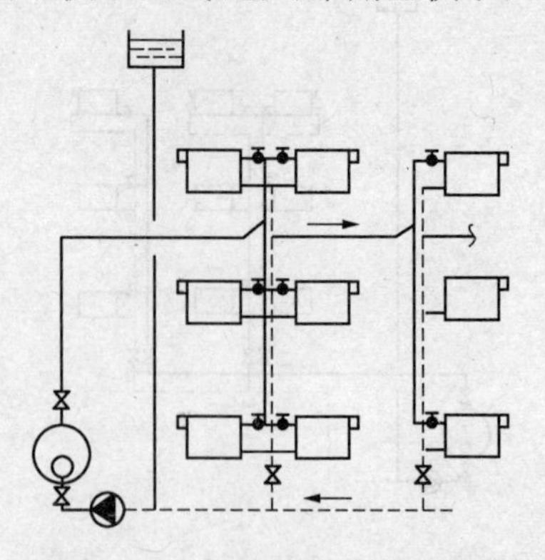

图 5-25　中分式热水供暖系统

图 5-26 是同程式热水供暖系统。同程式热水供暖系统是指通过各个立管的循环环路的总长度都相等。

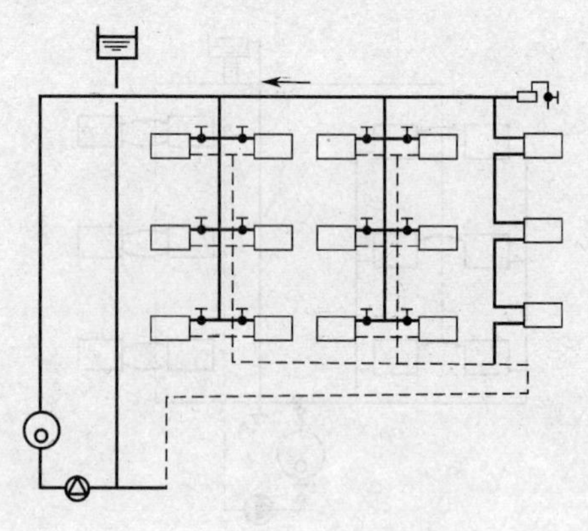

图 5-26　同程式热水供暖系统

图 5-27 是水平式热水供暖系统。水平式系统也可分为顺流式和跨越式两类。水平式系统的排气需要在散热器上设置冷风阀分散排气或在同层散热器上部串联一根空气管集中排气。

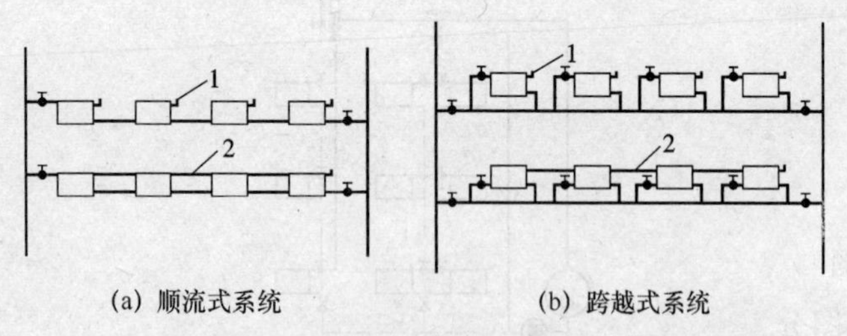


图 5-27　水平式热水供暖系统

1—冷气阀；2—空气管

图 5-28 是分层式热水供暖系统。垂直方向分成两个或两个以上的独立系统称为分层式供暖系统，主要用于高层建筑中，图 5-28(a)为一般分层式热水供暖系统，图 5-28(b)为双水箱分层式热水供暖系统。

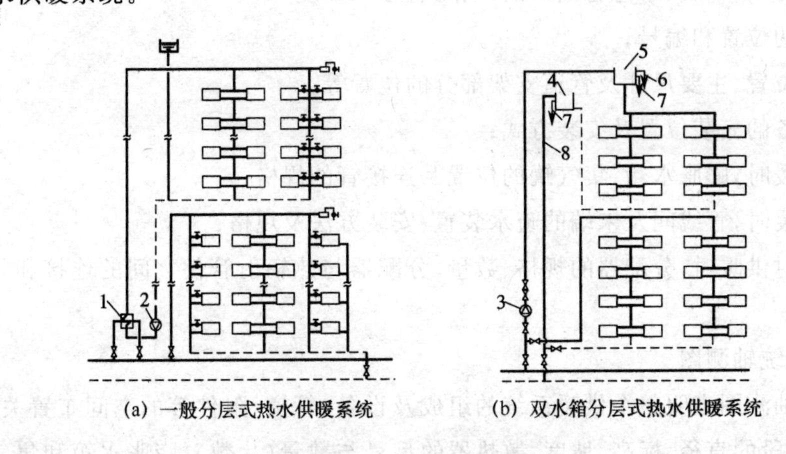


(a) 一般分层式热水供暖系统　　(b) 双水箱分层式热水供暖系统

**图 5-28　分层式热水供暖系统**

1—热交换器；2、3—加压水泵；4—回水箱；5—进水箱；
6—进水箱溢流管；7—信号管；8—回水箱溢流管

图 5-29 是双线式热水供暖系统。双线式系统有垂直式和水平式两种形式，主要用于高层建筑中。

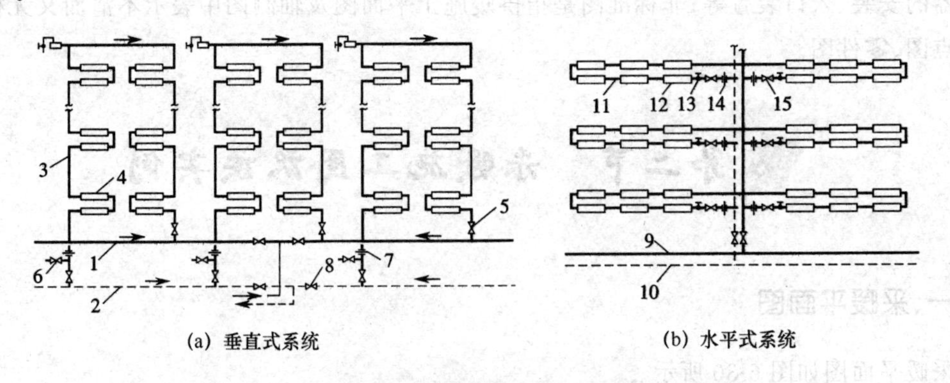


(a) 垂直式系统　　(b) 水平式系统

**图 5-29　双线式热水供暖系统**

1、9—供水干管；2、10—回水干管；3—双线立管；4、12—散热器；5、13—截止阀；
6—排水阀；7、14—节流孔板；8、15—调节阀；11—双线水平管

## 六、采暖施工图的组成

(1)采暖施工图

一般采暖施工图分为室外和室内两大部分。室外部分表示一个区域的采暖管网，包括总平面图、管道横剖面图、管道纵剖面图、详图及设计施工说明。室内部分表示一幢建筑物的采暖工程，一般包括采暖系统平面图、系统轴测图、详图及设计施工说明等内容。

(2)采暖平面图

采暖平面图主要表明建筑物内采暖管道及采暖设备的平面布置情况,其主要内容包括:

1)采暖总管入口和回水总管出口的位置、管径和坡度;

2)各立管的位置和编号;

3)地沟的位置、主要尺寸及管道支架部分的位置等;

4)散热设备的安装位置及安装方式;

5)热水供暖时,膨胀水箱、集气罐的位置及连接管的规格;

6)蒸汽供暖时,管线间及末端的疏水装置、安装方法及规格;

7)地热辐射供暖时,分配器的规格、数量,分配器与热辐射管件之间的连接和管件的布置方法及规格。

(3)采暖系统轴测图

采暖系统轴测图表明整个供暖系统的组成及设备、管道、附件等的空间布置关系,表明各立管编号,各管段的直径、标高、坡度,散热器的型号与数量(片数),膨胀水箱和集气罐及阀件的位置、型号规格等。

(4)采暖详图

采暖详图包括标准图和非标准图,采暖设备的安装都要采用标准图,个别的还要绘制详图。标准图包括散热器的连接安装、膨胀水箱的制作和安装、集气罐的制作和连接、补偿器和疏水器的安装、入口装置等;非标准图是指供暖施工平面图及轴测图中表示不清而又无标准图的节点图、零件图。

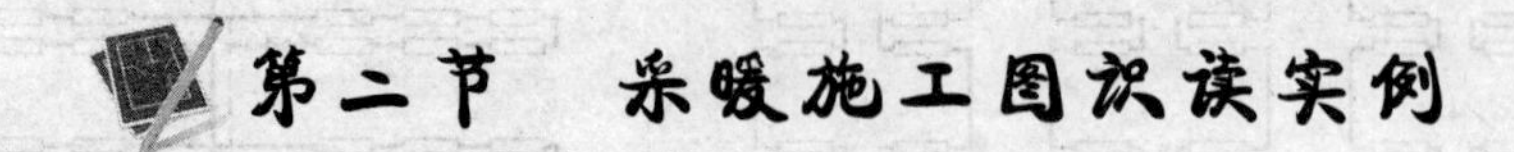

## 第二节 采暖施工图识读实例

### 一、采暖平面图

采暖平面图如图 5-30 所示。

(1)入口与出口

查找采暖总管入口和回水总管出口的位置、管径、坡度及一些附件。引入管一般设在建筑物中间或两端或单元入口处。总管入口处一般由减压阀、混水器、疏水器、分水器、分汽缸、除污器、控制阀门等组成。如果平面图上注明有入口节点图的,阅读时则要按平面图所注节点图的编号查找入口详图进行识读。

(2)干管的布置

了解干管的布置方式,干管的管径,干管上的阀门、固定支架、补偿器等的平面位置和型号等。读图时要查看干管敷设在最顶层、中间层,还是最底层。干管敷设在最顶层说明是上供式系统,干管敷设在中间层说明是中供式系统,干管敷设在最底层说明是下供式系统。在底层平

面图中会出现回水干管，一般用粗虚线表示。如果干管最高处设有集气罐，则说明为热水供暖系统；如果散热器出口处和底层干管上出现有疏水器，则说明干管（虚线）为凝结水管，从而表明该系统为蒸汽供暖系统。

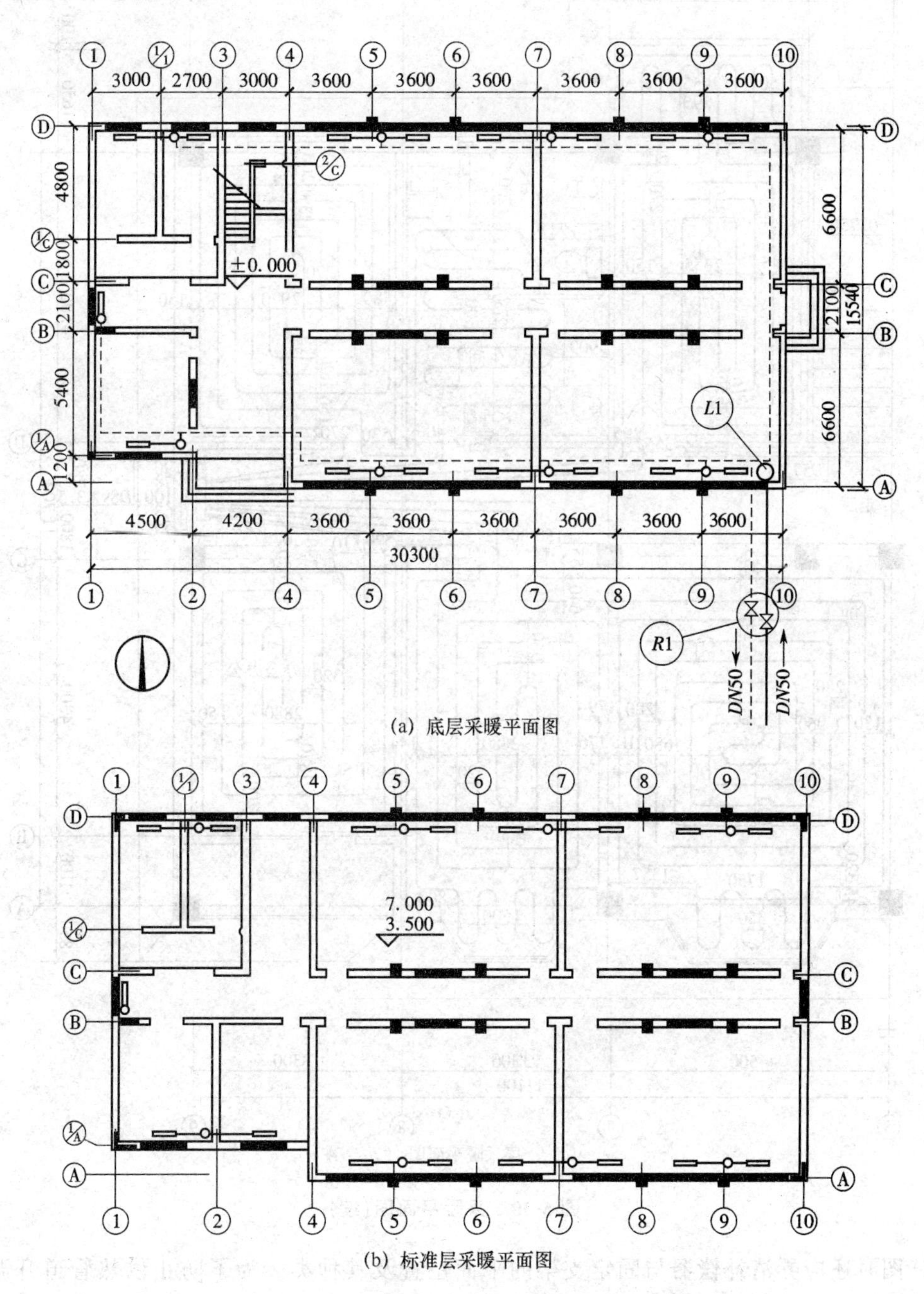


(a) 底层采暖平面图

(b) 标准层采暖平面图

图 5-30　采暖平面图

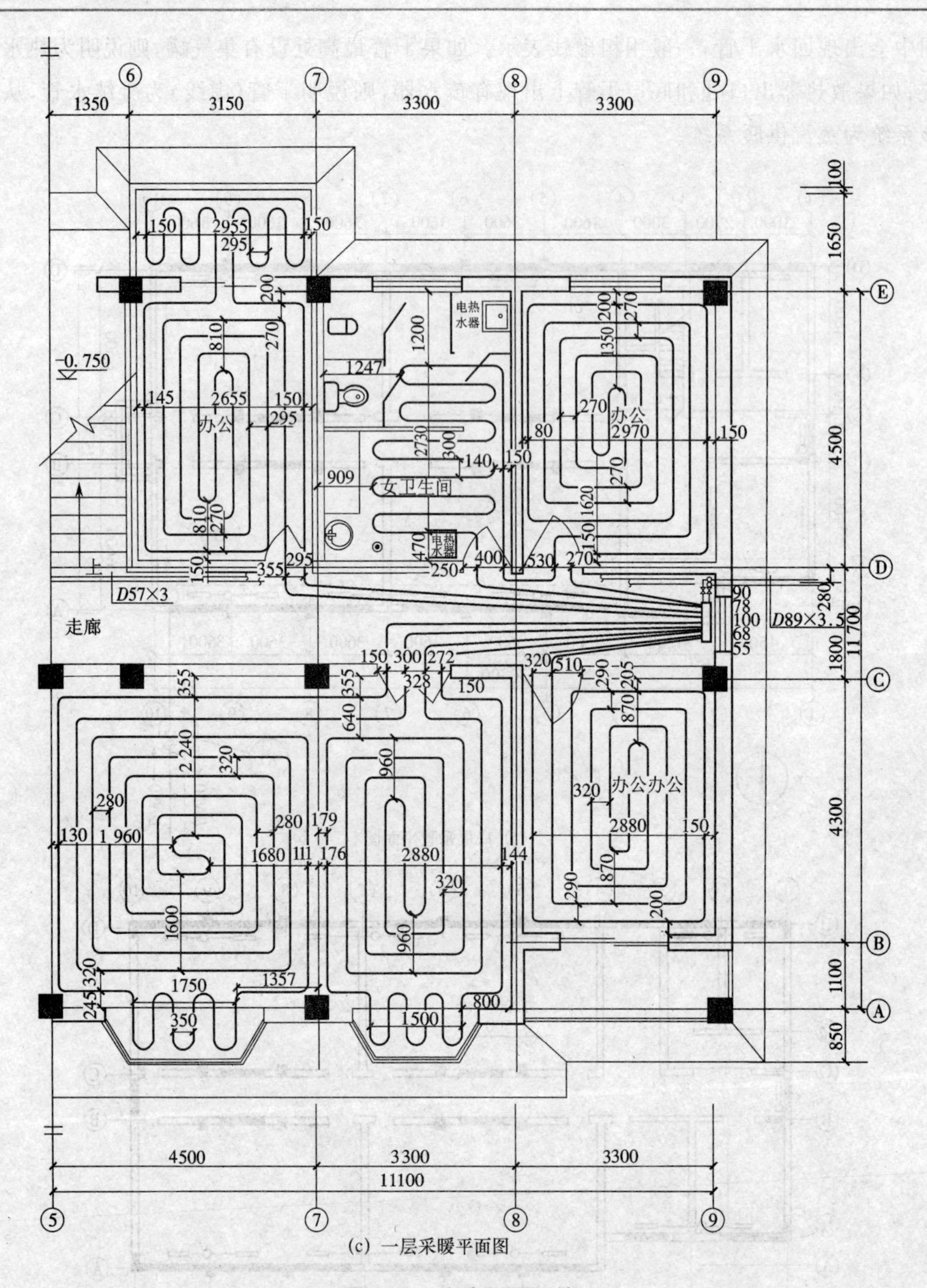


(c) 一层采暖平面图

图 5-30　采暖平面图(续)

读图时还应弄清补偿器与固定支架的平面位置及其种类。为了防止供热管道升温时，由于热伸长或温度应力而引起管道变形或破坏，需要在管道上设置补偿器。供暖系统中的补偿器常用的有方形补偿器和自然补偿器。

(3)立管

查找立管的数量和布置位置。复杂的系统有立管编号，简单的系统有的不进行编号。

(4)建筑物内散热设备(散热器、辐射板、暖风机)的位置、种类、数量

查找建筑物内散热设备(散热器、辐射板、暖风机)的平面位置、种类、数量(片数)以及散热器的安装方式。散热器一般布置在房间外窗内侧窗台下(也有沿内墙布置的)。散热器的种类较多,常用的散热器有翼型散热器、柱型散热器、钢串片散热器、板型散热器、扁管型散热器、辐射板、暖风机等。散热器的安装方式有明装、半暗装、暗装。一般情况下,散热器以明装较多。结合图纸说明确定散热器的种类和安装方式及要求。

(5)各设备管道连接情况

对热水供暖系统,查找膨胀水箱、集气罐等设备的平面位置、规格尺寸及与其连接的管道情况。热水供暖系统的集气罐一般装在系统最宜集气的地方,装在立管顶端的为立式集气罐,装在供水干管末端的为卧式集气罐。

## 二、采暖系统轴测图

采暖系统轴测图如图5-31所示。

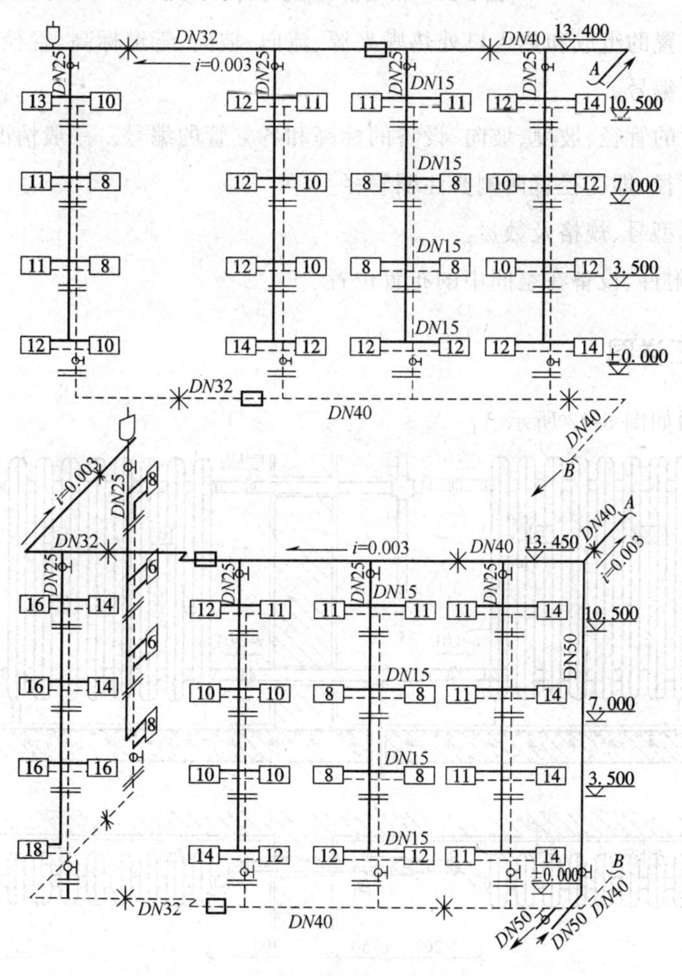


图5-31 采暖系统轴测图

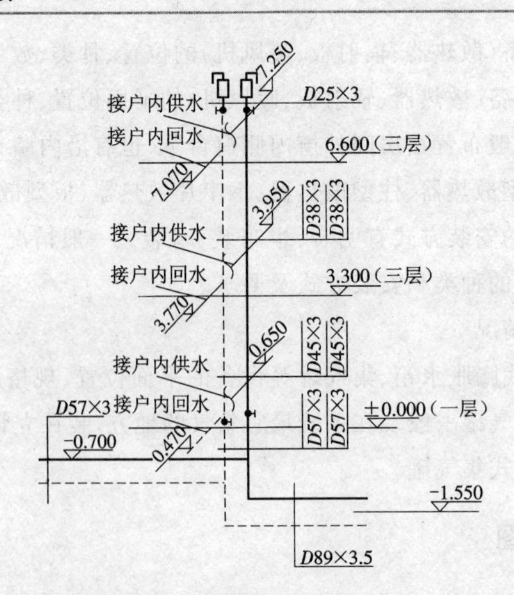


图 5-31　采暖系统轴测图(续)

1)查找入口装置的组成和热入口处热媒来源、流向、坡向、管道标高、管径及热入口采用的标准图号或节点图编号。

2)查找各管段的管径、坡度、坡向、设备的标高和各立管的编号。一般情况下，系统图中各管段两端均注有管径，即变径管两侧要注明管径。

3)查找散热器型号、规格及数量。

4)查找阀件、附件、设备在空间中的布置位置。

## 三、采暖施工详图

采暖施工详图如图 5-32 所示。

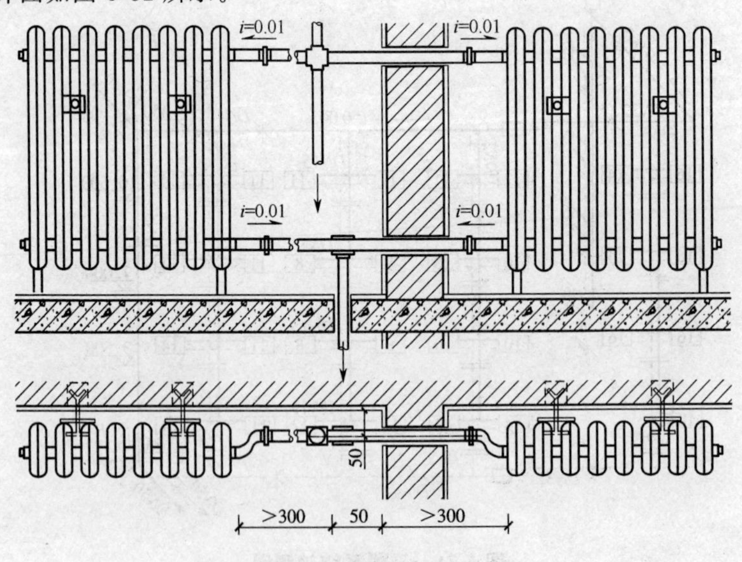


图 5-32　采暖施工详图

1)对采暖施工图,一般只绘制平面图、系统图和通用标准图中所缺的局部节点图。在阅读采暖详图时要弄清管道的连接做法、设备的局部构造尺寸、安装位置做法等。

2)图 5-32 是一组散热器的安装详图。图 5-32 中表明暖气支管与散热器和立管之间的连接形式,散热器与地面、墙面之间的安装尺寸、结合方式及结合件本身的构造等。

# 第三节 采暖设备施工图识读实例

## 一、采暖安装配合土建预埋预留施工图

采暖安装配合土建预埋预留施工图如图 5-33 所示。

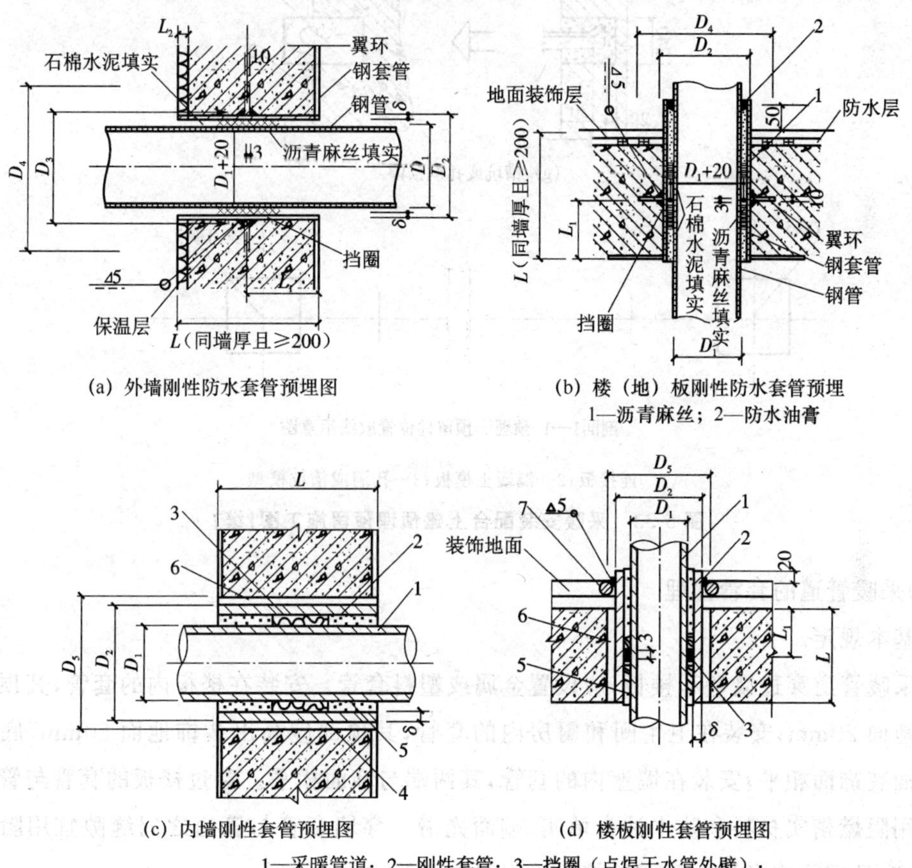


(a) 外墙刚性防水套管预埋图

(b) 楼(地)板刚性防水套管预埋
1—沥青麻丝;2—防水油膏

(c) 内墙刚性套管预埋图

(d) 楼板刚性套管预埋图

1—采暖管道;2—刚性套管;3—挡圈(点焊于水管外壁);4—沥青麻丝;5—石棉水泥(重量比=石棉0.5∶水泥9.5∶水1.2);6—预留孔洞;7—托架

图 5-33 采暖安装配合土建预埋预留施工图

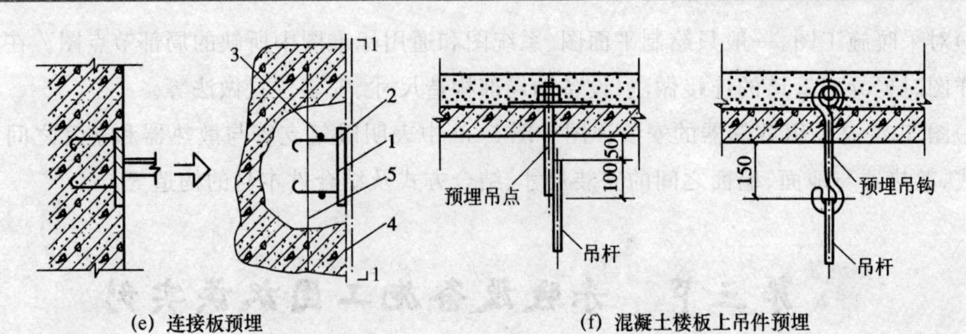


(e) 连接板预埋　　　　(f) 混凝土楼板上吊件预埋

1—埋板；2—连接板钢筋；3—混凝土钢筋；
4—混凝土模板；5—钢丝线

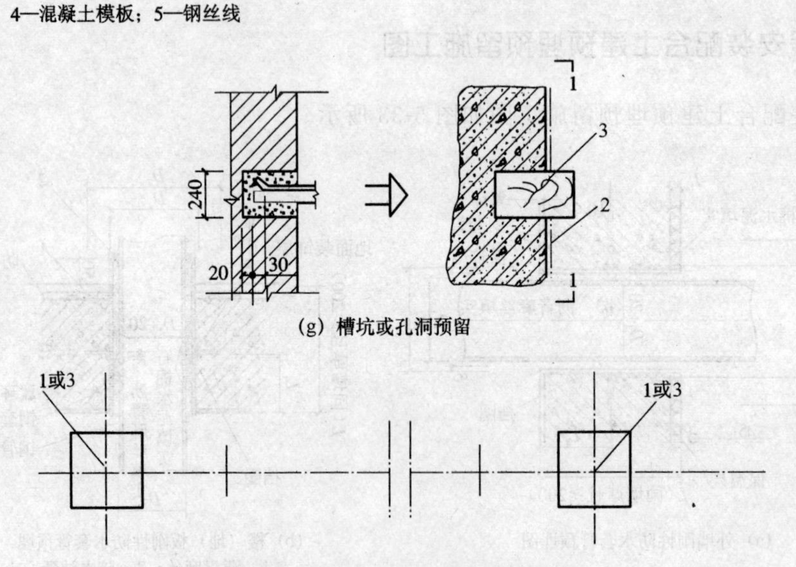


(g) 槽坑或孔洞预留

剖面1—1 预埋、预留件位置放线示意图

1—连接板；2—混凝土模板；3—孔洞或槽坑模型

**图 5-33　采暖安装配合土建预埋预留施工图(续)**

(1)采暖管道的套管预埋

1)基本规定。

①采暖管道穿过墙壁和楼板，应设置金属或塑料套管。安装在楼板内的套管，其顶部应高出装饰地面 20mm；安装在卫生间和厨房内的套管，其顶部应高出装饰地面 50mm，底部应与楼板底面装饰面相平；安装在墙壁内的套管，其两端与饰面相平。穿过楼板的套管与管道之间缝隙应用阻燃密实材料和防水油膏填实，端面光滑。穿墙套管与管道之间缝隙宜用阻燃密实材料填实，且端面应光滑。管道的接口不得设在套管内。

②对有严格防水要求的建筑物必须采用具有柔性的防水套管。

2)刚性防水套管的预埋如图 5-33(a)、(b)所示。

①采暖管穿过居室外墙、地下室地坪、卫生间、厨房、隔墙或楼板应预埋防水套管。

②防水刚性套管应选用金属管制作，制作后应做防腐处理。

③防水刚性套管应绑扎或焊接固定在混凝土钢筋上，在确保位置标高正确时，一次浇筑、埋设在混凝土内。

3)刚性不防水套管的预埋如图 5-33(c)、(d)所示。

①采暖管穿过居室内隔墙或楼板应预埋不防水刚性套管。

②不防水刚性套管可选用金属管，也可选用塑料管制作。

③不防水刚性套管的埋设方式既可以是一次浇筑或砌筑埋设，也可以是在建筑浇筑时预留孔洞，在管道安装时将套管装入孔洞，用钢筋托架将套管托在楼板上面，待管道安装固定后，再二次浇筑埋固刚性套管(这样有利于管道位置调整)。

(2)预埋支吊架的连接板

预埋支吊架的连接板，俗称预埋铁，如图 5-33(e)所示。

1)预埋板标高和纵横中心应拉钢丝线进行校核，埋板的外板面紧靠混凝土模板里面。

2)连接板钢筋与混凝土钢筋点焊或绑扎牢固。

3)混凝土浇筑振捣时，应防止造成埋件位移。

(3)预埋螺栓和吊杆

预埋螺栓和吊杆如图 5-33(f)所示。

预埋的螺栓和吊杆材质和规格及埋设位置应符合设计要求，埋件端头必须伸到混凝土模板以外。其他要求同预埋支吊架的连接板中 2)、3)条。

(4)预留槽坑或孔洞

预留槽坑或孔洞如图 5-33(g)所示。

制作与槽坑或孔洞形状大小相同的模具(木盒或实木或铁盒)。

1)模具应留有利于拔出的适当斜度，其长度应能伸出墙面(楼板)模板外表面 50mm 以上。

2)模具表面应刷防粘隔离剂后再埋设。

将模具按设计标高位置固定在混凝土模板上。混凝土浇筑初凝后，强度达到 75%前，应拔出模具。虚塞或苫盖槽坑、孔洞，防止堵死。

## 二、膨胀水箱安装图

膨胀水箱安装图如图 5-34 所示。

1)为使膨胀水箱具有存储膨胀水、定压、排气功能，应首先注意膨胀水箱安装部位。

①机械循环热水采暖系统的膨胀水箱，安装在循环泵入口前的回水管(定压点处)上部，膨胀水箱底标高应高出采暖系统 1m 以上，如图 5-34(c)所示。

②重力循环上供下回热水采暖系统的膨胀水箱安装在供水总立管顶端，膨胀水箱箱底标高应高出采暖系统 1m 以上，应注意供水横向干管和回水管的坡向及坡度应符合图 5-34(d)的箭头指向及坡度参数。

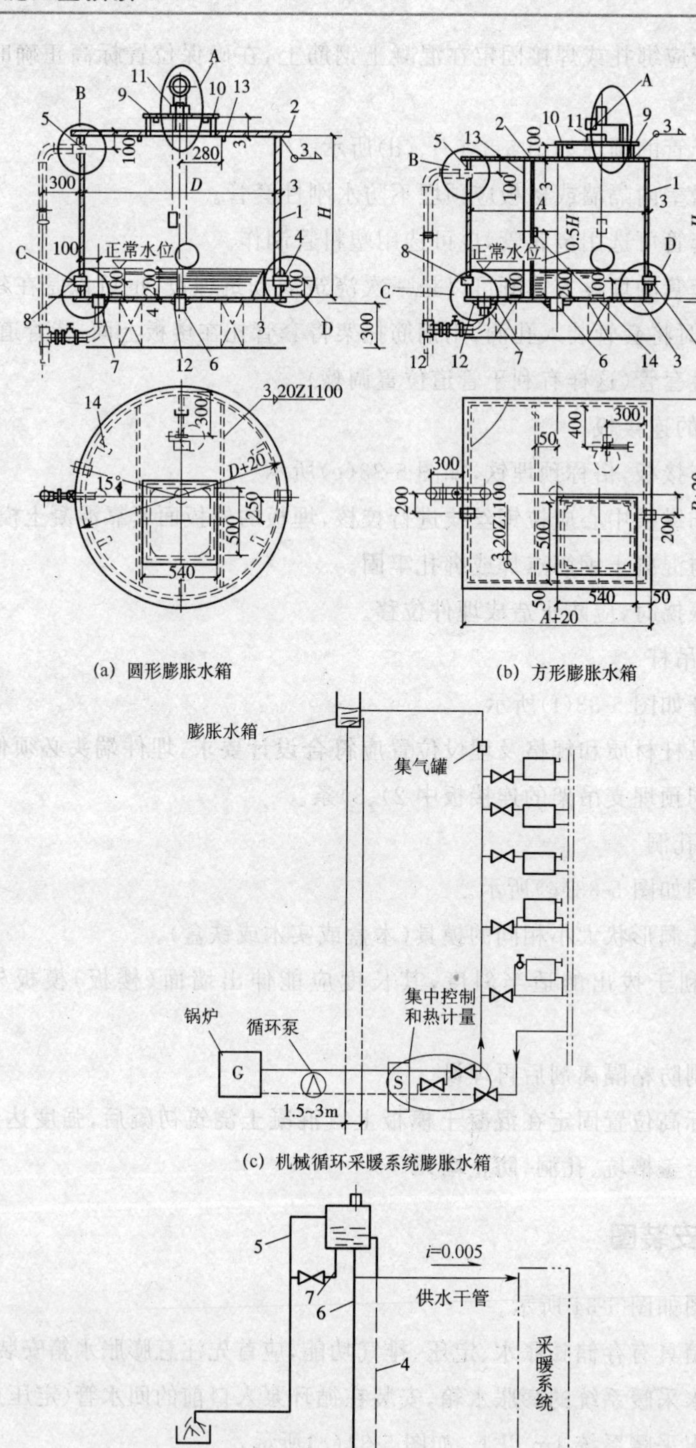


图 5-34 膨胀水箱安装图

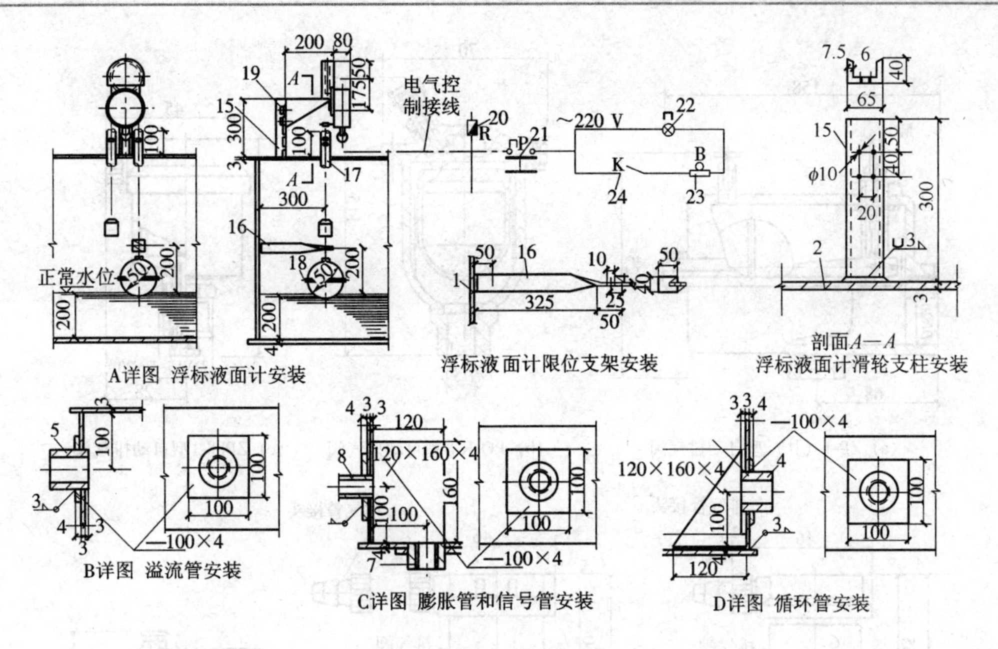


**图 5-34　膨胀水箱安装图(续)**

1、2、3—膨胀水箱的壁、顶、底；4—*DN*20～*DN*25 循环管；5—*DN*50～*DN*70 溢水管；6—*DN*40～*DN*50 膨胀管；7—*DN*32 排水管；8—*DN*20 信号管(检查管)；9、10、11—人孔盖、管(框)、拉手；12—管孔加强板；13、14—箱体加强角钢、拉杆；15—浮标液面计支柱([6.5)；16—浮标限位支架(—40×4)；17—套管(*DN*40)；18—浮标；19—支架连接螺栓(M8×16)；20—熔断器(RM16A)；21—模拟浮标液面计(FQ-2)；22—红色信号灯(BE-38-220-8W)；23—电铃(3 时)；24—开关

2)膨胀水箱配管。

①膨胀水箱的膨胀管(件 6)及循环管(件 4)不得安装阀门，同时要求：

a. 循环管与系统总回水管干管连接，其接点位置与定压点的距离应为 1.5～3m(如果膨胀水箱安装在取暖房间内可取消此管)。

b. 膨胀管的连接如图 5-34(c)、(d)所示。

②溢水管(件 5)同样不能加阀门，且不可与压力回水管及下水管连接，应无阻力自动流入水池或水沟。

③水箱清洗、放空排水管(件 7)应加截断阀，可与溢流管连接，也可直排。

④信号管(件 8)亦称检查管道，连同浮标液面计的电器、仪表、控制点应引至管理人员易监控、操作的部位(如主控室、值班室)。

3)膨胀水箱制造如图 5-34(a)、(b)所示。膨胀水箱的箱体及附件(如浮标液面计、内外爬梯、人孔、支座等)的制造尺寸、数量、材质及合格标准等，应符合设备制造规范、标准及设计要求。

## 三、采暖自动排气阀安装图

采暖自动排气阀安装图如图 5-35 所示。

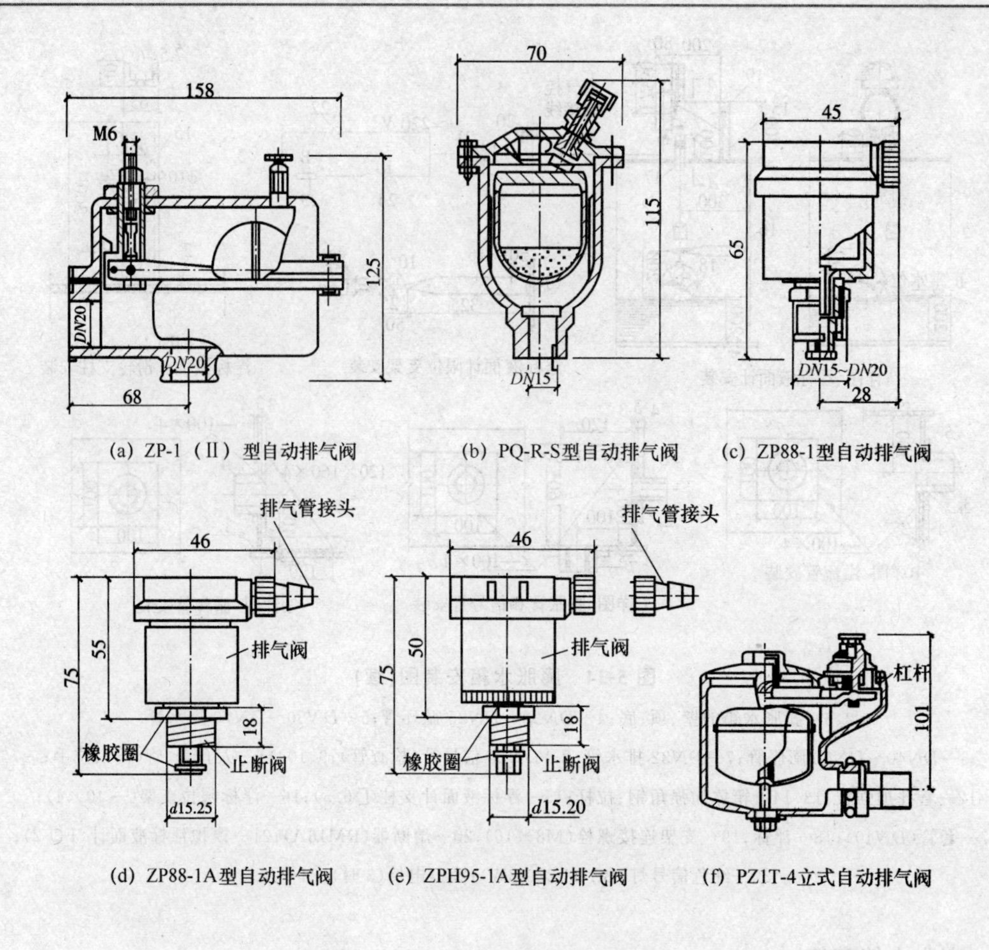


(a) ZP-1（Ⅱ）型自动排气阀　(b) PQ-R-S型自动排气阀　(c) ZP88-1型自动排气阀

(d) ZP88-1A型自动排气阀　(e) ZPH95-1A型自动排气阀　(f) PZ1T-4立式自动排气阀

**图 5-35　采暖自动排气阀安装图**

1)自动阀安装在系统的最高点和每条干管的终点，排气阀适用型号及具体设置位置应由设计给出。

2)排气阀的安装。

①安装排气阀前应先安装截断阀，当系统试压、冲洗合格后才可装排气阀。

②安装前不应拆解或拧动排气阀端阀帽。

③排气阀安装后，使用之前将排气阀端阀帽拧动 1~2 圈。

## 四、采暖散热器安装组对施工图

采暖散热器安装组对施工图如图 5-36 所示。

1)散热器安装组对应具备以下条件。

①散热器片制造质量应检查合格，特别是机加工部分，如凸缘及内外螺纹等，应符合技术标准。

②组对散热器前还应按《采暖散热器系列数、螺纹及配件》(JG/T 6—1999)对散热器的补心、对丝、丝堵进行检查，其外形尺寸应符合图 5-36(a)的要求。

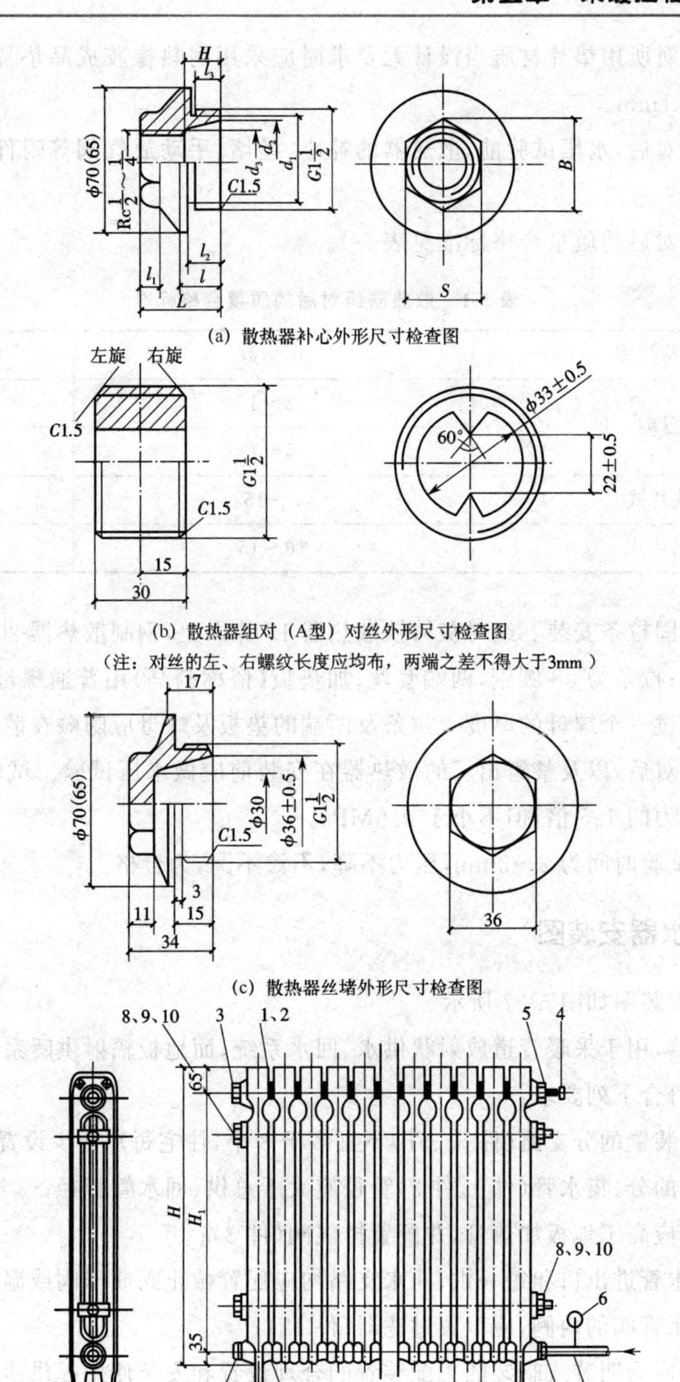


(a) 散热器补心外形尺寸检查图

(b) 散热器组对（A型）对丝外形尺寸检查图

（注：对丝的左、右螺纹长度应均布，两端之差不得大于3mm）

(c) 散热器丝堵外形尺寸检查图

(d) 散热器组对的检查验收图

**图 5-36　采暖散热器安装组对施工图**

1—对丝；2—垫片；3—丝堵；4—手动放气阀；5—补心；

6—散热器试压压力表；7—组对后试压进水管；8—拉杆；9—螺母；10—垫板

2)散热器组对所用垫片材质当设计无要求时应采用耐热橡胶成品垫片,组对后垫片外露和内伸不应大于 1mm。

3)散热器组对后,水压试验前,散热器的补心、丝堵、手动放气阀等附件应组装齐全,并接受水压试验检查。

4)散热器组对后的质量合格标准见表 5-1。

**表 5-1　散热器组对后的质量合格标准**

| 散热器类型 | 片　数 | 允许偏差(mm) |
| --- | --- | --- |
| 长翼型 | 2～4 | 4 |
| | 5～7 | 6 |
| 铸铁片式 | 3～15 | 4 |
| 钢制片式 | 16～15 | 6 |

5)散热器加固拉条安装。组对灰铸铁散热器 15 片以上,钢制散热器 20 片以上,应装散热器横向加固拉条;拉条为 $\phi$8 圆钢,两端套丝;加垫板(俗称骑马)用普通螺母紧固,拧紧拉条的丝杆外露不应超过一个螺母的厚度。拉条及两端的垫板及螺母应隐藏在散热器翼板内为宜。

6)散热器组对后,以及整组出厂的散热器在安装前应做水压试验。试验压力如无设计要求时应为工作压力的 1.5 倍,但不小于 0.6MPa。

检验方法:试验时间为 2～3min,压力不降,不渗不漏,为合格。

## 五、分、集水器安装图

分、集水器安装图如图 5-37 所示。

1)分、集水器,用于采暖管道放射状供水、回水系统,而地板辐射供暖系统应有独立的热媒集配装置,并应符合下列要求:

①每一集配装置的分支路(件 5a、5b)不宜多于 8 个,住宅每户至少设置一套集配装置;

②集配装置的分、集水管(件 1、件 2)管径应大于总供、回水管管径;

③集配装置应高于地板加热管,并配置排气阀(件 3);

④总供、回水管进出口和每一供、回水支路均应配置截止阀或球阀或温控阀(件 6a、6b);

⑤总供、回水管阀的内侧,应设置过滤器(件 12);

⑥建筑设计应为明装或暗装的集配装置的合理设置和安装使用提供适当条件;

⑦当集中供暖的热水温度超过地暖供水温度上限(55℃)时,集配器前应安装混水装置,如图 5-37(b)所示;

⑧当分、集水器配有混水装置和地暖各环路设置温度控制器时,集配器安装部位应预埋电器接线盒、电源插座等及其预埋配套的电源线和信号线的套管。

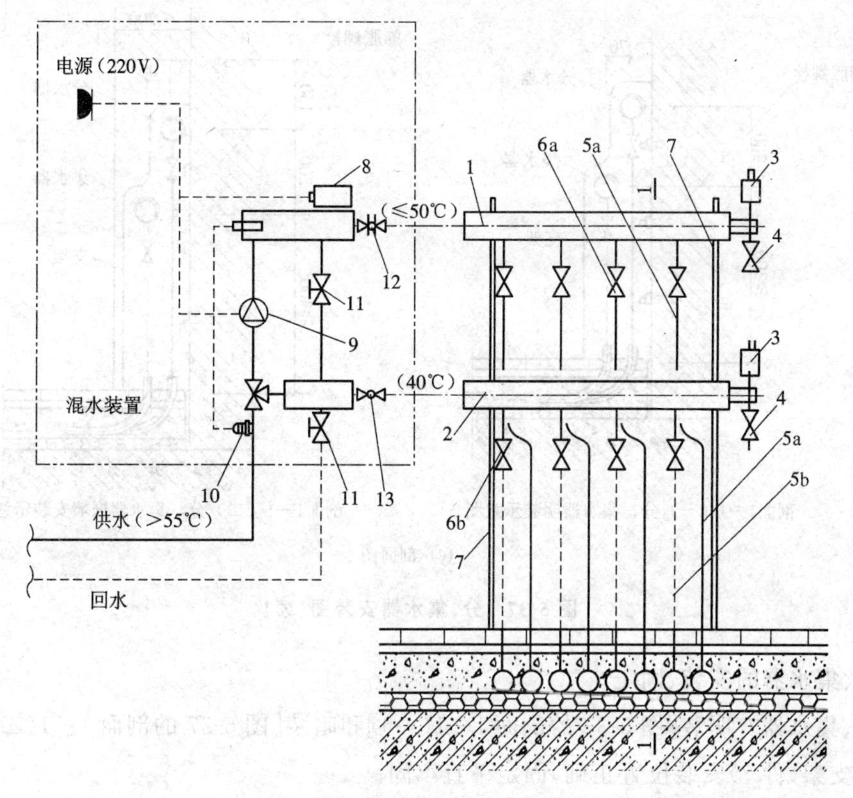


(a) 分、集水器与混水装置安装示意图

1—分水器；2—集水器；3—自动排气阀；4—泄水阀；5a—供水管；5b—回水管；

6a—分水控制阀；6b—集水控制阀；7—分、集水器支架；8—电子温感器；9—调速水泵；

10—远传温控阀；11—调解阀；12—温控及过滤阀；13—测温阀

注：集中供暖热水温度高于55℃时，分、集水器前应安装混水装置。

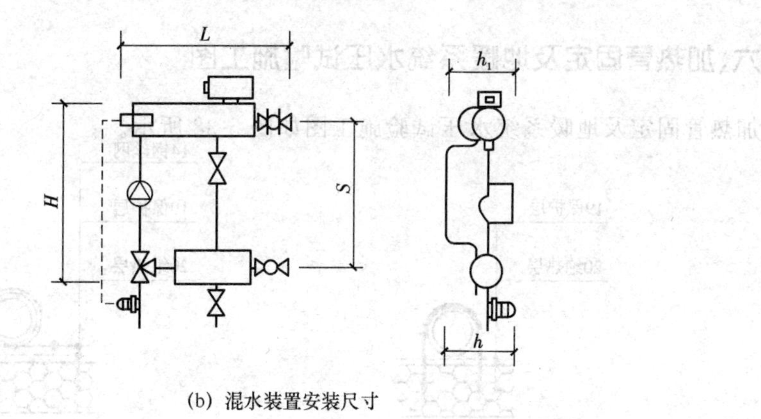


(b) 混水装置安装尺寸

$L=404mm$；$S=210mm$；$H=404mm$；$h_1=150mm$；$h=165.5mm$

图 5-37 分、集水器安装图

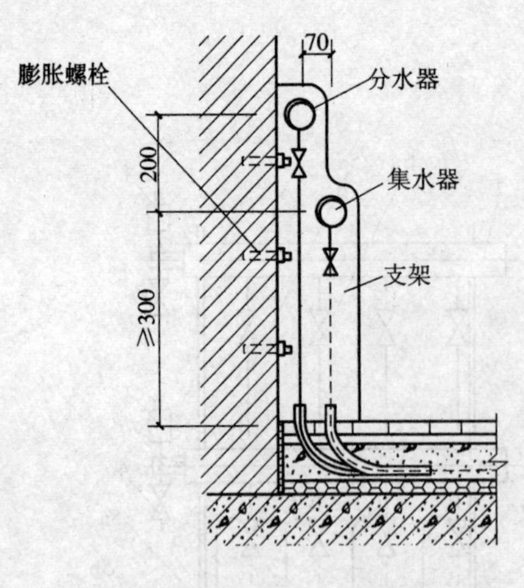


剖面1—1（一）分、集水器明装示意图

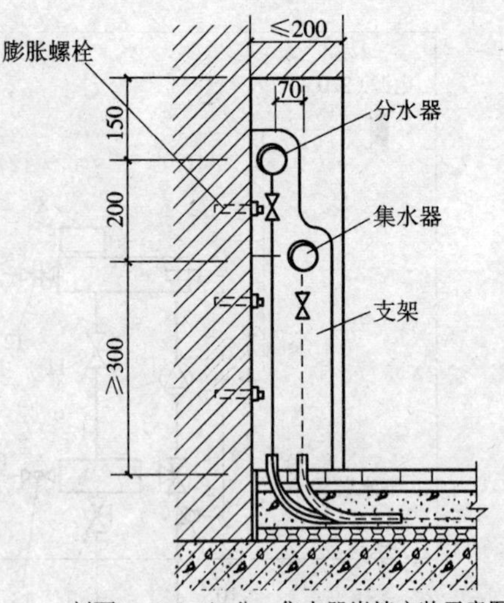


剖面1—1（二）分、集水器嵌墙安装示意图

(c) 剖面图

**图 5-37　分、集水器安装图(续)**

2)分、集水器的安装、固定。

①分、集水器有明装[图 5-37 的剖面 1—1(一)]和暗装[图 5-37 的剖面 1—1(二)]要求分、集水器的支架(件 7)安装位置正确,固定平直牢固。

②当分、集水器水平安装时,一般将分水器(件 1)安装在上,集水器(件 2)安装在下,中心距宜为 200mm,集水器中心距地面应大于或等于 300mm。

③当分、集水器垂直安装时,分、集水器下端距地面应大于或等于 150mm。

④分、集水器安装与系统供、回水管连接固定后如系统尚未冲洗,应再将集配器与总供回水管之间临时断开,防止外系统杂物进入地暖系统。

## 六、加热管固定及地暖系统水压试验施工图

加热管固定及地暖系统水压试验施工图如图 5-38 所示。

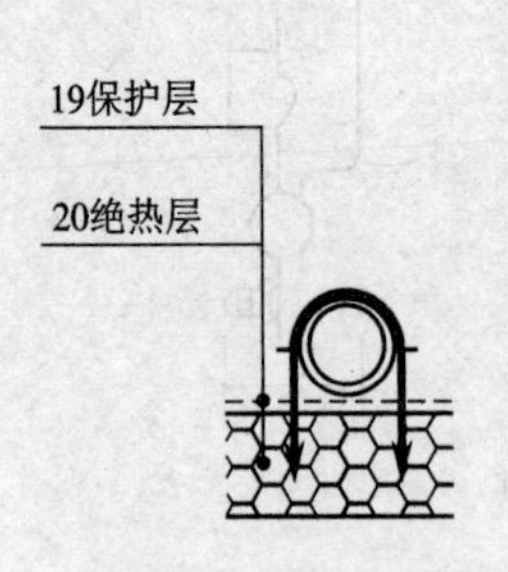


(a) 塑料卡钉（管卡）固定加热管
（保护层为聚乙烯膜）

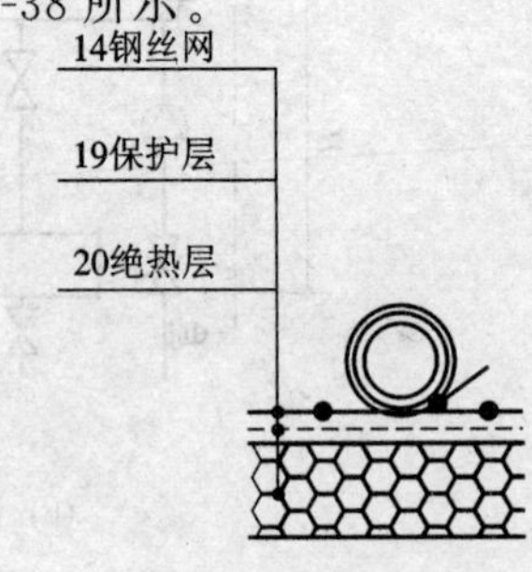


(b) 塑料扎带绑扎固定加热管
（保护层为铝箔）

**图 5-38　加热管固定及地暖系统水压试验施工图**

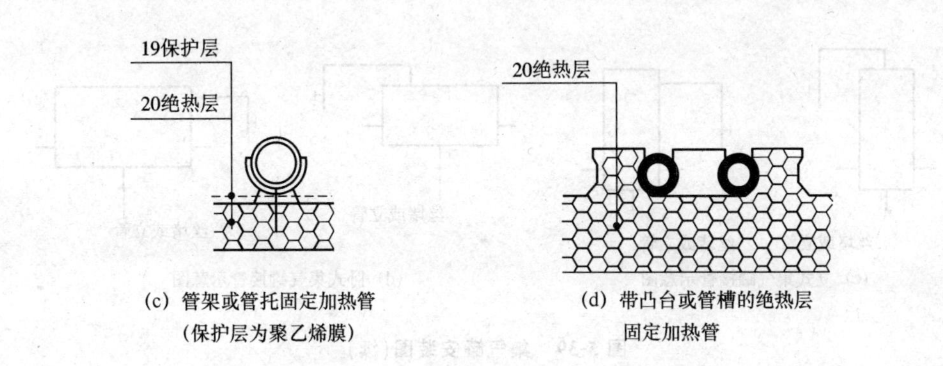


(c) 管架或管托固定加热管（保护层为聚乙烯膜）　(d) 带凸台或管槽的绝热层固定加热管

**图 5-38　加热管固定及地暖系统水压试验施工图(续)**

1)水压试验之前，除了按图 5-38 所示的固定加热管之外，还应对试压管道和构件采取其他安全有效的固定和保护措施。

2)试验压力应为不小于系统静压加 0.3MPa，但不得低于 0.6MPa。

3)冬期进行水压试验时，应采取可靠的防冻措施。

4)水压试验步骤。

①经分水器缓慢注水，同时将管道内空气排出。

②充满水后，进行水密性检查。

③采用手动泵缓慢升压，升压时间不得小于 15min。

④升压至规定工作压力后，停止加压，稳压 1h，观察有无漏水现象。

⑤稳压 1h 后，补压至规定试验压力值，15min 内的压力降不超过 0.05MPa，无渗漏为合格。

## 七、集气罐安装图

集气罐安装图如图 5-39 所示。

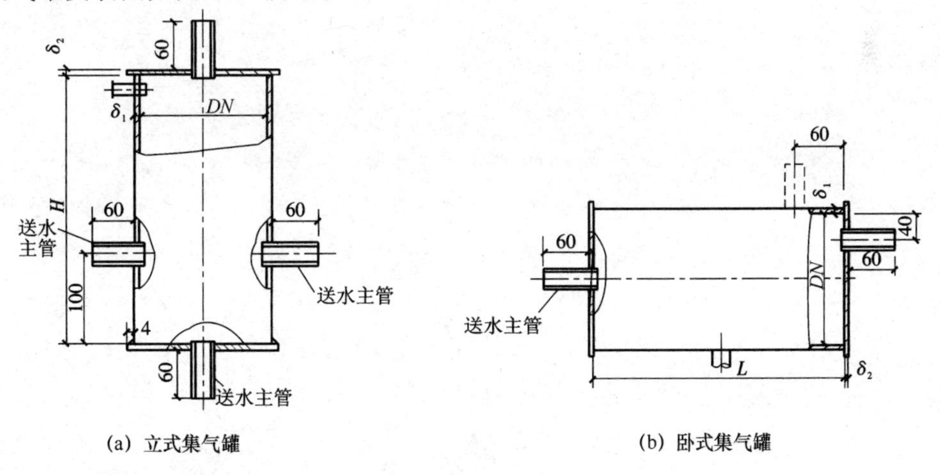


(a) 立式集气罐　(b) 卧式集气罐

**图 5-39　集气罐安装图**

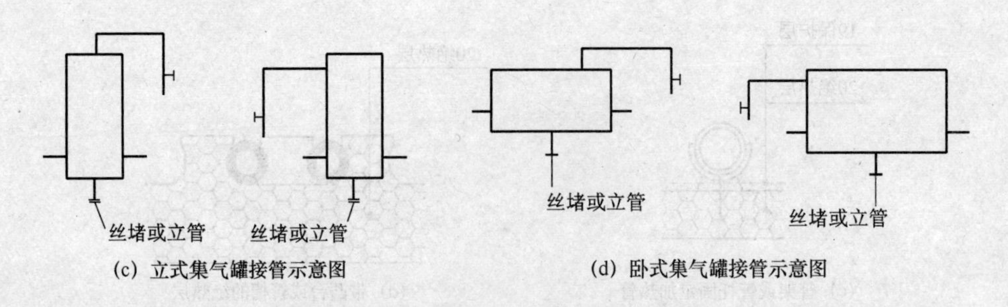


(c) 立式集气罐接管示意图　　(d) 卧式集气罐接管示意图

**图 5-39　集气罐安装图(续)**

1)集气罐制造安装应执行国家标准及设计技术文件的规定。

2)集气罐安装位置多为供水系统最高点和主要干管的末端。

3)集气罐的排气管应加截断阀(详见集气罐接管图),在系统上水时反复开关此阀,运行时定期开阀放气。

4)集气罐安装的支架应参照管道支架安装要求进行施工和检验。

# 第六章

# 通风空调工程施工图识读

## 第一节　通风空调工程识读内容

### 一、通风工程施工图识读内容

**1. 通风工程分类**

通风工程通风是指室内外空气交换，将室内污浊空气或有害物质从室内排出，将室外新鲜空气或经过处理的空气送入室内。通风系统按工作动力的分类，可分为自然通风和机械通风。

(1)自然通风

利用室外冷空气与室内热空气密度的不同，以及建筑物迎风面和背风面风压的不同而进行的通风称为自然通风。

自然通风可分为有组织的自然通风、管道式自然通风、渗透通风三种。

(2)机械通风

利用通风机所产生的抽力或压力借助通风管网进行的通风称为机械通风。

通风系统有送风系统和排风系统。实际中经常将机械通风和自然通风结合使用。例如，有时采用机械送风和自然排风，有时采用机械排风和自然送风。机械送风系统一般由进风百叶窗、空气过滤器(加热器)、通风机(离心式、轴流式、贯流式)、通风管以及送风口等组成，如图 6-1 所示。机械排风系统一般由吸风口(吸尘罩)、通风管、通风机、风帽等组成，如图 6-2 所示。

**2. 通风施工图的组成**

通风施工图一般包括设计和施工说明、设备和配件明细表、通风系统平面图、剖面图、系统图、详图等。在通风施工图中，为了使通风管道系统表示得比较明显，房屋建筑的轮廓用细线画出，管道用粗线画出，设备和较小的配件用中粗线或细线画出。

(1)设计和施工说明

1)设计时使用有关气象资料、卫生标准等基本数据。

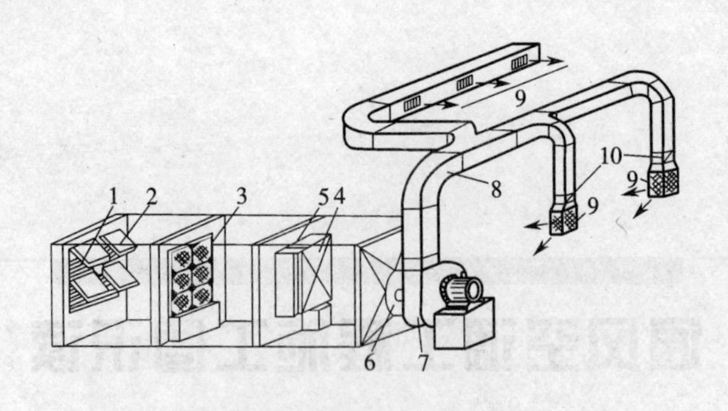


图 6-1　机械送风系统

1—百叶窗；2—保温阀；3—过滤器；4—空气加热器；5—旁通阀；

6—启动阀；7—通风机；8—通风管；9—出风口；10—调节阀门

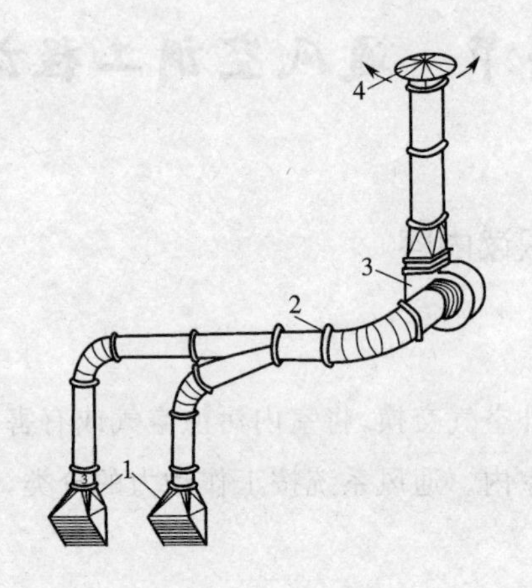


图 6-2　机械排风系统

1—排气罩；2—排风管；3—通风机；4—风帽

2)通风系统的划分。

3)施工做法。例如，与土建工程的配合施工事项，风管材料和制作的工艺要求，油漆、保温、设备安装技术要求，施工完毕后试运行要求等。

4)本套施工图中采用的一些图例。

(2)设备和配件明细表

设备和配件明细表就是通风机、电动机、过滤器、除尘器、阀门等以及其他配件的明细表，在表中要注明它们的名称、规格型号和数量等，以便与施工图对照。

(3)通风系统平面图

通风系统平面图主要表达通风管道、设备的平面布置情况和有关尺寸，一般包括下列内容：

1)以双线绘出的风道、异径管、弯头、静压箱、检查口、测定孔、调节阀、防火阀、送排风口等的位置。

2)水式空调系统中，用粗实线表示的冷热媒管道的平面位置、形状等。

3)送、回风系统编号,送、回风口的空气流动方向等。

4)空气处理设备(室)的外形尺寸、各种设备定位尺寸等。

5)风道及风口尺寸(圆管注管径、矩形管注宽×高)。

6)各部件的名称、规格、型号、外形尺寸、定位尺寸等。

(4)通风系统剖面图

通风系统剖面图表示通风管道、通风设备及各种部件竖向的连接情况和有关尺寸,主要有以下内容:

1)用双线表示的风道、设备、各种零部件的竖向位置尺寸和有关工艺设备的位置尺寸,相应的编号尺寸应与平面图对应。

2)注明风道直径(或截面尺寸),风管标高(圆管标中心,矩形管标管底边),送、排风口的形式、尺寸、标高和空气流向等。

(5)通风系统图

通风系统图是采用轴测图的形式将通风系统的全部管道、设备和各种部件在空间的连接及纵横交错、高低变化等情况表示出来,一般包含以下内容:

1)通风系统的编号、通风设备及各种部件的编号,应与平面图一致。

2)各管道的管径(或截面尺寸)、标高、坡度、坡向等,系统图中的管道一般用单线表示。

3)出风口、调节阀、检查口、测量孔、风帽及各异形部件的位置尺寸等。

4)各设备的名称及规格型号等。

(6)通风系统详图

通风系统详图表示各种设备或配件的具体构造和安装情况。通风系统详图较多,一般包括:空调器、过滤器、除尘器、通风机等设备的安装详图,各种阀门、检查门、消声器等设备部件的加工制作详图、设备基础详图等。各种详图大多有标准图供选用。

**3. 通风系统流程图**

(1)全面机械排风系统流程图

全面机械排风系统流程图如图 6-3 所示。

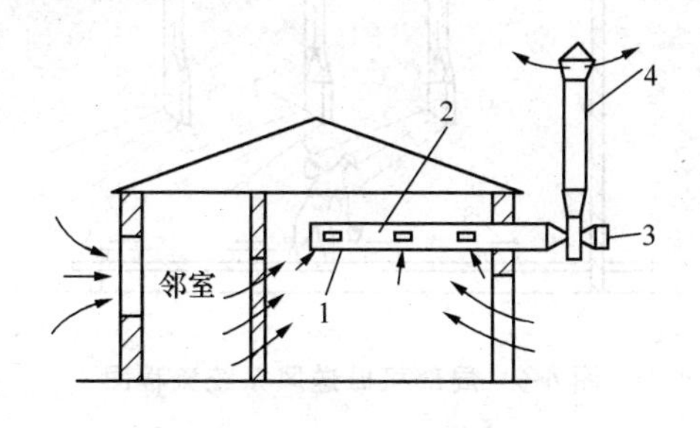


**图 6-3　全面机械排风系统流程图**

1—室内排风管道上进风口;2—室内排风管道;3—排风机;4—室外排风口与装置

(2)局部机械排风系统流程图

局部机械排风系统流程图如图 6-4 所示。

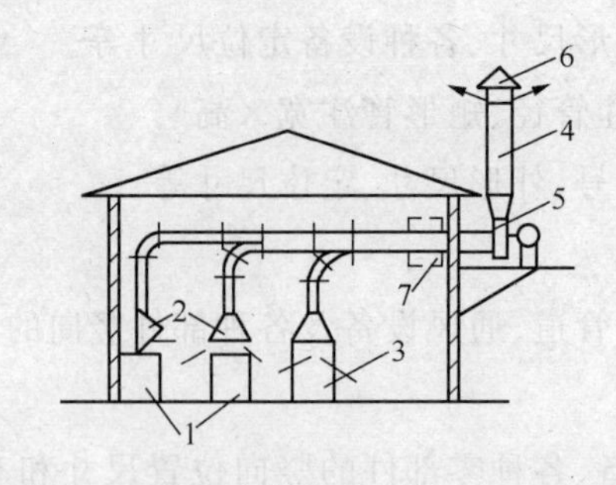


图 6-4　局部机械排风系统流程图

1—工艺设备;2—局部排风罩;3—排风柜;4—风管;5—风机;6—排风帽;7—排风处理装置

(3)全面机械送风系统流程图

全面机械送风系统流程图如图 6-5 所示。

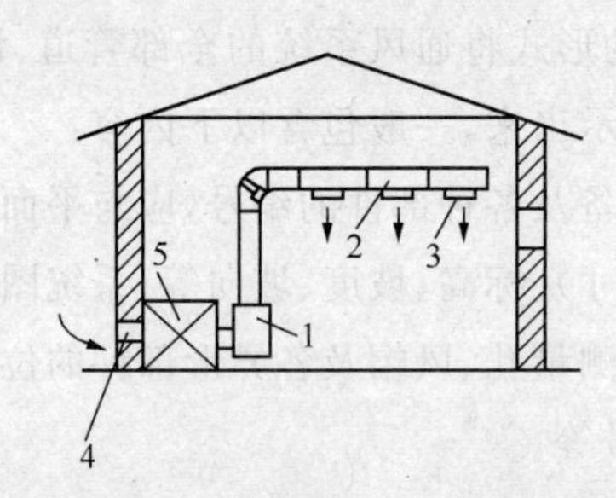


图 6-5　全面机械送风系统流程图

1—通风机;2—风管;3—送风口;4—进气口;5—处理装置

(4)局部机械送风系统流程图

局部机械送风系统流程图如图 6-6 所示。

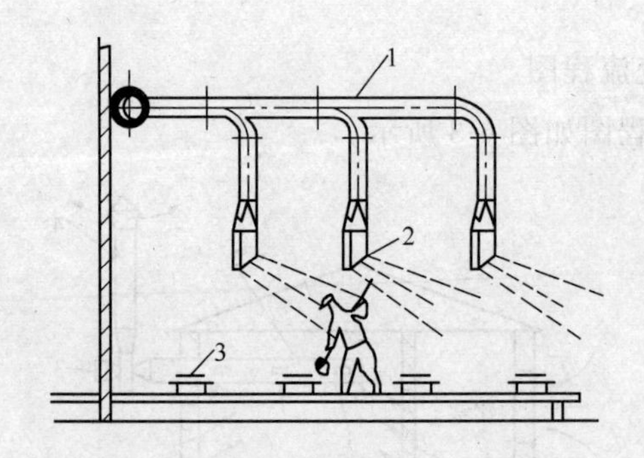


图 6-6　局部机械送风系统流程图

1—送风管;2—送风口;3—工艺设备

**4. 风管部件类型**

(1)送风口

圆形与旋转送风口如图 6-7 所示；球形可调风口如图 6-8 所示；其他各种送风口如图 6-9 所示。

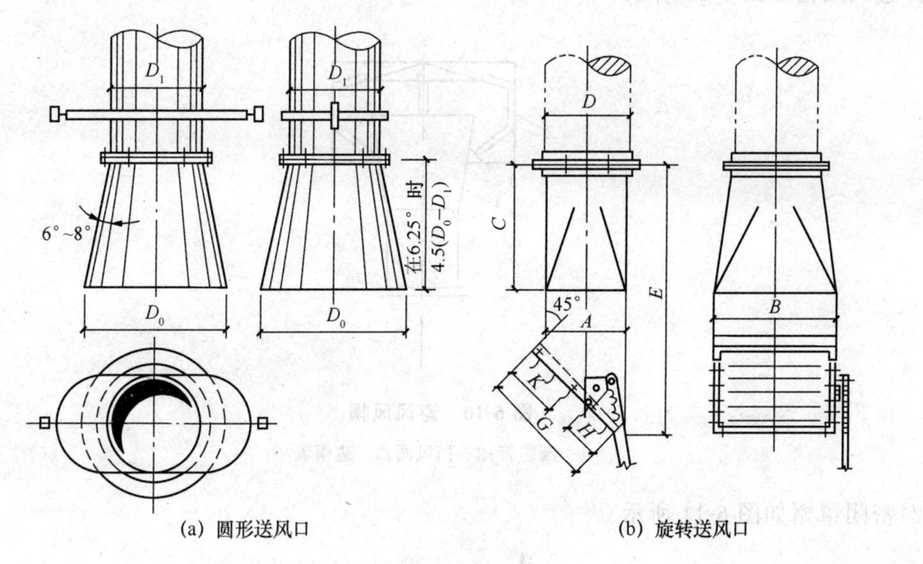


(a) 圆形送风口　　(b) 旋转送风口

图 6-7　圆形与旋转送风口

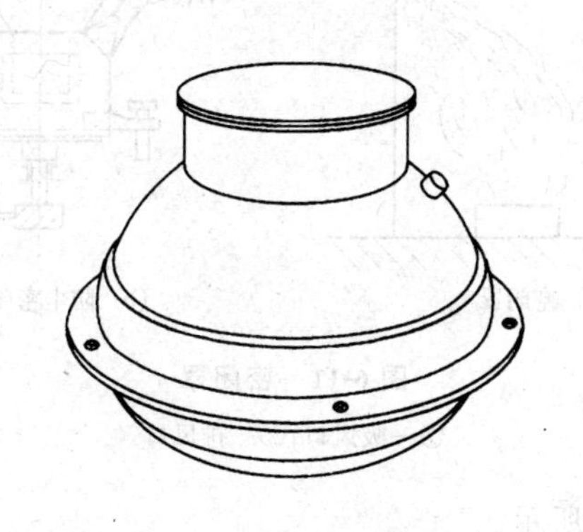

图 6-8　球形可调风口

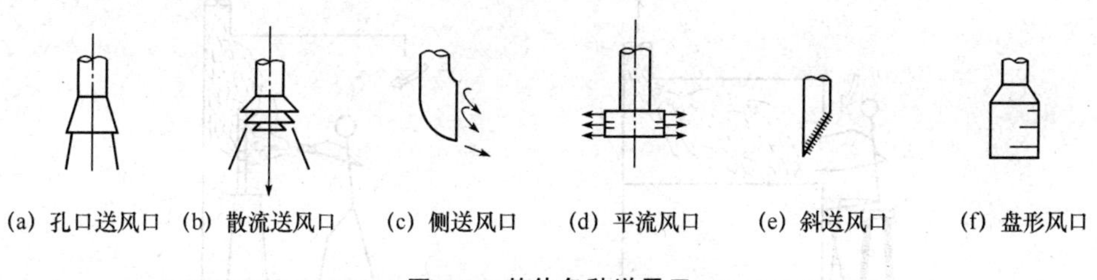

(a) 孔口送风口　(b) 散流送风口　(c) 侧送风口　(d) 平流风口　(e) 斜送风口　(f) 盘形风口

图 6-9　其他各种送风口

除上之外，还有格栅送风口、单层百叶送风口、双层百叶送风口、三层百叶送风口、带调节板活动百叶送风口、单出口隔板的条缝形风口、条缝形送风口、喷嘴送风口、孔板送风口等。

(2)排风口(罩)

1)避风风帽如图 6-10 所示。

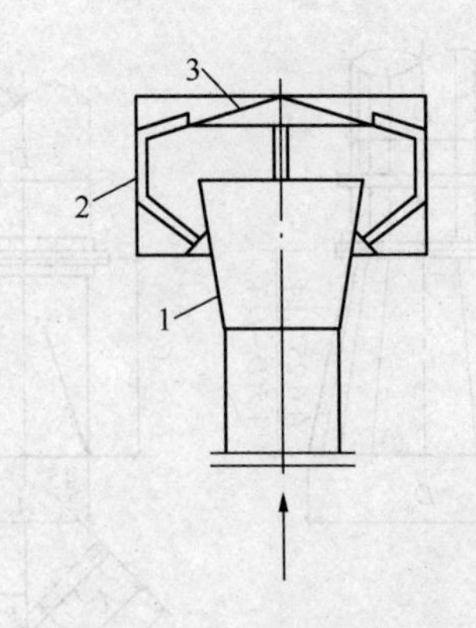


**图 6-10 避风风帽**

1—渐扩管;2—挡风圈;3—遮雨盖

2)密闭罩帽如图 6-11 所示。

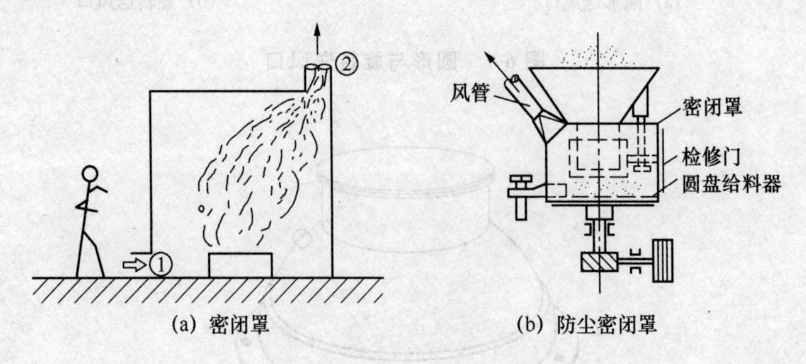


(a) 密闭罩　　(b) 防尘密闭罩

**图 6-11 密闭罩**

①—吸风口;②—排风口

3)柜式排风罩如图 6-12 所示。

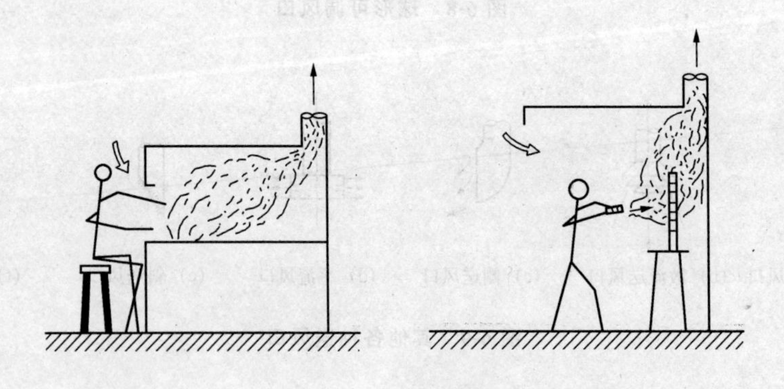

**图 6-12 柜式排风罩**

4)外部吸气罩、接受罩、吹吸式排风罩如图 6-13 所示。

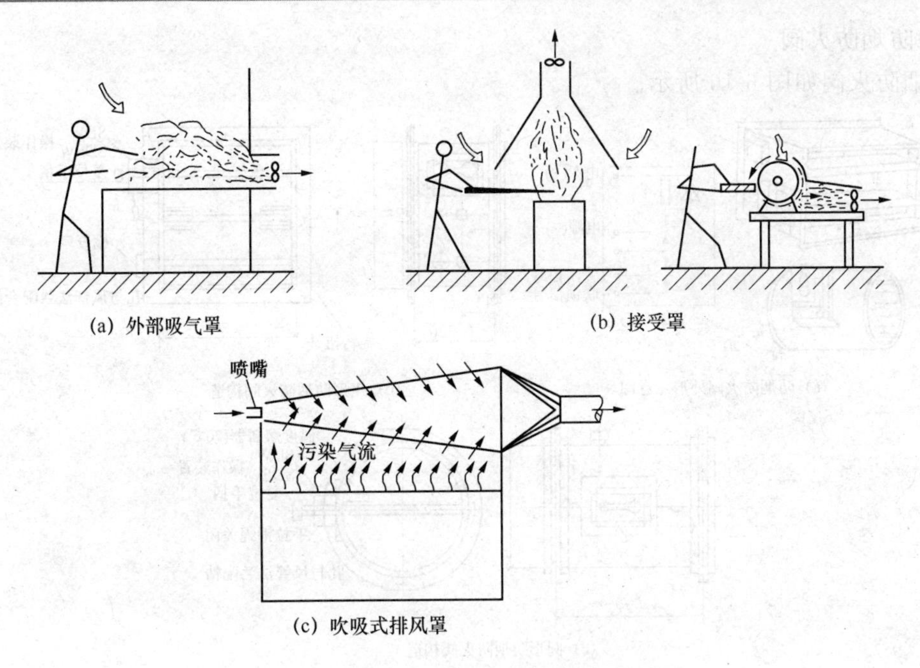

(a) 外部吸气罩

(b) 接受罩

(c) 吹吸式排风罩

图 6-13　外部吸气罩、接受罩、吹吸式排风罩

(3)插板阀

插板阀如图 6-14 所示。

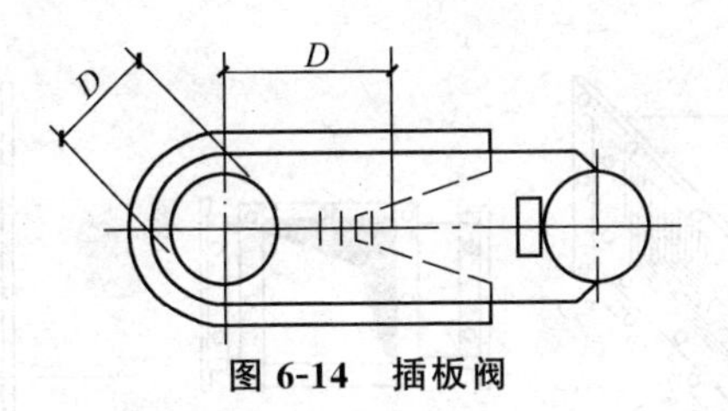

图 6-14　插板阀

(4)多叶调节阀和止回阀

多叶调节阀和止回阀如图 6-15 所示。

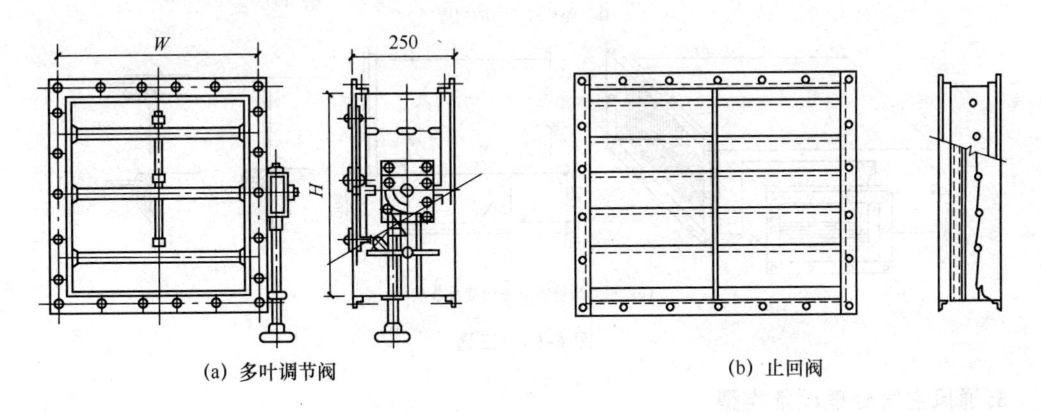

(a) 多叶调节阀

(b) 止回阀

图 6-15　多叶调节阀和止回阀

(5)防烟防火阀

防烟防火阀如图 6-16 所示。

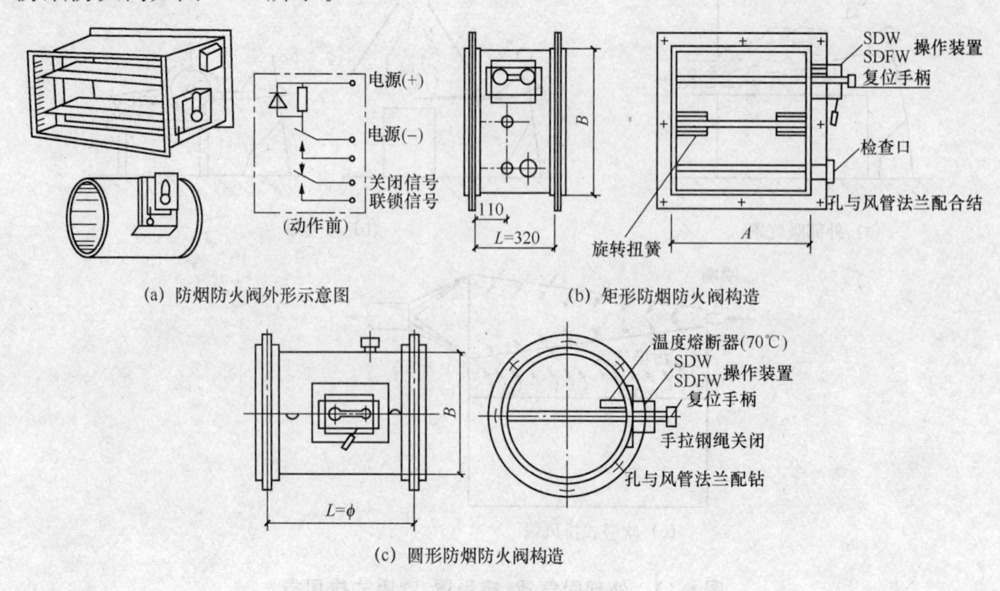


(a) 防烟防火阀外形示意图　(b) 矩形防烟防火阀构造

(c) 圆形防烟防火阀构造

**图 6-16　防烟防火阀**

(6)风管管件(三通)

三通如图 6-17 所示。

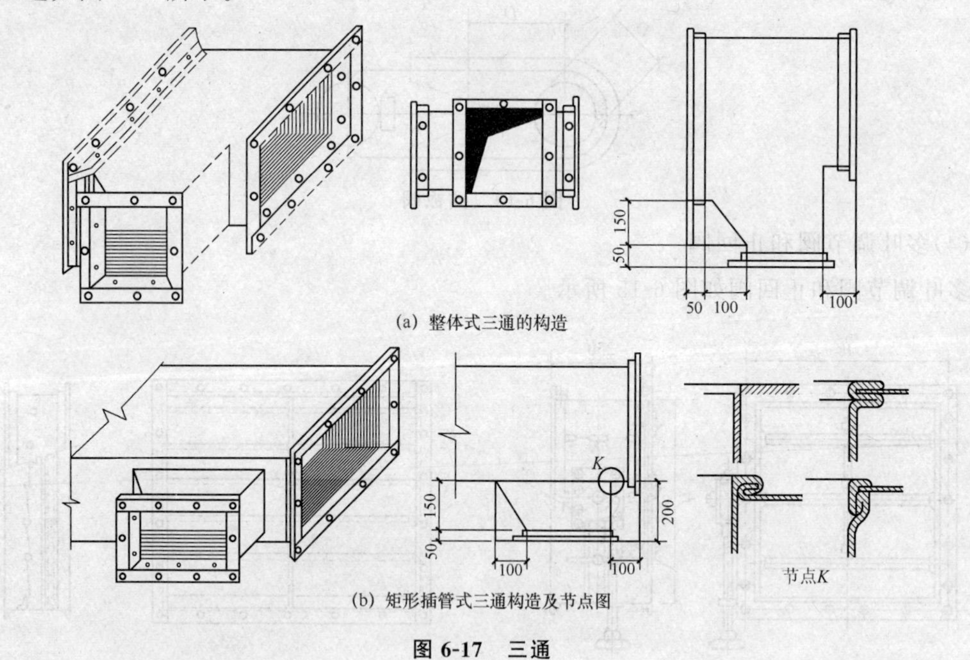


(a) 整体式三通的构造

(b) 矩形插管式三通构造及节点图

**图 6-17　三通**

## 5. 通风空气处理设备类型

重力沉降室如图 6-18 所示;离心式除尘器如图 6-19 所示;袋式除尘器如图 6-20 所示;离心式水膜除尘器如图 6-21 所示;各种吸收装置如图 6-22 所示;固定床活性炭吸附装置如图 6-23 所示。

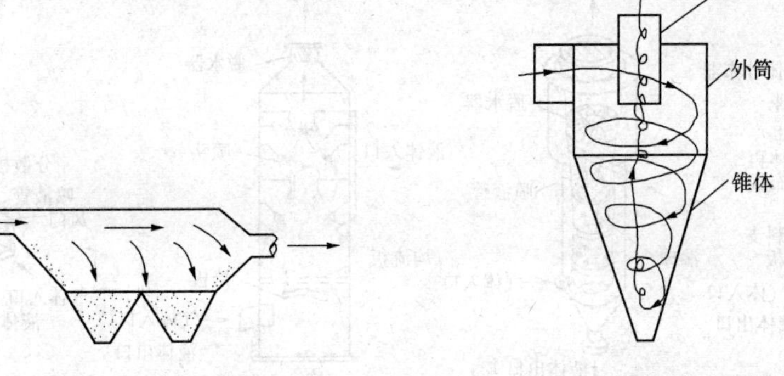


图 6-18　重力沉降室

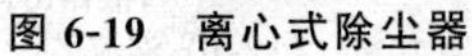

图 6-19　离心式除尘器

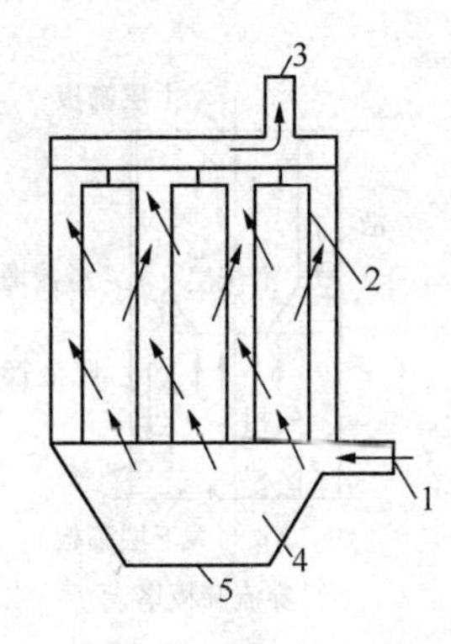


图 6-20　袋式除尘器

1—进风口；2—滤袋；3—出风口；4—集尘斗；5—排尘口

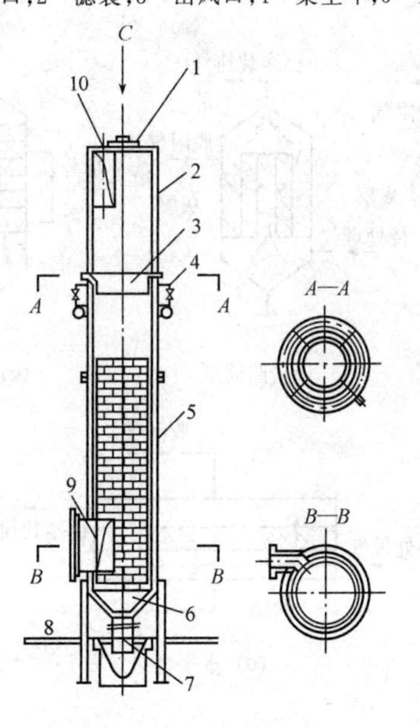


图 6-21　离心式水膜除尘器

1—人孔；2—外筒体；3—防水圈；4—喷水管；5—瓷砖；6—灰斗；

7—落灰管；8—除尘器支架；9—烟气进口；10—烟气出口

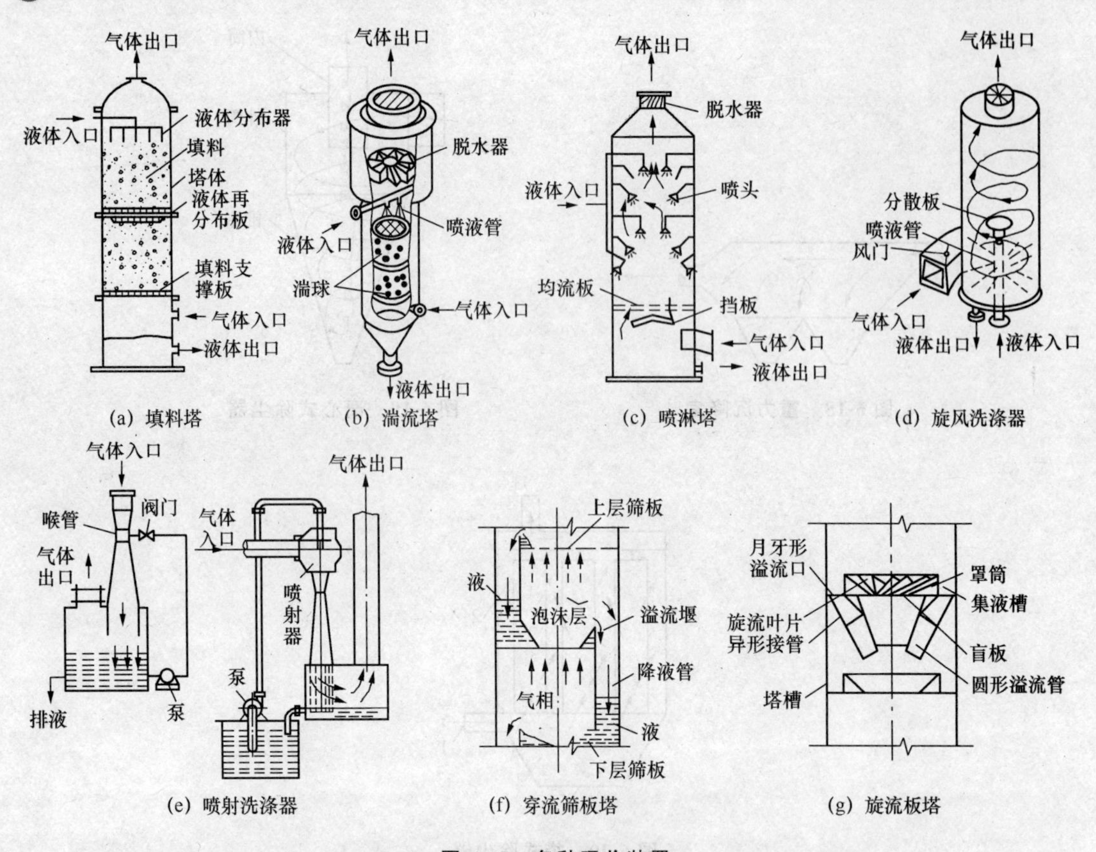


图 6-22 各种吸收装置

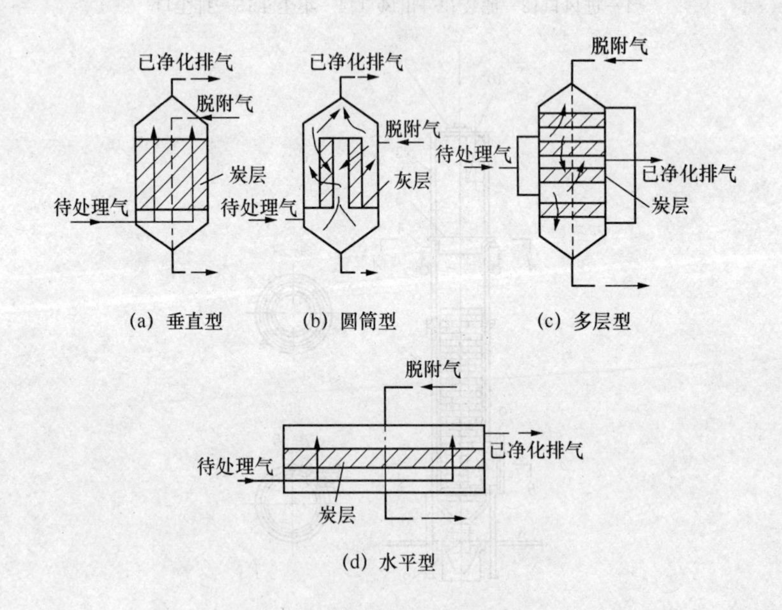


图 6-23 固定床活性炭吸附装置

## 二、空调工程施工图识读内容

### 1. 空调系统分类

空调系统按空调设备所需介质的不同，可分为全空气式系统、全水式系统、空一水式系统和制冷剂式系统。

空调系统按空调处理设备的集中程度可分为集中式系统、半集中式系统和分散式系统三种形式。

集中式空调系统又称“中央空调”。空调机组集中安置在空调机房内，空气经过处理后通过管道送入各个房间，一些大型的公共建筑，如宾馆、影剧院、商场、精密车间等，大多采用集中式空调。

半集中式空调系统中大部分空气处理设备在空调机房内，少量设备在空调房间内，既有集中处理，又有局部处理。

局部式空调系统，又称为分散式空调系统，是利用空调机组直接在空调房间内或其邻近地点就地处理空气。局部空调机组有窗式空调机、壁挂式空调机、立柜式空调机及恒温恒湿机组等。

集中式空调系统一般由空调房间、空气处理设备、空气输送设备、空气分配设备四个基本部分组成。

### 2. 空调系统流程图

1)集中式空调系统流程图如图 6-24 所示。

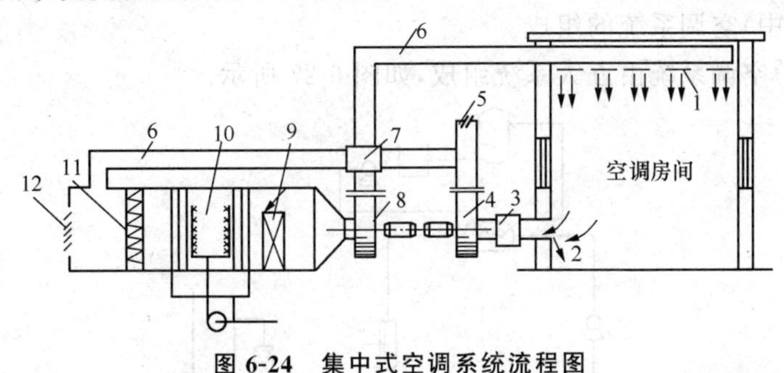


**图 6-24　集中式空调系统流程图**

1—送风口；2—回风口；3、7—消声器；4—回风机；5—排风口；6—送风管道；
7—空调箱；8—送风机；9—空气加热器；10—喷水室；11—空气过滤器；12—百叶窗

2)半集中式空调系统流程图如图 6-25 所示。

3)空调系统空气的处理。

①空气过滤采用百叶窗、空气过滤器。

②空气加温采用蒸汽加热、电加热、热泵机组加热。

③空气降温采用热泵机组降温。

④空气加湿采用喷淋水或蒸汽加湿。

⑤空气除湿采用冷冻和吸附降湿。

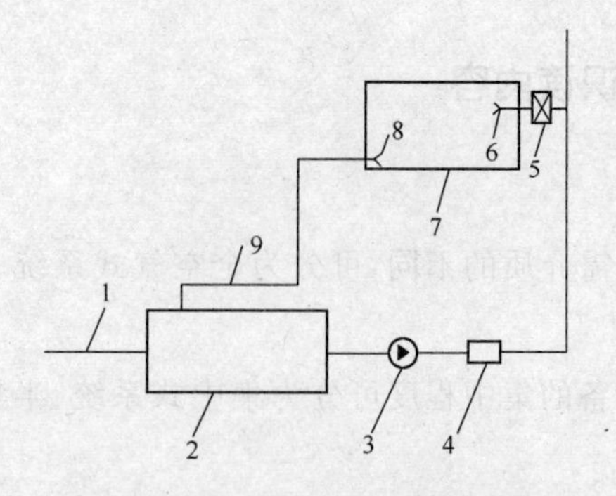


**图 6-25　半集中式空调系统流程图**

1—进风；2—空调器；3—风机；4—消声器；5—末端装置；6—送风口；7—空调房间；8—回风口；9—回风管

装配式集中空调器空气处理如图 6-26 所示。

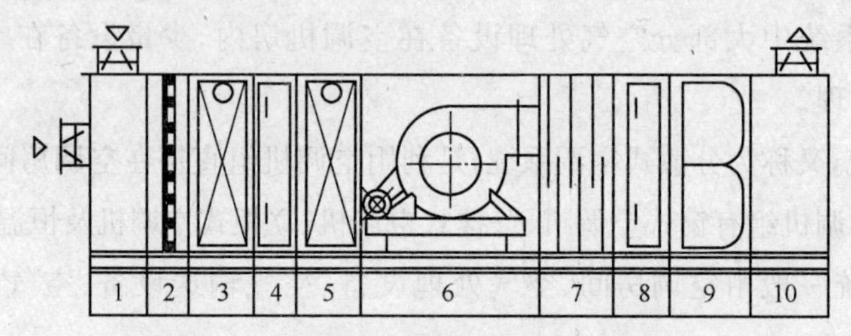


**图 6-26　装配式集中空调器空气处理**

1—混合段；2—过滤段；3—表冷段；4—中间段；5—加热段；

6—送风机段；7—消声段；8—中间段；9—中间过滤段；10—出风段

4)集中(半集中)空调系统的组成。

集中(半集中)空调系统由五大系统组成，如图 6-27 所示。

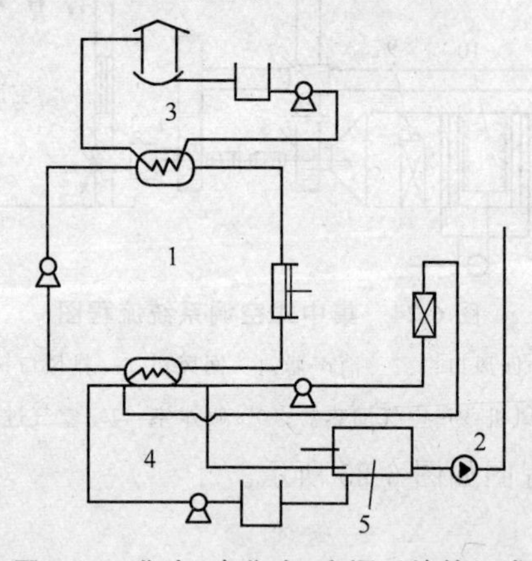


**图 6-27　集中(半集中)空调系统的组成**

1—制冷系统部分；2—风系统部分；3—冷却水系统部分；4—冷冻水系统部分；5—热源系统部分

①风系统。即送、回风系统。

②制冷系统。即由制冷压缩机、冷却器、蒸发器组成的设备管道系统。

③冷却水系统。对压缩后的制冷剂进行降温，采用循环水系统，由冷却塔、水池、水泵组成的设备管道系统。

④冷冻水系统。制取冷冻水,由水池、水泵组成的设备管道系统。

⑤热源系统。由发热设备和热媒管道组成。

**3. 空调制冷管道安装要求**

空调制冷管道安装要求如图 6-28 所示。

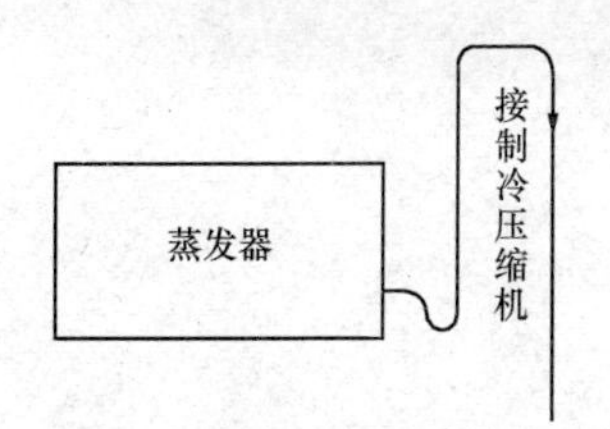


(a) 蒸发器在制冷压缩机上方时的管道连接方式

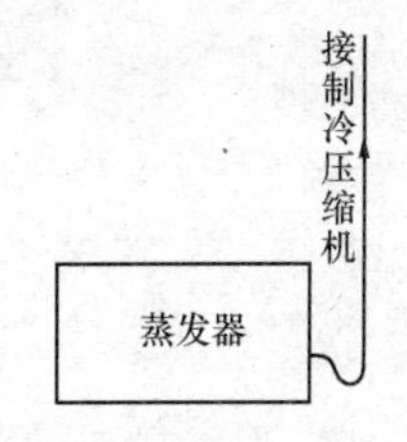


(b) 蒸发器在制冷压缩机下方时的管道连接方式

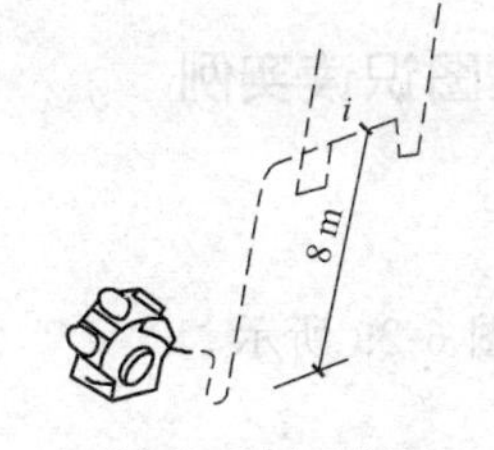


(c) 排气管至制冷压缩机的存油弯

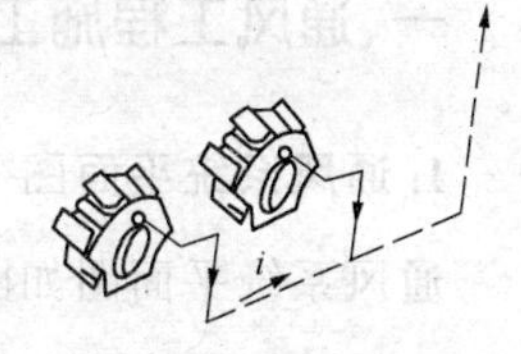


(d) 多台制冷压缩机的排气管连接方式之一

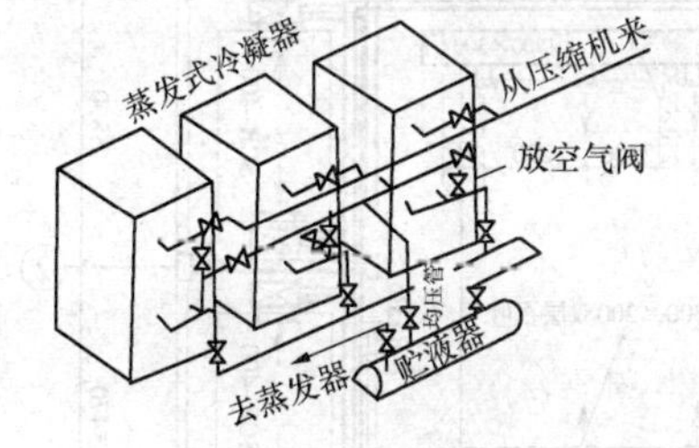


(e) 多台蒸发式冷凝器与贮液器的连接方式之一

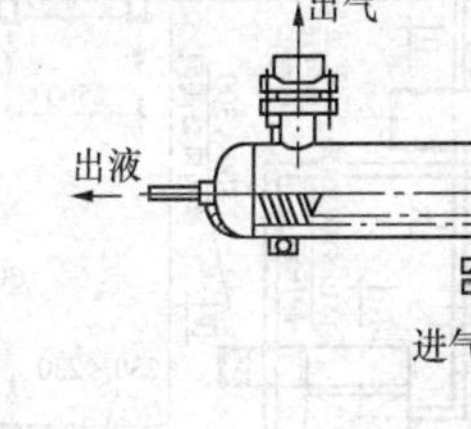


(f) 换热

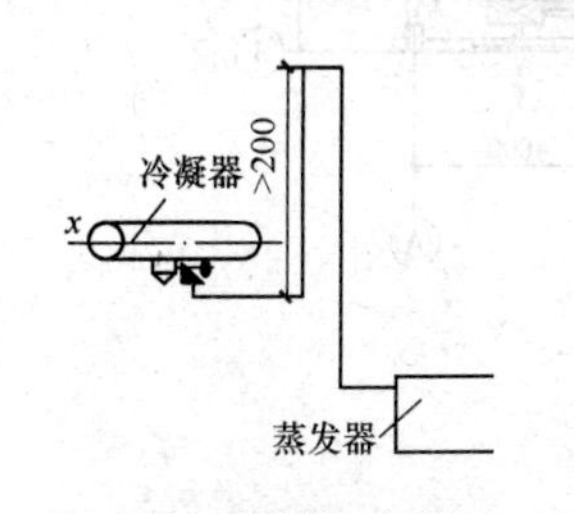


(g) 蒸发器在冷凝器或贮液器下方时的管道连接示意图

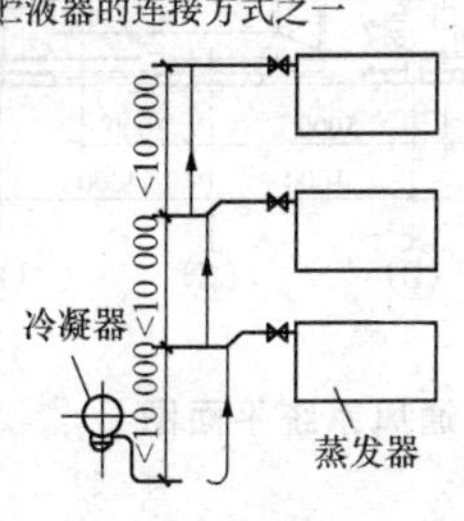


(h) 蒸发器在冷凝器或贮液器上端时的管道连接示意图

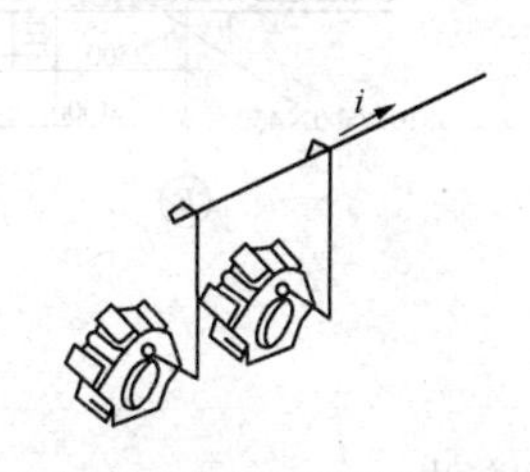


(i) 多台制冷压缩机的排气管连接方式之二

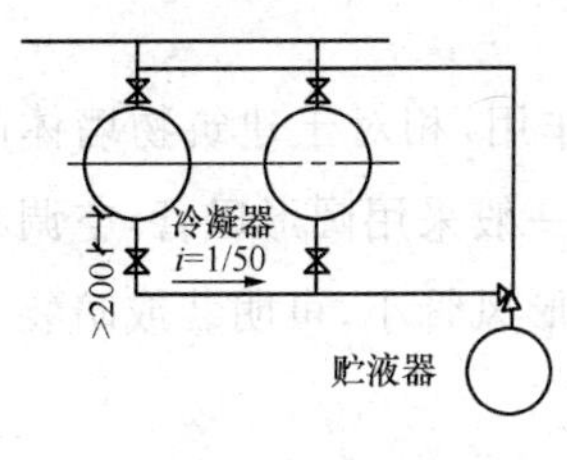


(j) 卧式冷凝器与贮液器连接方式

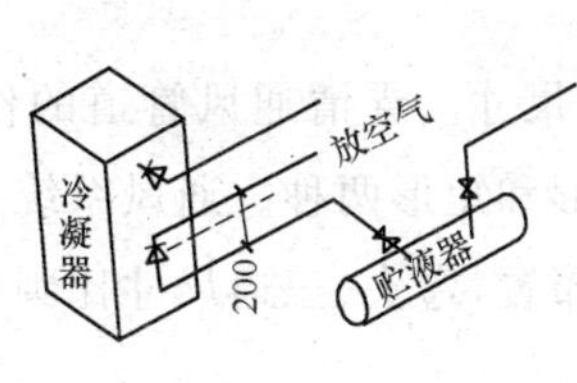


(k) 单台蒸发式冷凝器与贮液器的连接方式

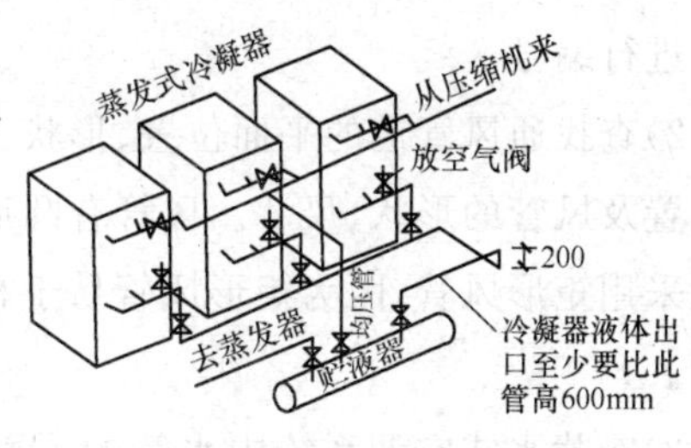


(l) 多台蒸发冷凝器与贮液器的连接方式之二

图 6-28 空调制冷管道安装要求

# 第二节　通风空调工程施工图识读实例

## 一、通风工程施工图识读实例

### 1.通风系统平面图

通风系统平面图如图6-29所示。

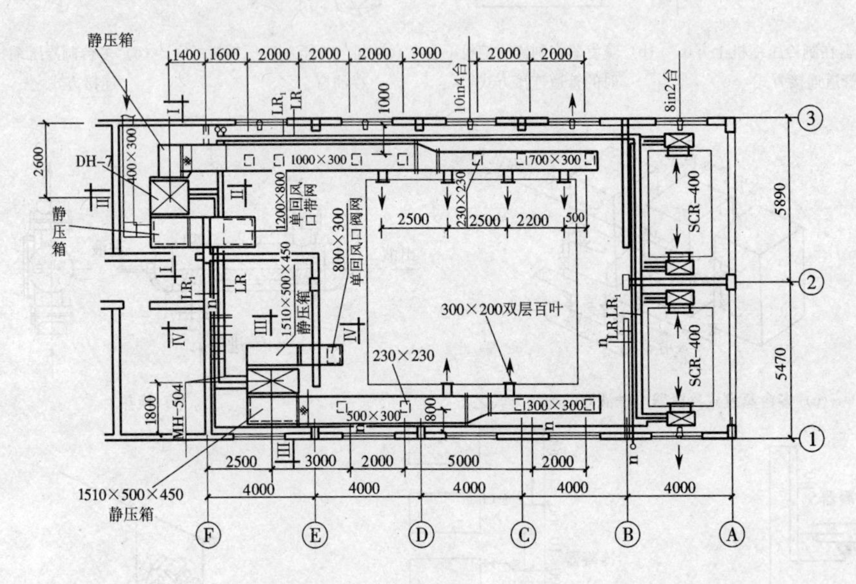


图6-29　通风系统平面图

(1)识读方法

1)查找系统的编号与数量。对复杂的通风系统,对风道系统需进行编号,简单的通风系统可不进行编号。

2)查找通风管道的平面位置、形状、尺寸。弄清通风管道的作用,相对于建筑物墙体的平面位置及风管的形状、尺寸。风管有圆形和矩形两种。通风系统一般采用圆形风管,空调系统一般采用矩形风管,因为矩形风管易于布置,弯头、三通尺寸比圆形风管小,可明装或暗装于吊顶内。

3)查找水式空调系统中水管的平面布置情况。弄清水管的作用以及与建筑物墙面的距离。水管一般沿墙、柱敷设。

4)查找空气处理各种设备(室)的平面布置位置、外形尺寸、定位尺寸。

5)查找系统中各部件的名称、规格、型号、外形尺寸、定位尺寸。

(2)图中说明

1)图 6-29 是通风系统平面图,由图 6-29 中可以看出该空调系统为水式系统。

图中标注"LR"的管道表示冷冻水供水管,标注"$LR_1$"的管道表示冷冻水回水管,标注"n"的管道表示冷凝水管。

冷冻水供水、回水管沿墙布置,分别接入两个大盘管和四个小盘管。大盘管型号为 MH-504 和 DH-7,小盘管型号为 SCR-400。冷凝水管将六个盘管中的冷凝水收集起来,穿墙排至室外。

2)室外新风通过截面尺寸为 400mm×300mm 的新风管,进入净压箱与房间内的回风混合,经过型号为 DH-7 的大盘管处理后,再经过另一侧的静压箱进入送风管。送风管通过底部的七个尺寸为 700mm×300mm 的散流器及四个侧送风口将空气送入室内。送风管布置在距①墙 1000mm 处,风管截面尺寸为 1000mm×300mm 和 700mm×300mm 两种。回风口平面尺寸为 1200mm×800mm,回风管穿墙将回风送入静压箱。型号为 MH-504 上的送风管截面尺寸为 500mm×300mm 和 300mm×300mm,回风管截面尺寸为 800mm×300mm。两个大盘管的平面定位尺寸图中已标出。

**2. 通风系统图**

通风系统图如图 6-30 所示。

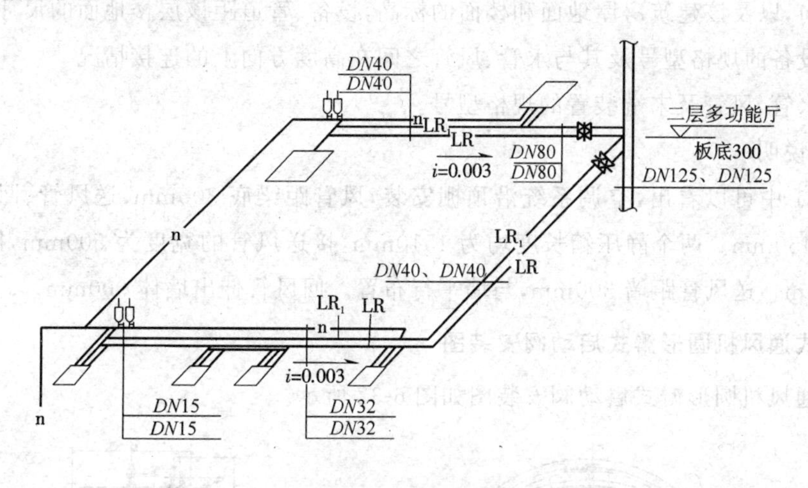


图 6-30　通风系统图

(1)识读方法

阅读通风系统图查明各通风系统的编号、设备部件的编号、风管的截面尺寸、设备名称及规格型号、风管的标高等。

(2)图中说明

从图 6-30 中可以看出冷冻水供水、回水管在距楼板底 300mm 的高度上水平布置。冷冻水供水、回水管管径相同,立管管径为 125mm;大盘管 DH-7 所在系统的管径为 80mm,MH-504 所在系统的管径为 40mm;四个小盘管所在系统的管径接第一组时为 40mm,接中间两组时为 32mm,接最后一组变为 15mm。冷冻水供水、回水管在水平方向上沿供水方向设置坡度

0.003 的上坡，端部设有集气罐。

**3. 通风系统剖面图**

通风系统剖面图如图 6-31 所示。

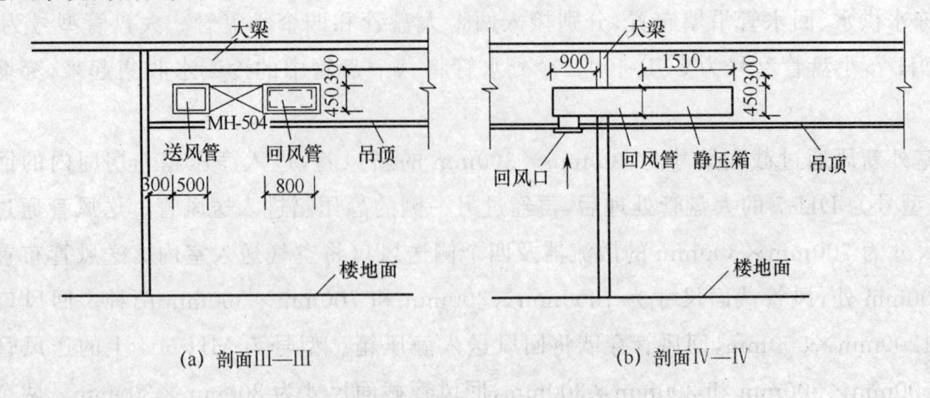


图 6-31 通风系统剖面图

(1)识读方法

1)查找水系统水平水管、风系统水平风管、设备、部件在竖直方向的布置尺寸与标高、管道的坡度与坡向，以及该建筑房屋地面和楼面的标高，设备、管道距该层楼地面的尺寸。

2)查找设备的规格型号及其与水管、风管之间在高度方向上的连接情况。

3)查找水管、风管及末端装置的规格型号。

(2)图中说明

从图 6-31 中可以看出，空调系统沿顶棚安装，风管距梁底 300mm，送风管、回风管、静压箱高度均为 450mm。两个静压箱长度均为 1510mm，接送风管的宽度为 500mm，接回风管的宽度为 800mm。送风管距墙 300mm，与墙平行布置。回风管伸出墙体 900mm。

**4. 离心式通风机圆形瓣式启动阀安装图**

离心式通风机圆形瓣式启动阀安装图如图 6-32 所示。

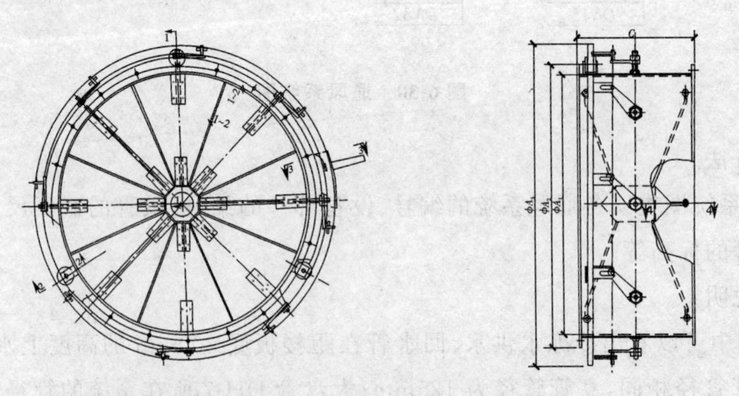

图 6-32 离心式通风机圆形瓣式启动阀安装图

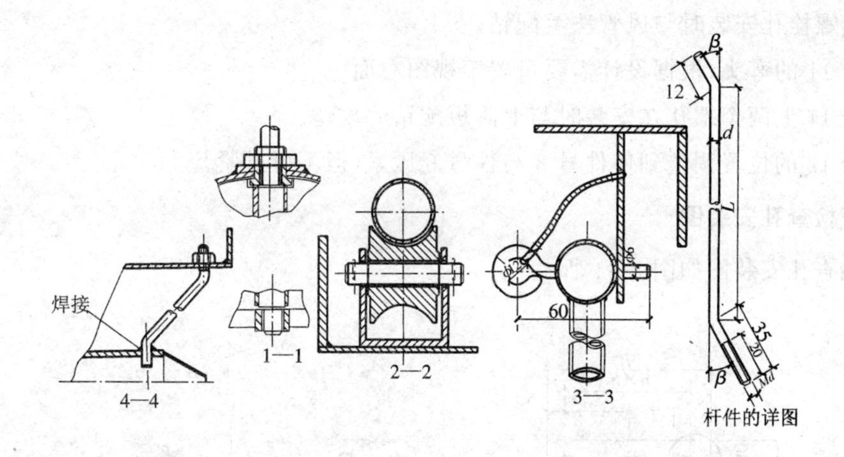


图 6-32　离心式通风机圆形瓣式启动阀安装图(续)

1)要求转动灵活,启动时无碰擦现象,叶片转动 90°。

2)心子位置找准后辐杆与心子焊接。

3)定位板销孔在行程调准后再钻,防止松动。

4)传动装置安装时,先将传动环的驳杆与旋杆两中心线重合,此时驳杆底面应靠近旋杆上表面,旋杆的销的位置移至驳杆靠环的一端,此时叶片应在 45°位置再往复转动传动环,使叶片分别停止在全开、全关位置,确定定位板上的销孔。但应注意销子不得离开驳杆。

**5. 圆形水平风管止回阀安装图**

圆形水平风管止回阀安装图如图 6-33 所示。

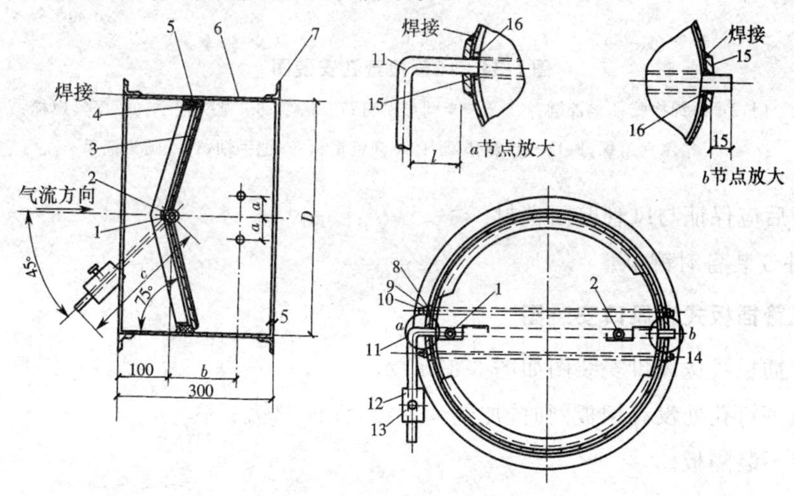


图 6-33　圆形水平风管止回阀安装图

1—螺钉;2、9、16—垫圈;3—阀板;5—密封圈;6—短管;7—法兰;8—橡皮圈;

10—螺母;11—弯轴;12—坠锤;13—螺栓;14—双头螺杆;15—垫板;

1)法兰螺栓孔安装时与风管法兰配钻。

2)件号 11 的弯头,根据设计需要可置于视图右面。

3)件号 11 上两个螺孔在安装时与上阀板配钻后攻丝。

4)件号 12 的位置调整到使件号 3 与件号 5 压紧(但不可过紧)。

**6. 风管检查孔安装图**

风管检查孔安装图如图 6-34 所示。

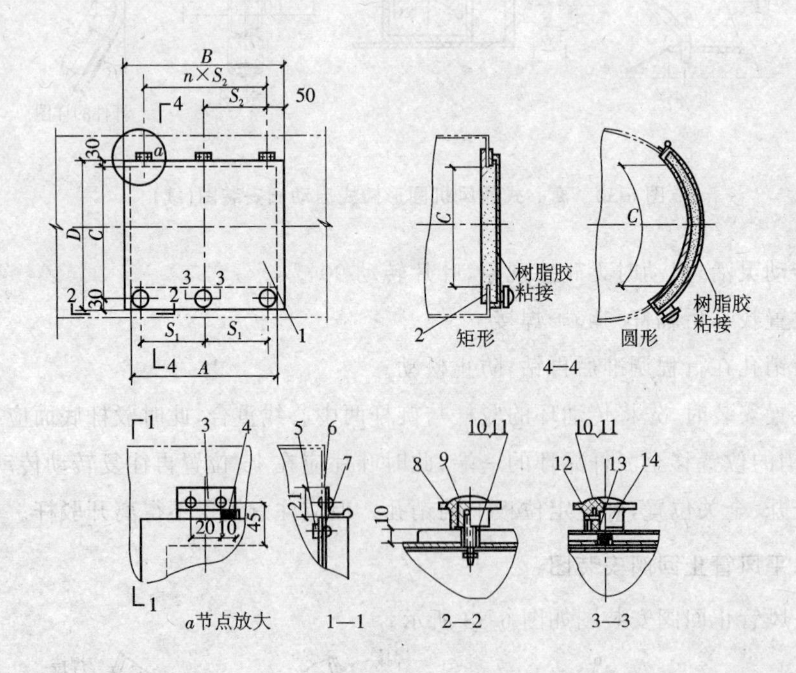


**图 6-34 风管检查孔安装图**

1—门;2—海绵橡胶;3—铰链;4、5、6—半圆形柳钉;7—法兰;8—圆头把手;9—压紧螺栓;10—精制六角螺母;11—弹簧垫圈;12—圆锥销;13—把手轴;14—圆头把手

1)门压紧后应保证与风管壁面密封。

2)件 3、件 6 装备时铆牢。

**7. 矩形风管插板式送风口安装图**

矩形风管插板式送风口安装图如图 6-35 所示。

1)导向板铆钉孔处没有钢板网时,加垫片铆接,保证导轨平整。

2)吸风口不装隔板。

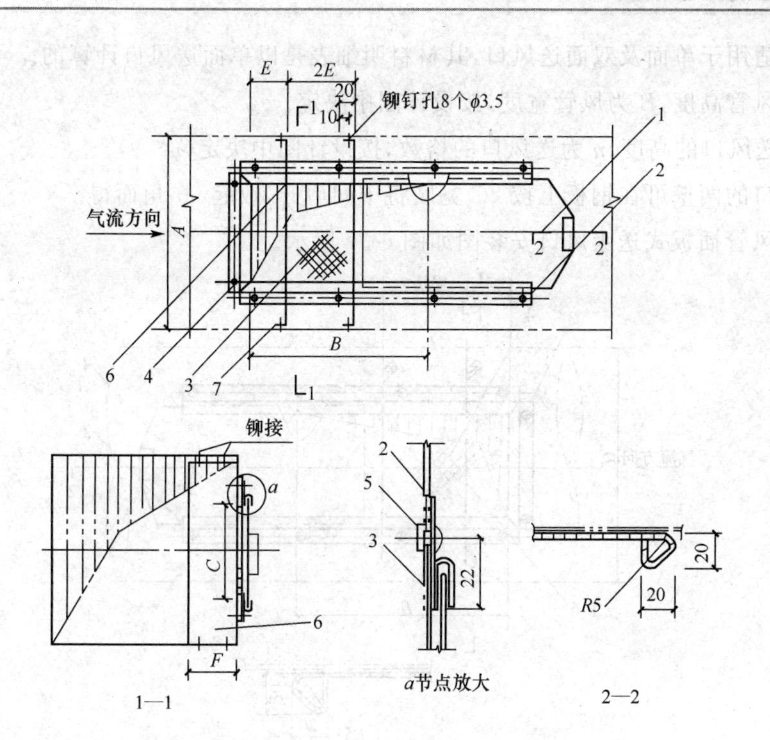


图 6-35　矩形风管插板式送风口安装图

1—插板；2—导向板；3—钢板网；4—挡板；5、7—铆钉；6—隔板

## 8. 送风口安装图

1)矩形送风口安装图如图 6-36 所示。

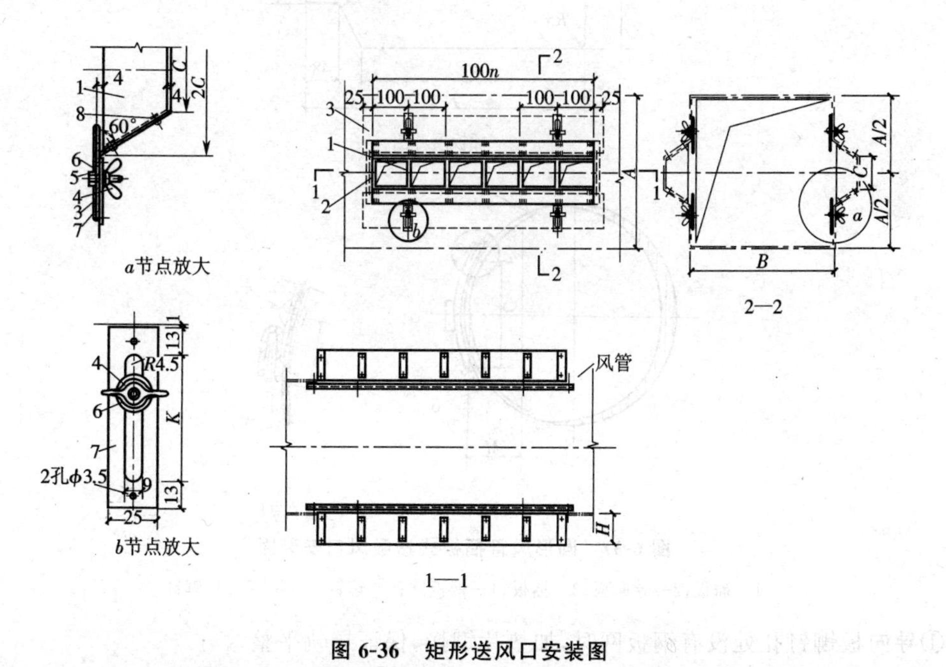


图 6-36　矩形送风口安装图

1—隔板；2—端板；3—插板；4—翼形螺母；5—六角螺栓；6—垫圈；7—垫板；8—铆钉

①本图适用于单面及双面送风口，其材料明细表是以单面送风口计算的。

②$A$ 为风管高度，$B$ 为风管宽度，按设计图中决定。

③$C$ 为送风口的高度，$n$ 为送风口的格数，按设计图中决定（$n \leqslant 9$）。

④送风口的两壁可在钢板上按 $2C$ 宽度将中间剪开，扳起 60°角而得。

2)圆形风管插板式送吸风口安装图如图 6-37 所示。

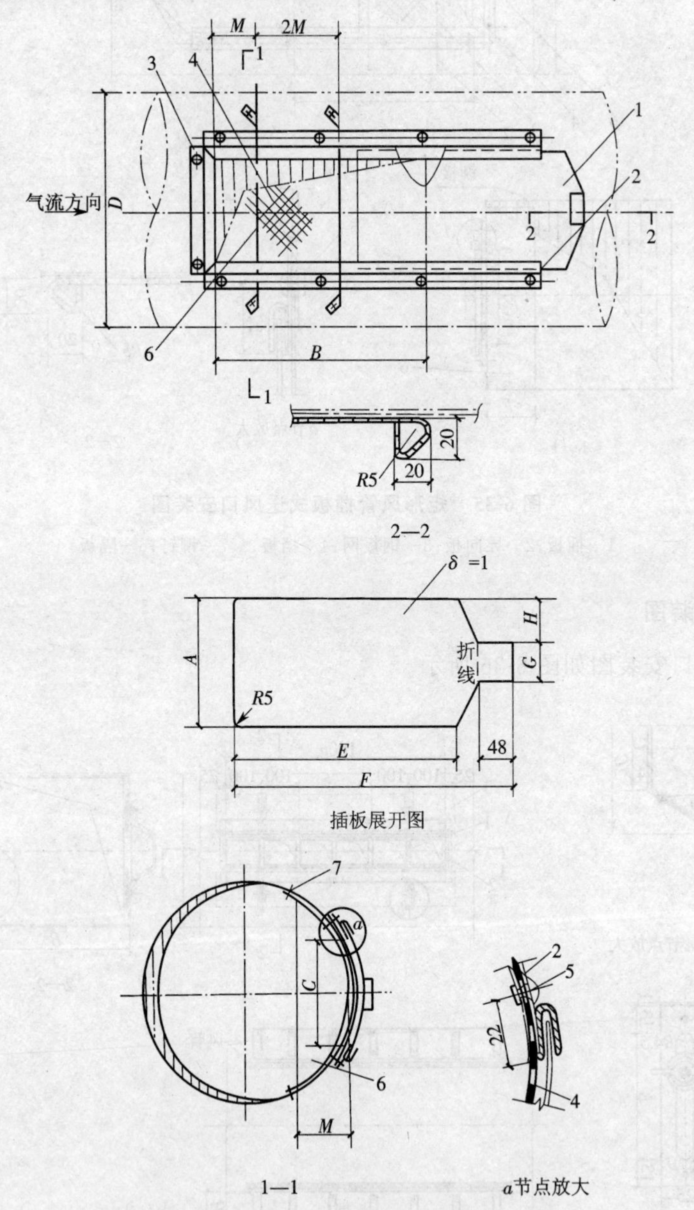


**图 6-37　圆形风管插板式送吸风口安装图**

1—插板；2—导向板；3—挡板；4—钢板网；5—铆钉；6—隔板；7—铆钉

①导向板铆钉孔处没有钢板网时，加垫片铆接，保证导轨平整。

②吸风口不装隔板。

**9. 温度测定孔与测管安装图**

1)温度测定孔与测管(I型)安装图如图 6-38 所示。

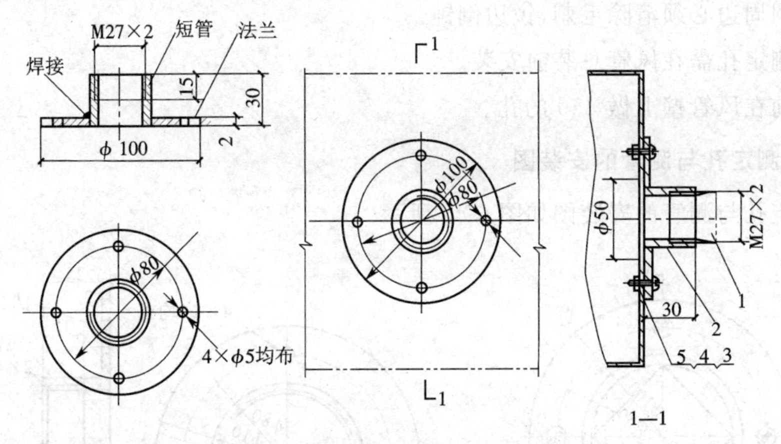


**图 6-38　温度测定孔与测管(Ⅰ型)安装图**

1—橡皮塞;2—测管;3—半圆头螺钉;4—弹簧垫圈;5—精制六角螺母

①测管装于圆形壁面时,要将法兰先做成圆弧形,再与短管焊接,螺栓连接孔与风管壁配作。

②法兰圆周边必须清除毛刺,锐边倒钝。

③温度测定孔需在风管总装前安装。

④安装测定孔前,在风管壁面上做 ϕ50 的孔。

2)温度测定孔与测管(Ⅱ型)安装图如图 6-39 所示。

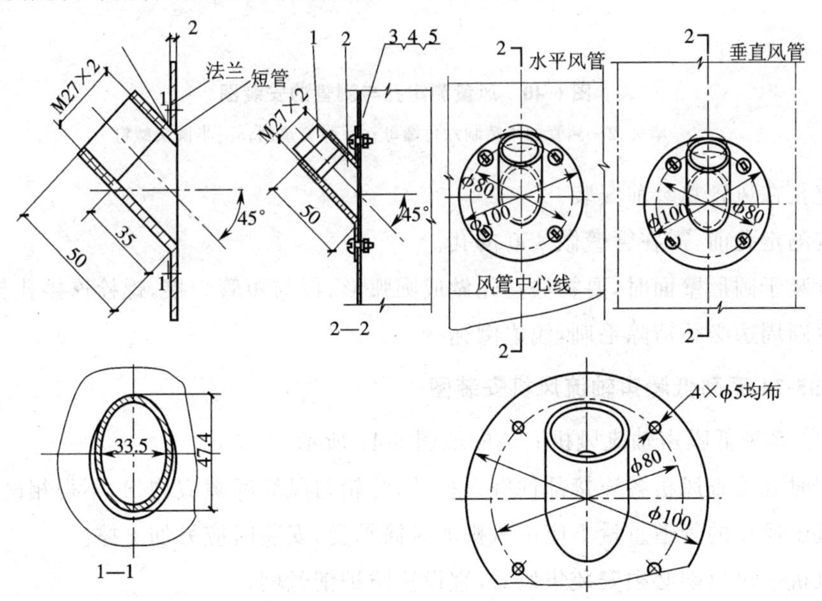


**图 6-39　温度测定孔与测管(Ⅱ型)安装图**

1—橡皮塞;2—测管;3—半圆头螺钉;4—弹簧垫圈;5—精制六角螺母

①测定孔装于圆形壁面时，要将法兰先做成圆弧形，再与短管焊接，螺栓连接孔与风管配作。

②法兰圆周边必须清除毛刺，锐边倒钝。

③温度测定孔需在风管总装前安装。

④安装前在风管壁上做 $\phi50$ 的孔。

**10. 风量测定孔与测管的安装图**

风量测定孔与测管的安装图如图 6-40 所示。

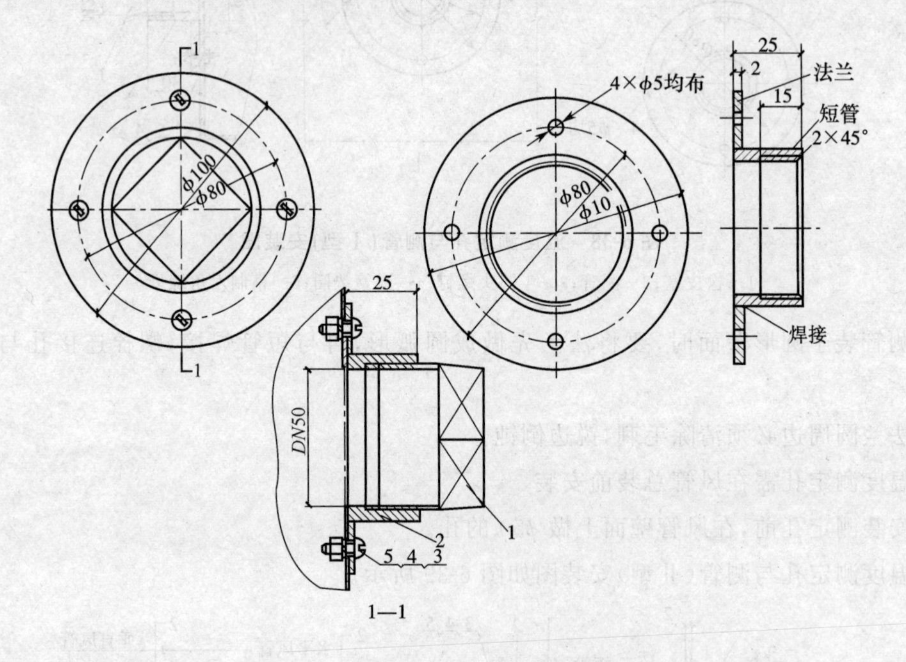


图 6-40　风量测定孔与测管的安装图

1—堵头；2—测管；3—精制六角螺母；4—弹簧垫圈；5—半圆头螺钉

1)测定孔在风管总装前安装。

2)安装测定孔前，需在管壁做 $\phi50$ 的孔。

3)测管装于圆形壁面时，要将法兰先做成圆弧形，再与短管焊接，螺栓连接孔与风管配作。

4)法兰圆周边必须清除毛刺，锐边倒钝。

**11. D235-11 系列低噪声轴流风机安装图**

D235-11 系列低噪声轴流风机安装图如图 6-41 所示。

1)安装时要检查风机各连接部件有无松动，叶轮与风筒间隙应均匀，不得相碰。

2)连接出风口的管道重量不应由风机的风筒承受，安装时应另加支撑。

3)在风机进风口端必须安装集风器，宜设置防护钢丝网。

4)安装风机时应校正底座，加垫铁，保持水平位置，然后拧紧地脚螺栓。

5)安装完毕后，须点动试验，待运转正常后，方可正式使用。

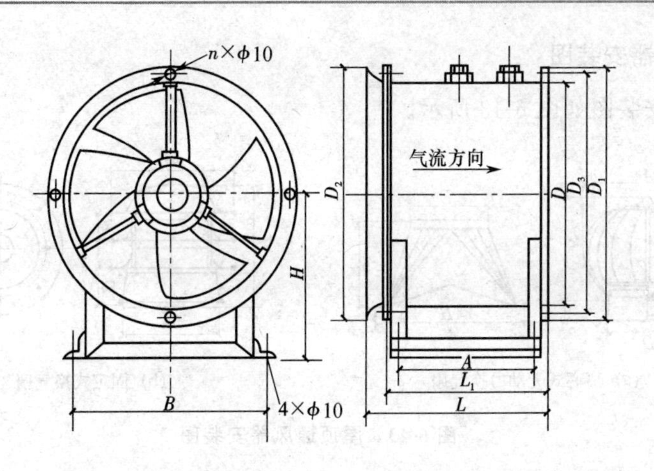


图 6-41　D235-11 系列低噪声轴流风机安装图

## 12. FWT3-80 离心屋顶风机安装图

FWT3-80 离心屋顶风机安装图如图 6-42 所示。

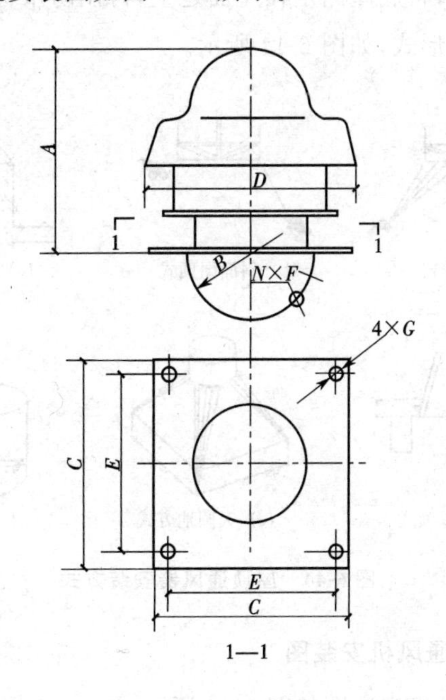


图 6-42　FWT3-80 离心屋顶风机安装图

1)风机必须垂直安装,不得倾斜,否则将影响叶轮正常运转。

2)安装风机时,应先在机座下部基础上加 6mm 橡胶垫。

3)通过风机的气体温度不宜超过 60℃。

4)风机安装前检查有无摩擦声和碰撞声。安装后须点动试验,检查旋转方向是否正常,合格后方可投入使用。

**13. 屋顶通风器安装图**

屋顶通风器安装图如图 6-43 所示。

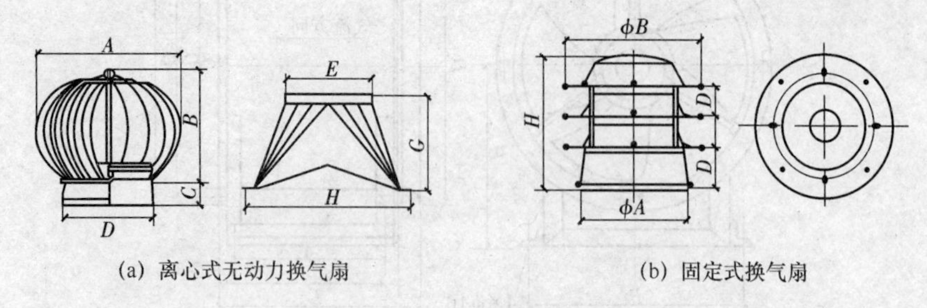

(a) 离心式无动力换气扇　　(b) 固定式换气扇

**图 6-43　屋顶通风器安装图**

1)在屋顶选择安装位置,开孔。

2)一体成形的底座板,其上缘必须插入屋脊的盖板内,以防止漏雨,钢板的两侧向下折成直角,其长度必须掩盖屋面钢板的波峰。

3)用钢板专用自攻螺栓,将底座固定在屋面之上,再用防水材料将可能渗水处彻底填补。

4)安装方式一般有六种形式,如图 6-44 所示。

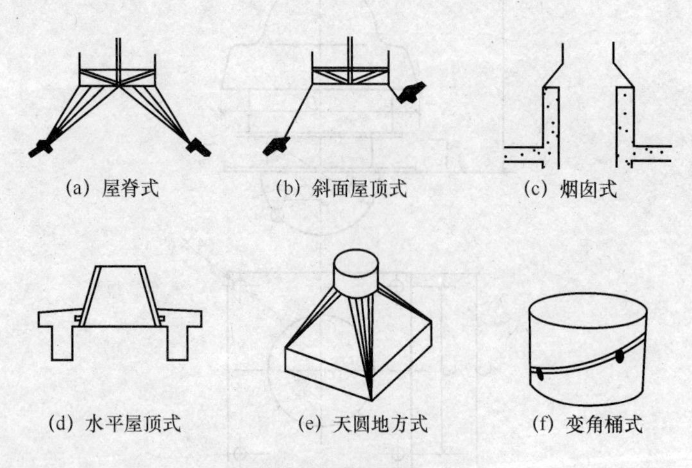
(a) 屋脊式　(b) 斜面屋顶式　(c) 烟囱式

(d) 水平屋顶式　(e) 天圆地方式　(f) 变角桶式

**图 6-44　屋顶通风器安装方式**

**14. QZA 系列轴流排烟通风机安装图**

QZA 系列轴流排烟通风机安装图如图 6-45 所示。

1)安装时检查风叶与机壳,不能有损坏变形,螺栓应紧固。

2)安装后每半年检查一次,保证风机各个部件正常。

3)调整叶轮与轴套间的连接件。

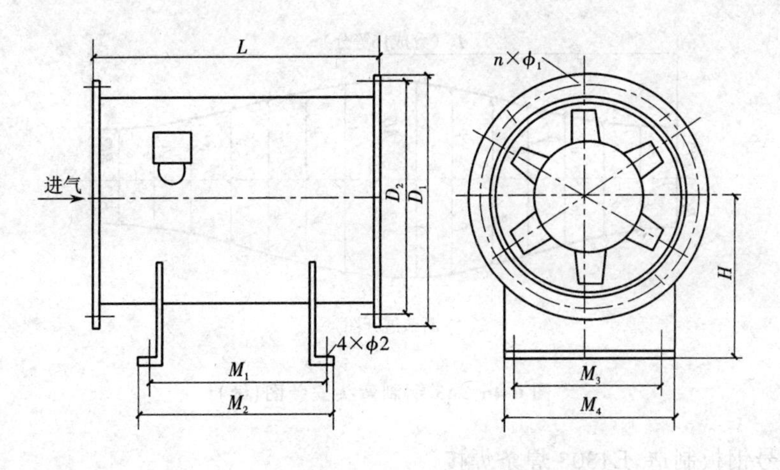


图 6-45　QZA 系列轴流排烟通风机安装图

## 二、空调工程施工图识读实例

### 1. 45°钢制弯头安装图

45°钢制弯头安装图如图 6-46 所示。

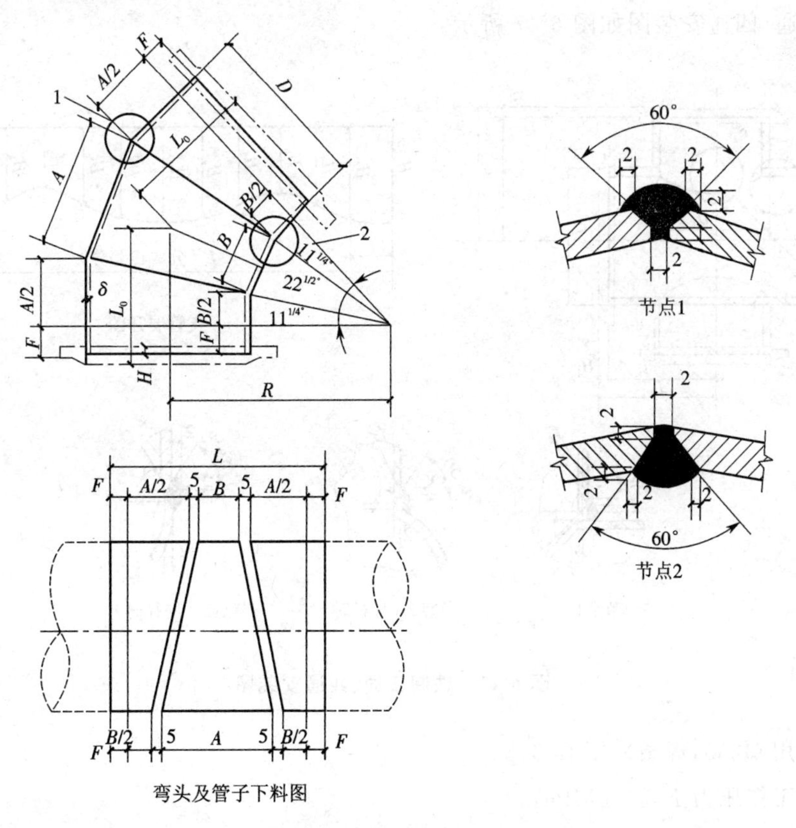


图 6-46　45°钢制弯头安装图

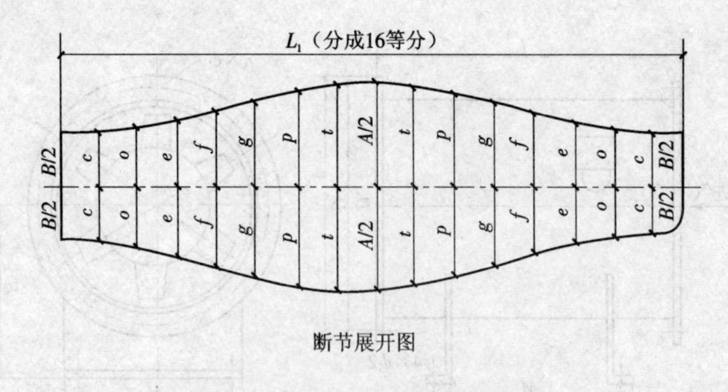


图 6-46　45°钢制弯头安装图(续)

1)Q235 号钢板制造,E4303 焊条焊接。

2)最大工作压力：

$DN \leqslant 600$mm；$P \leqslant 1.6$MPa。

$DN \leqslant 700 \sim 1000$mm；$P \leqslant 1.0$MPa。

3)钢制弯头加工完成后,刷樟丹一道,外层防腐由设计定。

**2. 铁制三通、四通安装图**

铁制三通、四通安装图如图 6-47 所示。

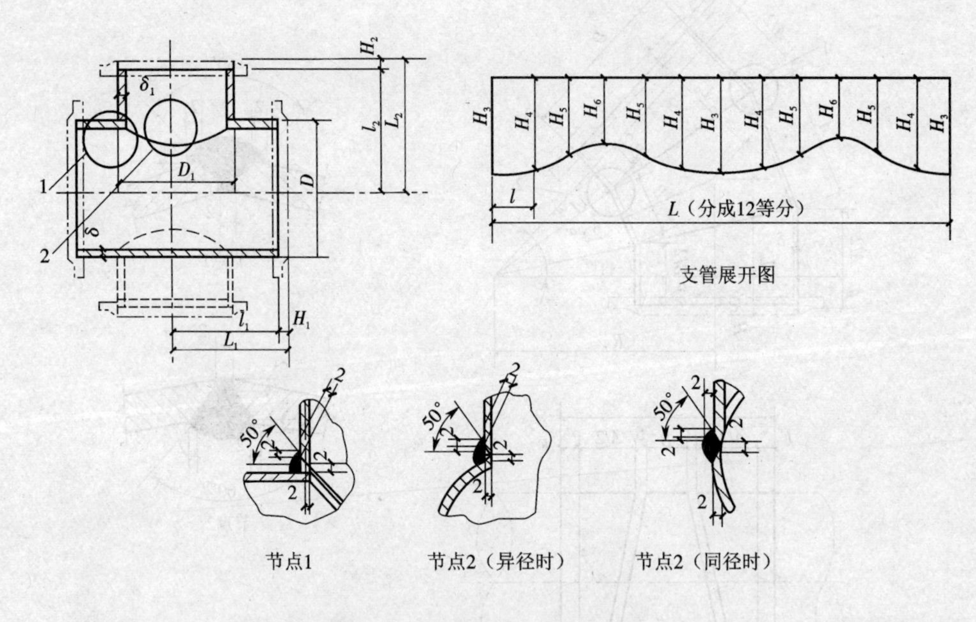


图 6-47　铁制三通、四通安装图

1)材料用 Q235,焊条采用 E4303。

2)最大工作压力 $P \leqslant 1.6$MPa。

3)三通、四通加工完成后,应刷底漆一道(底漆包括樟丹或冷底子油),外层防腐由设计定。

**3. G 型管道泵安装施工图**

G 型管道泵安装施工图如图 6-48 所示。

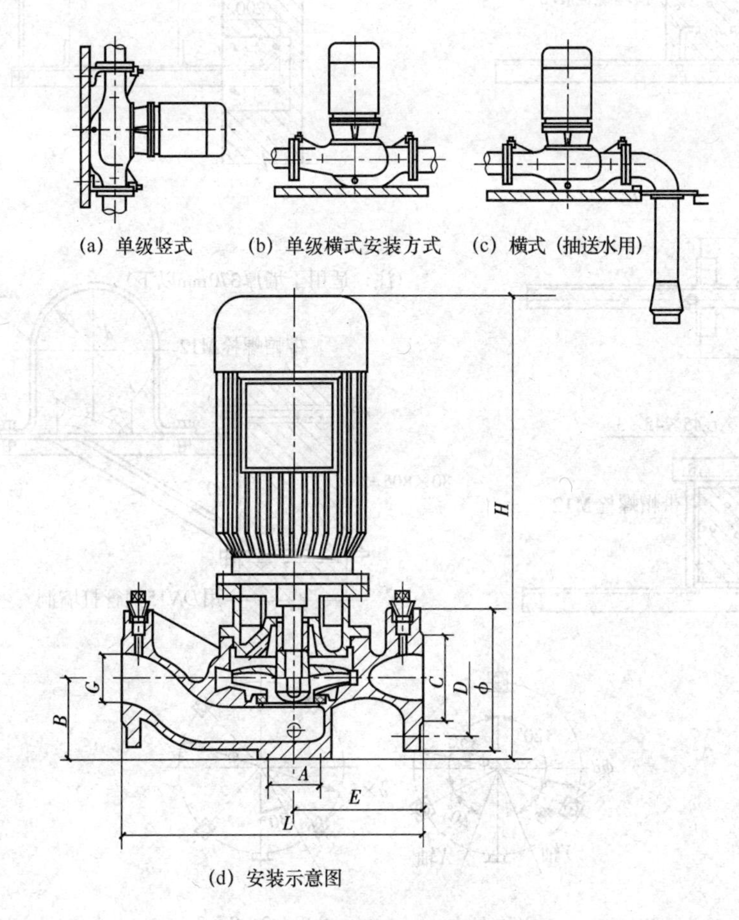


图 6-48　G 型管道泵安装施工图

1)安装时管道重量不应加在水泵上。

2)宜在泵的进、出口管道上各安装一只调节阀及在泵出口附近安装一只压力表。

**4. 风管墙柱上支架、吊架安装图**

风管墙柱上支架、吊架安装图如图 6-49 所示。

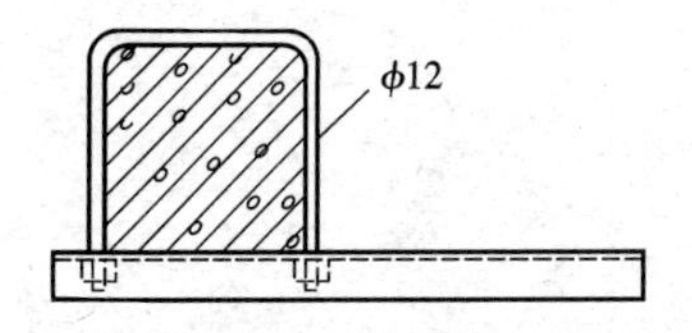


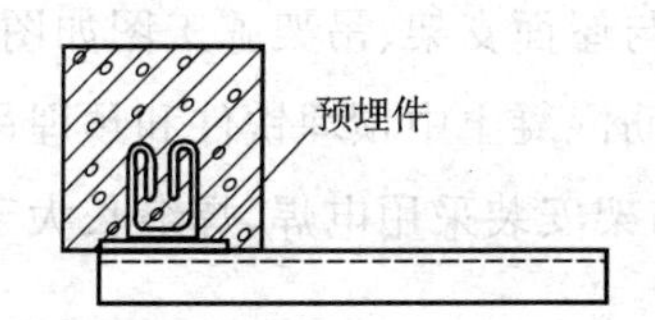


图 6-49　风管墙柱上支架、吊架安装图

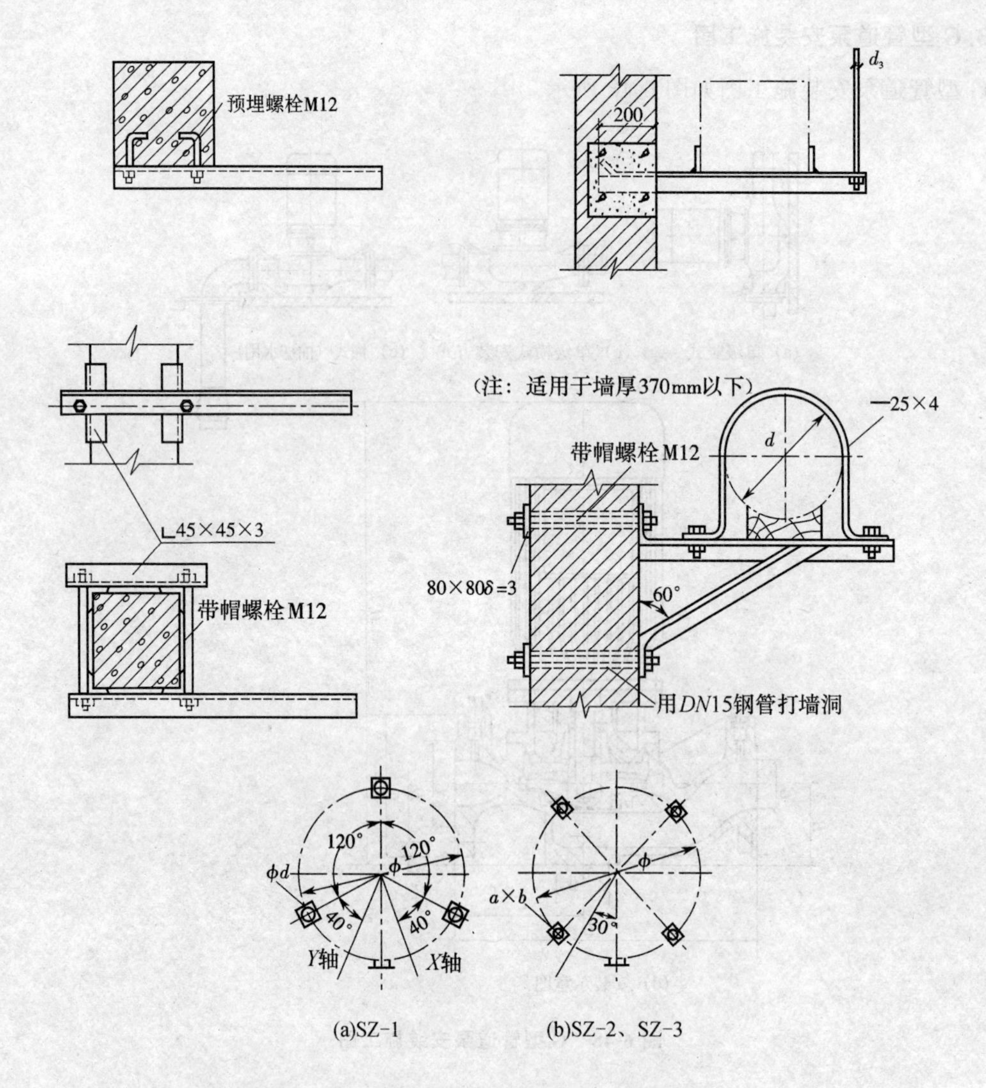


图 6-49 风管墙柱上支架、吊架安装图(续)

1)支架、吊架可在墙柱上二次灌浆固定，亦可预埋或穿孔紧固。

2)焊接支架、吊架应确定标高后进行安装。

**5. 风管楼盖与屋面支架、吊架施工图**

风管楼盖与屋面支架、吊架施工图如图 6-50 所示。

1)应在钢筋混凝土中预埋铁件和预埋吊点。

2)支架、吊架安装采用电焊，焊缝长大于 70mm。

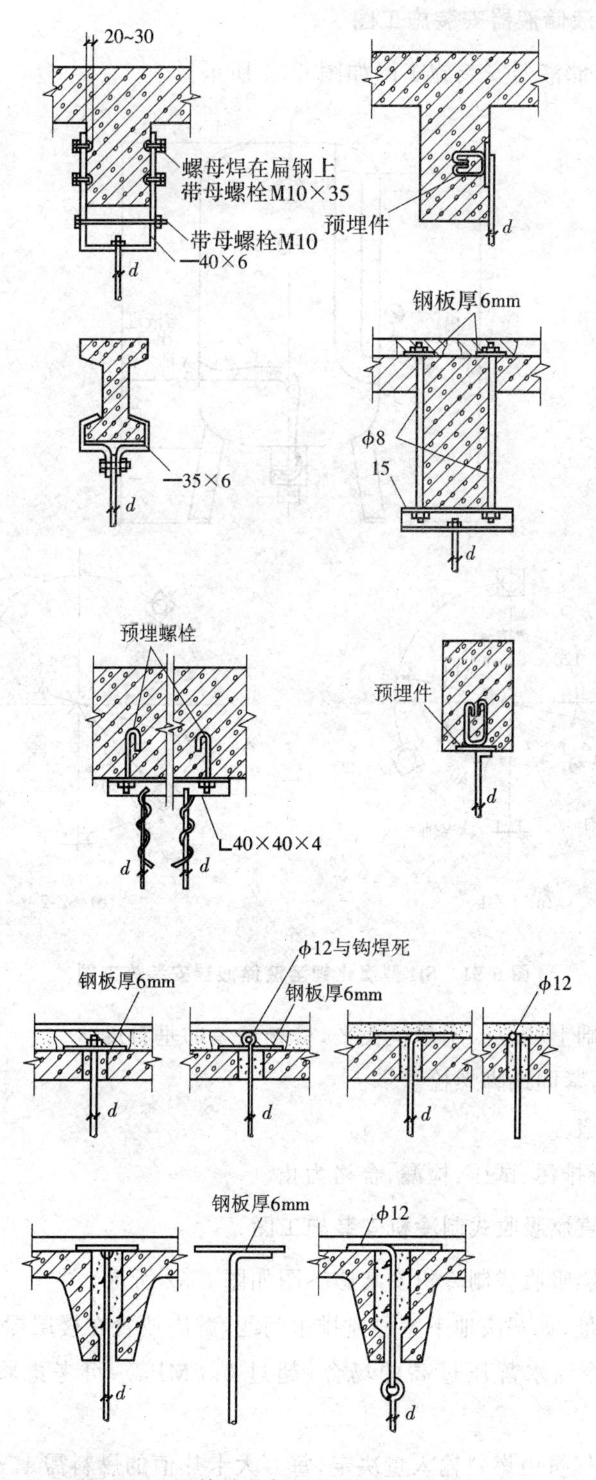


图 6-50　风管楼盖与屋面支架、吊架施工图

**6. SH 型溴化锂溶液储液器安装施工图**

SH 型溴化锂溶液储液器安装施工图如图 6-51 所示。

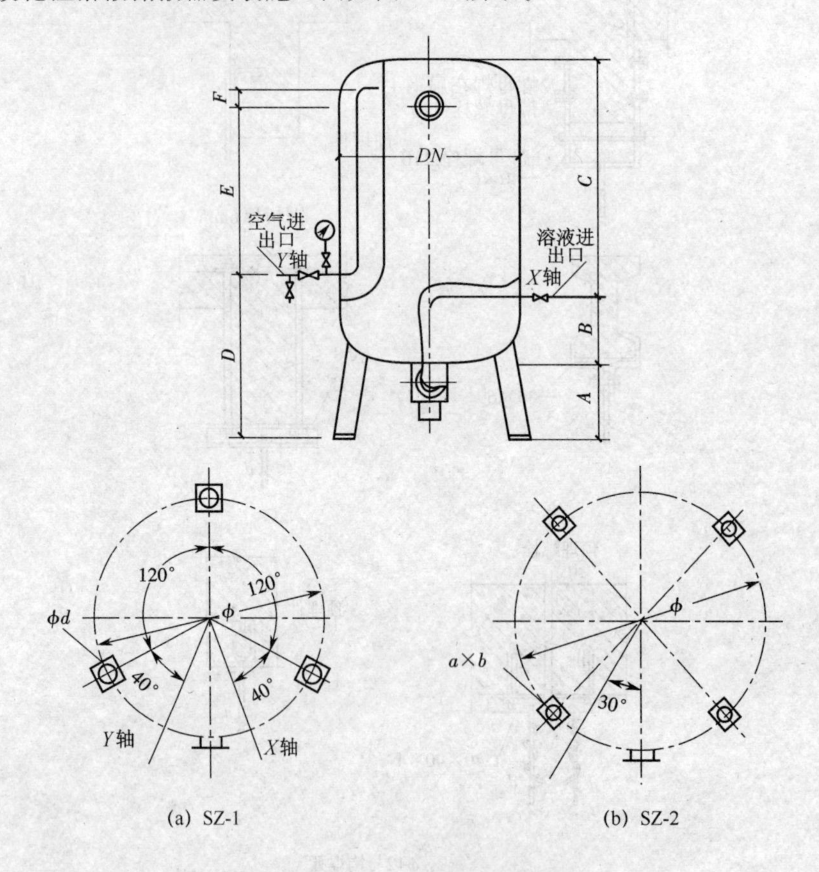


**图 6-51　SH 型溴化锂溶液储液器安装施工图**

1)吊装设备在基础上就位。用垫铁找平,检查安装的垂直度。

2)进行二次灌浆,紧固地脚螺栓。

3)联结储液器管道。

4)安装完毕,进行排污、试压、检漏,合格为止。

**7. B230-150Ⅳ型直燃吸收式制冷机安装施工图**

B230-150Ⅳ型直燃吸收式制冷机安装施工图如图 6-52 所示。

1)应选好机房地址,如解决地下室通风排水问题,解决放置在楼层屋顶时供水供电及设备吊装问题。冷却水、冷温水静压过高的场合(超过 0.8MPa),可考虑将机房设置于楼层和屋顶。

2)机组必要的空气量由燃料输入量决定,每万大卡热值的燃料需 15m$^3$空气。

3)设置机房排水。至少保持机组周围的最小空间。

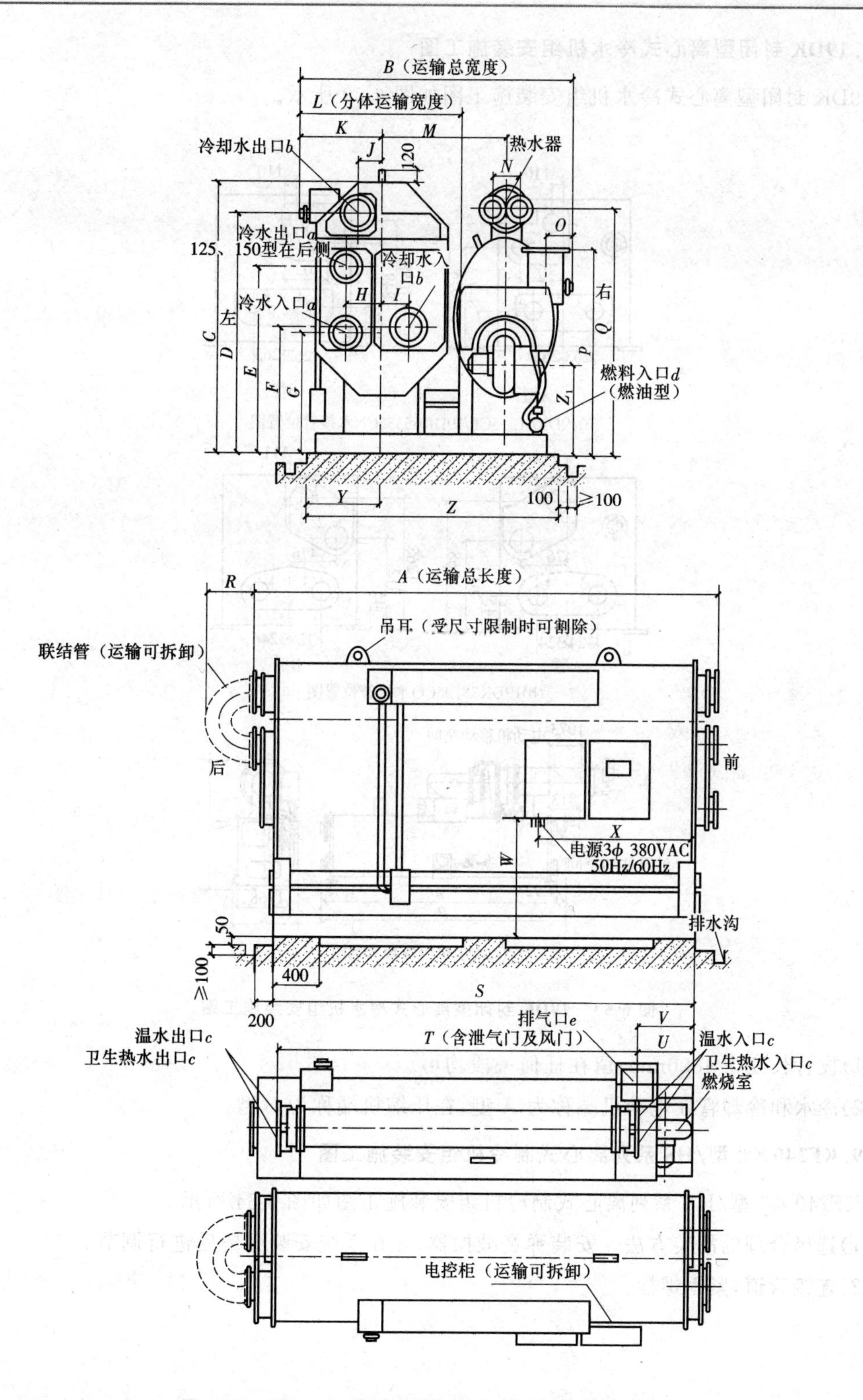


图 6-52　B230-150Ⅳ型直燃吸收式制冷机安装施工图

**8. 19DK 封闭型离心式冷水机组安装施工图**

19DK 封闭型离心式冷水机组安装施工图如图 6-53 所示。

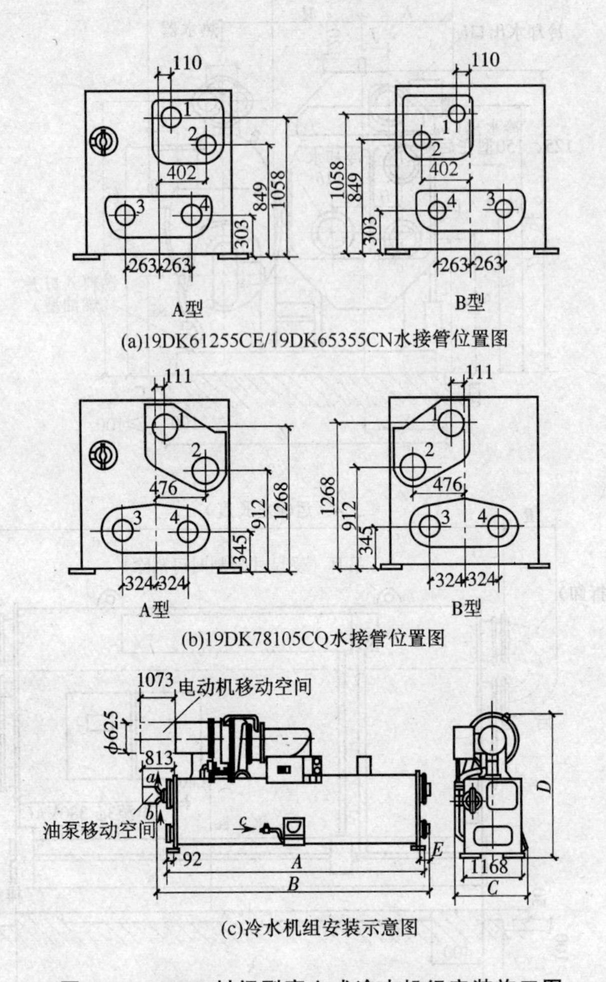


(a)19DK61255CE/19DK65355CN水接管位置图

(b)19DK78105CQ水接管位置图

(c)冷水机组安装示意图

**图 6-53 19DK 封闭型离心式冷水机组安装施工图**

1)拔管长度为 4000mm,留在任何一段均可。

2)冷水和冷却管在电动机端称为 A 型,在压缩机端称为 B 型。

**9. KF240×0 型/HS 系列离心式制冷机组安装施工图**

KF240×0 型/HS 系列离心式制冷机组安装施工图如图 6-54 所示。

1)选择合理的吊装方法。安装弹簧减振器,并在系统安装完毕后进行调节。

2)连接管道,紧固螺栓。

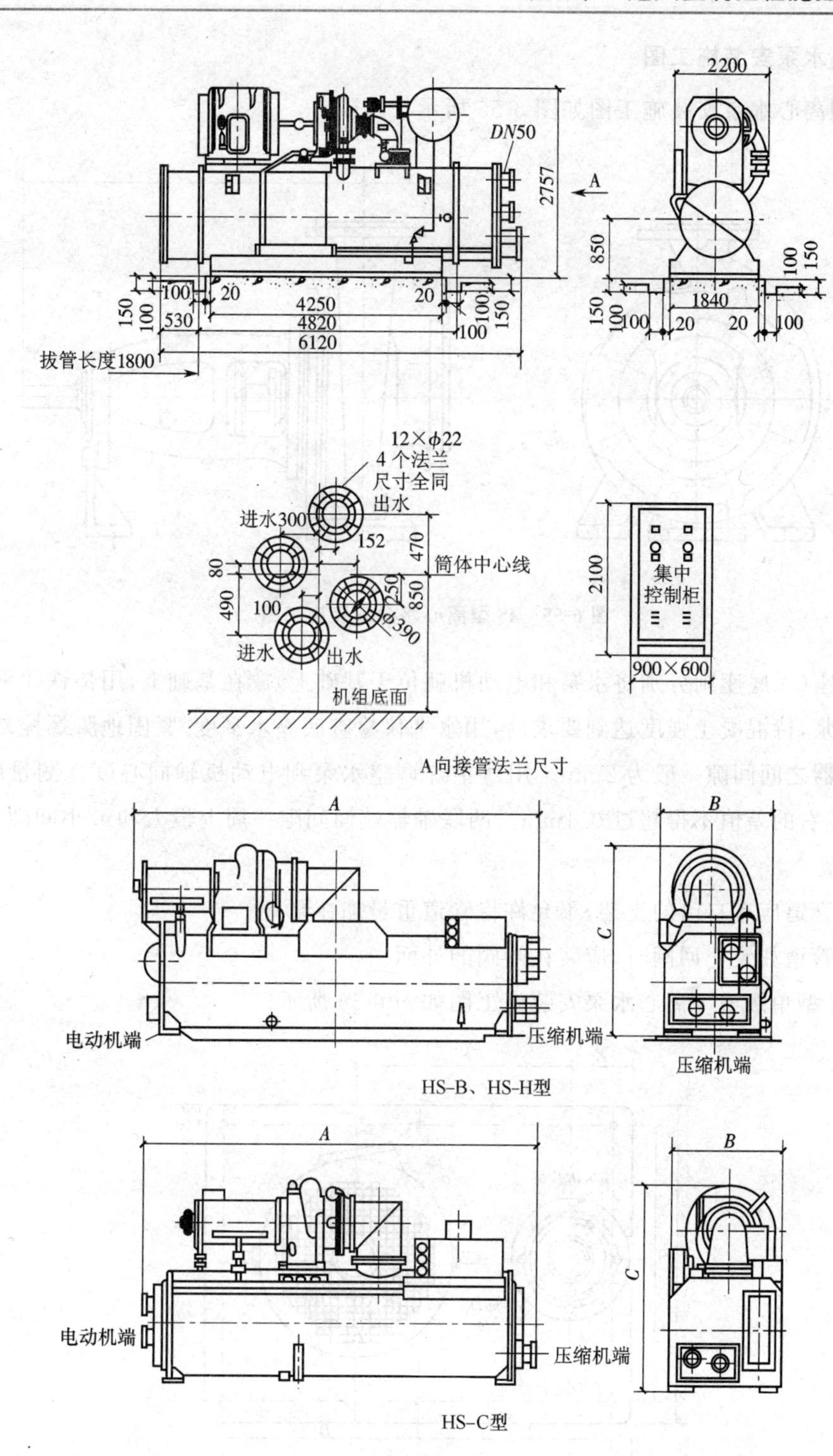


图 6-54　KF240×0 型/HS 系列离心式制冷机组安装施工图

**10. 离心水泵安装施工图**

1）IS 型离心水泵安装施工图如图 6-55 所示。

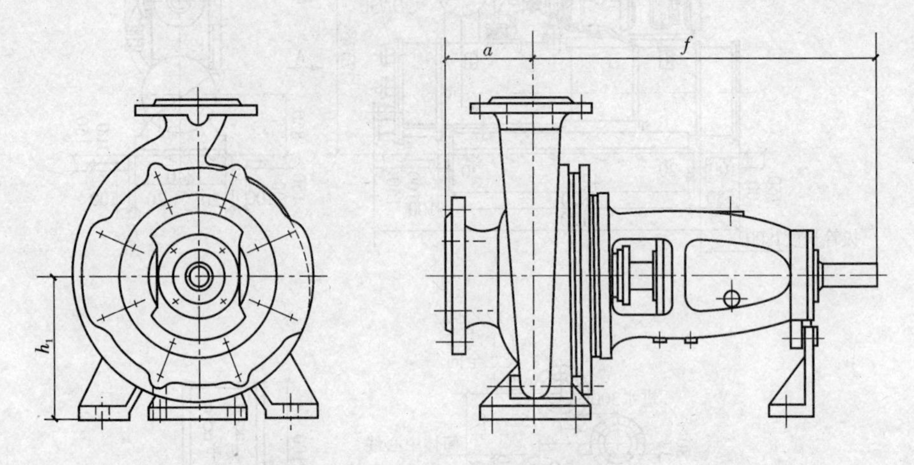


图 6-55　IS 型离心水泵安装施工图

①将底座(无底座则分别将水泵和电动机就位于基础上)放在基础上,用垫铁找平底座后,进行二次灌浆,待混凝土强度达到要求后,用水平仪检查底座水平度,紧固地脚螺栓。

②联轴器之间间隙一般为 2mm。用薄垫片调整水泵和电动机轴同心度。测量联轴器的外圆上下、左右的差值不得超过 0.1mm。两联轴器端面间隙一周上最大和最小间隙差值不得超过 0.3mm。

③泵的管道应有自己的支架,不允许将管道重量加在泵上。

④排除管道如装止回阀时,应装在闸阀的外面。

2)ISLX 型单级液下离心水泵安装施工图如图 6-56 所示。

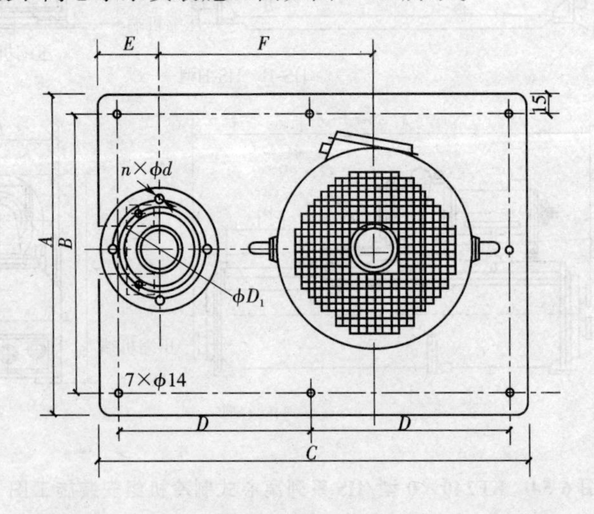


图 6-56　ISLX 型单级液下离心水泵安装施工图

①泵浸在液体中工作，应保证最低静水位为安装标高。

②泵具有自吸能力，无需灌水。

**11. JY 型加药设备安装图**

JY 型加药设备安装图如图 6-57 所示。

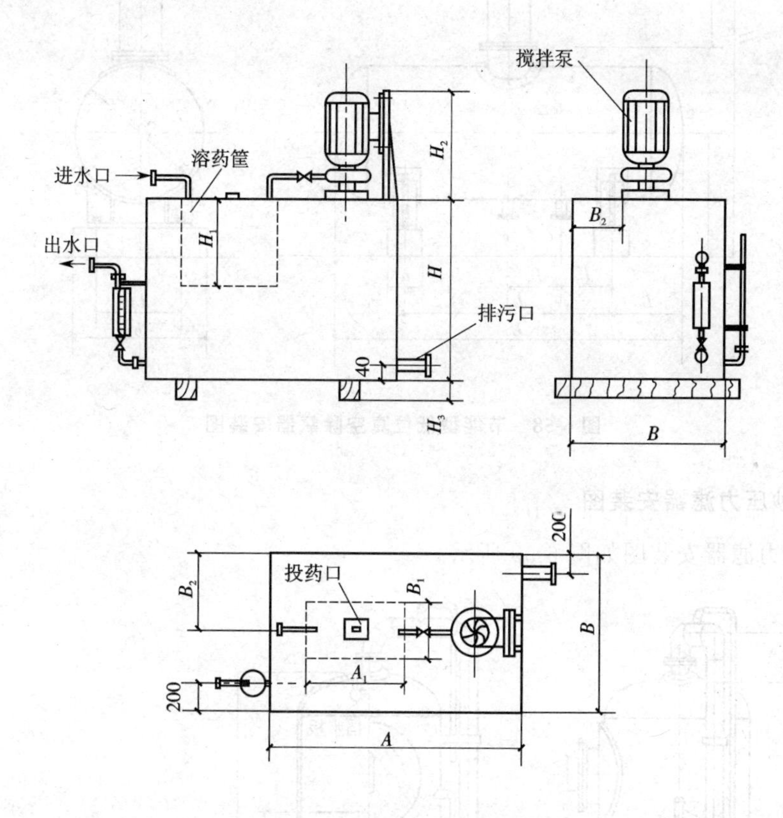


图 6-57　JY 型加药设备安装图

1)JY 型加药设备为投药、溶药、贮液、搅拌以及药液浓度和投加量的控制一体化。接通电源，安装好给水排水管即可投入使用。

2)开动冲溶水泵进行水力冲溶，如为压力投加，则将投药管与水射器连接。

**12. 节能型低位真空除氧器安装图**

节能型低位真空除氧器安装图如图 6-58 所示。

1)检查出水喷嘴并拧紧。

2)检查密封面，如有破损，应采用 3～5mm 厚石棉橡胶板垫圈。法兰上螺栓要对角拧紧。用气密性好的阀门，防止泄漏。

3)管道安装完毕，设备调试前，预先对蒸汽管道、进出水管道用蒸汽或水分别冲洗干净，防止喷嘴堵塞。

4)为达到所需真空度，整个系统安装后要进行检漏。

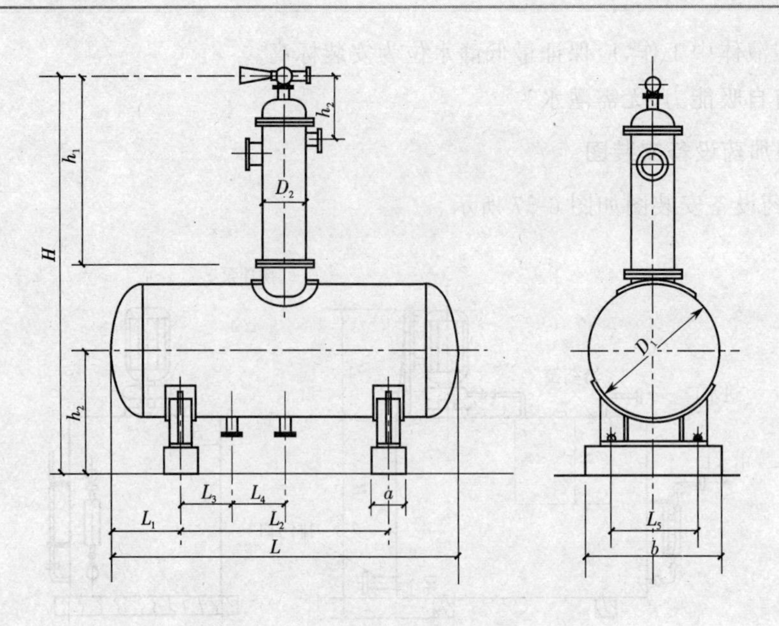


图 6-58　节能型低位真空除氧器安装图

**13. 石英砂压力滤器安装图**

石英砂压力滤器安装图如图 6-59 所示。

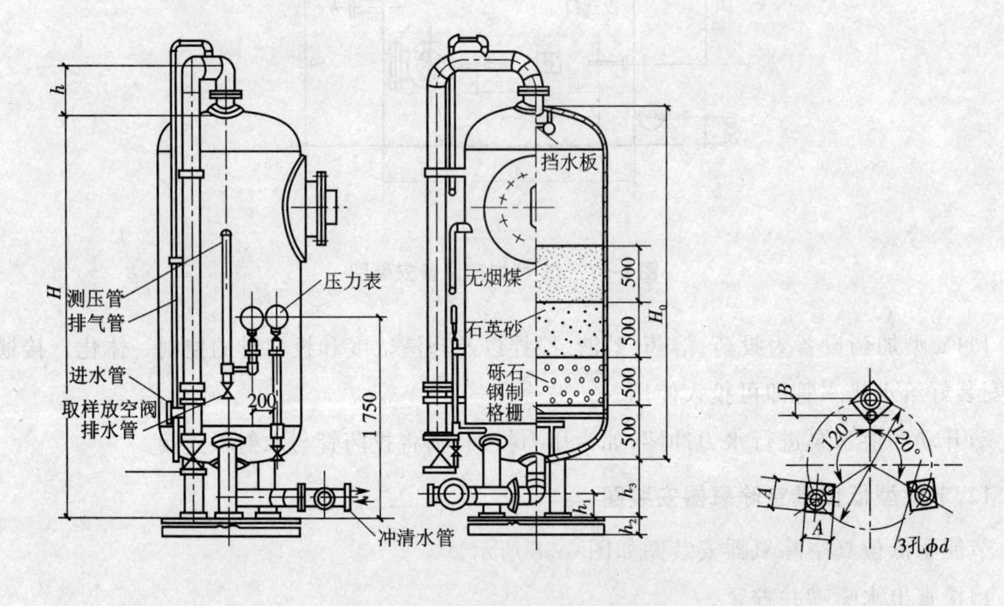


图 6-59　石英砂压力滤器安装图

1)根据不同用途,可采用石英砂、聚苯乙烯轻质泡沫珠、铝矾土、陶瓷(陶粒)等滤料。

2)压力滤器就位于混凝土基础上进行找正垂直度,进行二次灌浆,达到标号后上紧固地脚螺栓并安装管道。

**14. 交换器安装图**

1)JHDNC 新型钠离子交换器安装图如图 6-60 所示。

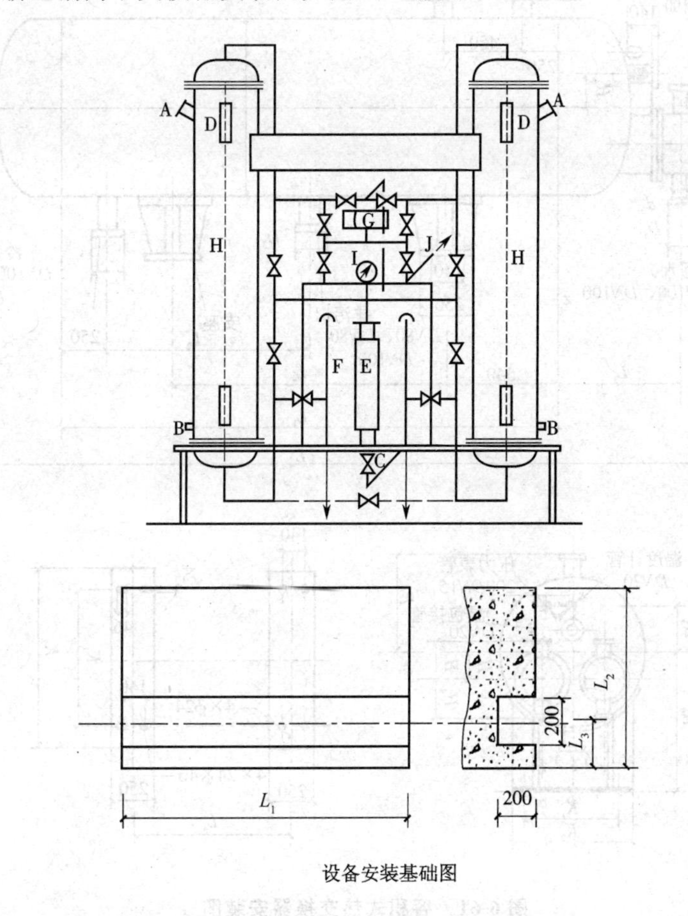


设备安装基础图

**图 6-60　JHDNC 新型钠离子交换器安装图**

A—加料口；B—出料口；C—进水口；D—观察窗；E—流量计；
F—盐箱；G—报警器；H—交换柱；I—压力表；J—出水口

①设备基础的尺寸，根据图和表给出的尺寸制作。

②设备四周要留有 600～1000mm 的安装检修空间。

③基础制作时要求保证基础的水平度，正负偏差不超过 1cm。

2)容积式热交换器安装图如图 6-61 所示。

①核对设备尺寸与基本尺寸进行吊装，找正水平后紧固地脚螺栓。

②根据设计要求设膨胀水箱，与水加热器相连，必要时采用软化器进行管道连接。

③容积式热交换器壳体材料为碳素钢，U 形管材料有碳钢或黄铜两种可按需选用。

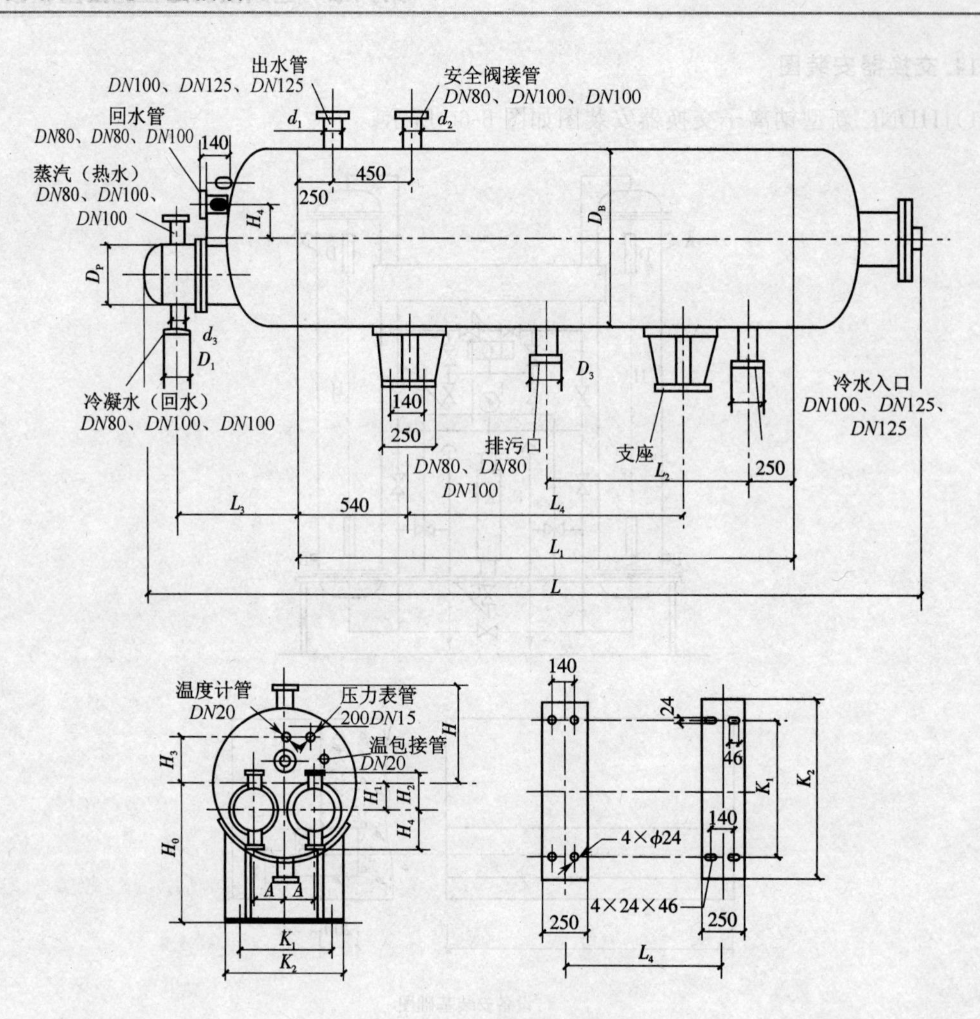


图 6-61　容积式热交换器安装图

# 第七章

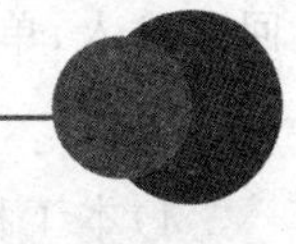

# 某住宅楼电气工程施工图实例

## 第一节 设计说明

1)本设计为××市××公司××小区A地块16号住宅楼电气工程。本建筑地上十三层,地下二层,地上为住宅,地下一、二层为储藏室,且负二层与地下车库相连。本建筑为二类高层住宅建筑。本工程主体剪力墙结构,地下室阀板基础。

2)本次设计依据规范:

《高层民用建筑设计防火规范》(GB 50045—1995,2005版);

《供配电系统设计规范》(GB 50052—2009);

《低压配电设计规范》(GB 50054—2011);

《住宅设计规范》(GB 50096—2011);

《通用用电设备配电设计规范》(GB 50055—2011);

《建筑物防雷设计规范》(GB 50057—2010);

《建筑照明设计标准》(GB 50034—2013);

《综合布线系统工程设计规范》(GB 50311—2007);

《火灾自动报警系统设计规范》(GB 50116—2013);

《民用建筑电气设计规范》(JGJ 16—2008);

建设单位提出的要求和水暖专业提供的设备条件。

设计内容包括:住宅照明配电;电梯及消防设备动力配电及建筑物防雷接地;住户语音及数据综合布线系统;有线电视系统;可视对讲门禁系统;电视监控系统;家庭安防系统及火灾自动报警系统等。负二层储藏室平面参见地下室设计图。

3)按照规范要求,本工程消防用电设备(消防电梯、正压送风机、排烟风机、补风风机、应急及疏散照明、潜污泵等)及楼梯间、过道等处照明均为用电二级负荷,其余均为三级负荷。

本工程常用及备用电源由地下室内变配电站提供,变配电站由城市电网提供一路10kV

常用电源，应急备用电源由变配电室内的柴油发电机组提供，应急备用电源可满足本小区所有一、二级负荷的需要。

本建筑内应急照明及疏散指示系统采用 EPS 电源做应急备用电源，EPS 电源采用三相单回路输入，单相多回路输出，采用三相四线＋PE 配线形式，电压为交流 380/220V，应急时间为 90min。

4)本工程各电源均分别由地下室变配电站内低压配电柜引出，常用及备用电源均分别由不同的低压母线上引出，在地下室内沿电缆桥架敷设接至本楼分配电室。

本工程采用 TN-S 接地配线形式。本楼负一层内设有分配电室，并设直通屋顶设备层的电气竖井。本建筑室内配线采用电缆桥架、竖井布线及套管暗敷设，住宅照明配电采用阻燃型预制分支电缆；消防动力设备配电干线采用耐火型电缆，对重要的消防设备配电均在末端自动切换，应急照明配电均采用阻燃型电线、电缆。

消防设备配电管线明敷设时需涂防火漆保护。动力垂直干线为在电气竖井内为沿墙敷设。负一层内水平桥架采用槽式带盖金属电缆桥架，并刷防火漆，吊杆安装，安装高为梁下 0.3m，吊杆间距不大于 2.0m。普通配电线路与消防应急电源线路敷设在一条电缆桥架内，中间用防火隔板隔开。桥架穿越防火墙时均应做防火封堵。

电气竖井待各管线安装完毕后，需用耐火材料每层进行封堵。安装桥架时应注意与设备专业管线的避让。施工时请参照各配电系统图进行穿管敷设及电源分相。建筑物内各卫生间内敷设的配电线路应采用绝缘等级为 0.45/0.75kV 的电线。

配电设备均采用金属配电箱柜，外壳防护等级为 IP3X，且消防配电设备应设有明显的标志。除住户内配电箱、负一层过道内的组合式集中电表箱为暗装外，其他设在分配电室、设备间及竖井内的配电箱均为明装，安装高见材料表。所有照明开关、插座均暗装，选型及安装高见材料表。灯具均采用带有接地端子的Ⅰ类灯具，并接入 PE 线。

本设计在楼梯间、电梯前室及地下室等处设有应急及疏散照明。所有应急指示灯、应急照明灯、安全出口指示灯均采用不燃材质的灯罩，且消防灯具均应为具有消防产品生产资质的灯具厂家的定型产品。本楼住宅配电系统各主断路器均采用漏电断路器，漏电动作电流为 0.3A，其余各分配电盘中的分支回路漏电断路器漏电动作电流均为 30mA。

5)防雷接地。本建筑预计雷击次数为 0.10 次/年（$T_d$ 按 43.3 次/年取），属第三类防雷建筑物。防雷接闪器采用避雷带形式，伸出屋顶的金属件和设备均应与屋面避雷带相连。防雷引下线利用剪力墙内四根主筋，距室外坪 0.5m 处设测试卡，且建筑物外侧各引下线在室外地坪下 0.8m 处设置 40×4 镀锌扁钢接地连接线。利用建筑物各层外侧圈梁内四根主筋做防雷均压环，圈梁内主筋应相互连通并与做防雷引下线的剪力墙内的主筋连接。为预防侧击雷，11 层及以上各层的建筑外墙上的金属门、窗、栏杆等较大的金属构件均与防雷装置（各层的均压环）做等电位连接。垂直敷设的金属管道、电缆桥架及电梯轨道等的顶端和底端均需与防雷装置连接。

本建筑采用联合接地装置，电气及防雷共用接地装置。接地装置为利用地下车库筏板基

础内钢筋网做接地极，并利用筏板基础内主筋做接地连接线，将各个防雷引下线相连，且接地装置接地电阻不大于1Ω，接地平面布置图见地下室设计。本工程采用总等电位及局部等电位联结，在分配电间内设总等电位联结箱MEB，在住户卫生间及电梯机房内等处设局部等电位联结(LEB)。竖井内设置40×4镀锌扁钢接地干线并设LEB接线排，且每层均与结构板钢筋网相连。为防止雷击电磁脉冲的影响，引入的各弱电入户线缆、配线装置内均设有浪涌过电压保护器(SPD)，且本建筑雷击电磁脉冲防护等级为D级。各SPD最大放电电流应大于或等于50kA(8/20μs)；在电梯机房的电源箱内设置二级SPD，其最大放电电流应大于或等于10kA(8/20μs)。SPD的设置由当地防雷部门负责进行。

6)电气节能。本建筑为居住建筑，起居室、厨房、卫生间、储藏室、风机房等处设计照度值为100lx；电梯前室、卧室为75lx；餐厅为150lx；楼梯间为75lx；分配电室为200lx。

光源分别采用直管型三基色T8系列荧光灯及环形荧光灯、紧凑荧光灯并均配电子镇流器，使其功率因数不小于0.9。住宅内照明功率密度值均小于7W/m$^2$，风机房、分配电室照明功率密度值分别不大于3W/m$^2$、6W/m$^2$。潮湿场所采用的密闭型灯具均采用透明保护罩，灯具效率不低于65%。住宅楼过道、电梯厅、楼梯间均采用声光控节能自熄开关。住户电能表采用DDSY666系列电子式预付费电能表，集中设置；燃气采用电子式预付费计量表，分户设置；设置在楼梯间设备竖井内的水表、热能表均采用计费远传。本工程各类风机均采用高效节能型电动机，电梯采用节能型变压调速控制方式。

7)设备图例见表7-1。

**表7-1　设备图例**

| 序号 | 图例 | 名称 | 型号及规格 | 安装 | 备注 |
|---|---|---|---|---|---|
| 1 | | 照明配电箱 | 详见系统图 | 壁装 | 安装高1.5m |
| 2 | | 动力配电箱 | 详见系统图 | 壁装 | 安装高1.5m |
| 3 | | 双电源切换箱 | 详见系统图 | 壁装 | 安装高1.5m |
| 4 | | 应急照明配电箱 | 详见系统图 | 壁装 | 安装高1.5m |
| 5 | DT | 电梯控制柜 | 厂家配套提供 | 落地 | 支座高0.15m |
| 6 | SF | 正压送风风机控制箱 | 详见系统图 | 壁装 | 安装高1.5m |
| 7 | PY | 排烟风机控制箱 | 详见系统图 | 壁装 | 安装高1.5m |
| 8 | UPS | 对讲机电源箱 | 厂家配套提供 | 暗装 | 安装高1.5m |
| 9 | AW | 地下室组合式集中电表箱 | 详见系统图 | 暗装 | 安装高1.5m |
| 10 | AW | 住户楼层集中电表箱 | 详见系统图 | 壁装 | 安装高1.5m |

续表

| 序号 | 图例 | 名称 | 型号及规格 | 安装 | 备注 |
|---|---|---|---|---|---|
| 11 |  | 双联二三极安全插座 | 10A | 暗装 | 安装高 0.3m |
| 12 | K1 | 挂机空调用单联三极带开关插座 | 16A | 暗装 | 安装高 2.3m |
| 13 | K2 | 柜机空调用单联三极带开关安全插座 | 16A | 暗装 | 安装高 0.3m |
| 14 |  | 洗衣机用带开关单联三极防溅安全插座 | 10A | 暗装 | 安装高 1.6m |
| 15 | R | 电热水器用带开关单联三极防溅插座 | 16A | 暗装 | 安装高 2.3m |
| 16 |  | 双联二三极防溅安全插座 | 10A | 暗装 | 安装高 1.6m |
| 17 | P | 厨房油烟机单联三极防溅安全插座 | 10A | 暗装 | 安装高 2.3m |
| 18 |  | 卫生间、储藏室、电梯机房排气扇 | 甲方自理 |  |  |
| 19 |  | 单联单控开关 | 10A | 暗装 | 安装高 1.3m |
| 20 |  | 双联单控开关 | 10A | 暗装 | 安装高 1.3m |
| 21 |  | 三联单控开关 | 10A | 暗装 | 安装高 1.3m |
| 22 |  | 四联单控开关 | 10A | 暗装 | 安装高 1.3m |
| 23 |  | 单联双控开关 | 10A | 暗装 | 安装高 1.3m |
| 24 |  | 衣帽间门磁开关 | 10A |  | 安装门上方 |
| 25 |  | 住户吸顶灯 | 1×FL32W 环形灯 | 吸顶 |  |
| 26 |  | 住户吸顶灯 | 1×FL11W 紧凑型 | 吸顶 |  |
| 27 |  | 卫生间防潮型吸顶灯 | 1×FL22W 环形灯 | 吸顶 |  |
| 28 |  | 衣帽间吸顶灯 | 1×FL11W 紧凑型 | 吸顶 |  |
| 29 |  | 卫生间密闭型壁灯 | 2×FL8W 紧凑型 | 壁装 | 安装高 2.0m |
| 30 |  | 电梯井道壁灯 | 1×IN25W | 壁装 |  |

续表

| 序号 | 图例 | 名称 | 型号及规格 | 安装 | 备注 |
| --- | --- | --- | --- | --- | --- |
| 31 | ⊗ | 楼梯间、前室应急照明吸顶灯 | 1×FL22W<br>环形灯 | 吸顶 | 内置声光控开关，且声光控开关为荧光灯型 |
| 32 | ⊢✕⊣ | 应急照明荧光灯 | 1×FL36W | 吸顶 | |
| 33 | ⊗ | 应急照明壁灯 | 1×FL11W<br>紧凑型 | 壁装 | 安装高 2.2m |
| 34 | → | 应急疏散指示灯 | LED 2×3W | 壁装 | 安装高 0.4m |
| 35 | E | 安全出口指示灯 | LED 2×3W | 壁装 | 安装门上方 |
| 36 | MEB | 总等电位联结端子箱 | 详见系统图 | 暗装 | 安装高 0.3m |
| 37 | LEB | 局部等电位联结端子箱 | 详见系统图 | 暗装 | 安装高 0.3m |
| 38 | ✕✕✕ | 防雷避雷带 | $\phi$10 镀锌园钢 | 明装 | 安装高 0.1m |

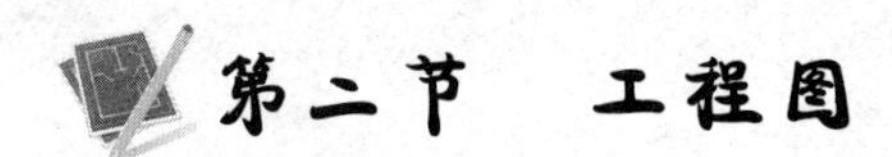

## 第二节　工程图

图 7-1 为屋顶防雷平面图(见书后插页)。

图 7-2 为设备层配电平面图(见书后插页)。

图 7-3 为设备层照明配电平面图(见书后插页)。

图 7-4 为二至十三层配电平面图(见书后插页)。

图 7-5 为二至十三层照明配电平面图(见书后插页)。

图 7-6 为一层配电平面图(见书后插页)。

图 7-7 为一层照明配电平面图(见书后插页)。

图 7-8 为 16 号地下夹层配电平面图(见书后插页)。

图 7-9 为 16 号地下夹层照明配电平面图(见书后插页)。

# 参考文献

[1]中华人民共和国住房和城乡建设部、中华人民共和国国家质量监督检验检疫总局.建筑电气制图标准(GB/T 50786—2012)[S].北京:中国建筑工业出版社,2012.

[2]中华人民共和国住房和城乡建设部、中华人民共和国国家质量监督检验检疫总局.建筑给水排水制图标准(GB/T 50106—2010)[S].北京:中国建筑工业出版社,2010.

[3]中华人民共和国住房和城乡建设部、中华人民共和国国家质量监督检验检疫总局.暖通空调制图标准(GB/T 50114—2010)[S].北京:中国建筑工业出版社,2011.

[4]杨大欣.安装工程识图[M].2版.北京:中国劳动社会保障出版社,2008.

[5]高霞,杨波.建筑采暖、通风、空调施工图识读技法[M].安徽:安徽科学技术出版社,2011.

[6]王旭.管道工程识图教材[M].上海:上海科学技术出版社,2011.

[7]吴信平,王远红.安装工程识图[M].北京:机械工业出版社,2012.

[8]姜湘山,暖通空调施工图识读详解[M].北京:中国建筑工业出版社,2013.